冶金工业出版社
普通高等教育“十四五”规划教材

矿产资源微生物技术

主　编　邓　莎
副主编　杨　玮　龙　涛

扫码查看
数字资源

北　京
冶　金　工　业　出　版　社
2025

内容提要

本书在简述矿产资源微生物技术的发展历史、研究进展及发展前景的基础上，系统介绍了相关的微生物学基础知识，突出阐述了浸矿微生物的种类和特征以及微生物浸矿的工艺流程，详细介绍了铜矿、难处理金矿、铀矿、银矿等矿产资源微生物浸出的原理和技术，同时总结了微生物技术在煤炭脱硫、其他金属矿资源综合利用、微生物浮选等方面的研究进展以及微生物冶金涉及的研究方法。

本书可作为高等院校矿物加工工程、冶金工程等专业的教材，也可供相关领域的科研人员和工程技术人员参考。

图书在版编目（CIP）数据

矿产资源微生物技术 / 邓莎主编. -- 北京 : 冶金工业出版社, 2025. 5. -- (普通高等教育“十四五”规划教材). -- ISBN 978-7-5240-0198-0

Ⅰ. TD98

中国国家版本馆 CIP 数据核字第 2025NF0886 号

矿产资源微生物技术

出版发行	冶金工业出版社	**电　　话**	(010)64027926
地　　址	北京市东城区嵩祝院北巷 39 号	**邮　　编**	100009
网　　址	www. mip1953. com	**电子信箱**	service@ mip1953. com

责任编辑　高　娜　美术编辑　吕欣童　版式设计　郑小利

责任校对　郑　娟　责任印制　范天娇

北京富资园科技发展有限公司印刷

2025 年 5 月第 1 版，2025 年 5 月第 1 次印刷

787mm×1092mm　1/16；13. 25 印张；321 千字；202 页

定价 49. 00 元

投稿电话　(010)64027932　投稿信箱　tougao@cnmip. com. cn

营销中心电话　(010)64044283

冶金工业出版社天猫旗舰店　yjgycbs. tmall. com

（本书如有印装质量问题，本社营销中心负责退换）

前　言

随着社会经济的快速发展，高品位矿产资源日渐匮乏，以贫、细、杂为突出特点的难选冶矿石所占比例不断上升，致使传统的选冶工艺在技术和经济上面临严峻挑战。矿产资源微生物技术是微生物学、冶金物理化学、电化学、矿物加工等多学科交叉的技术，它借助于某些微生物及其代谢产物溶浸矿石中的有价金属或者脱除矿石中的有害杂质组分，具有成本低、操作简单、环境友好、资源利用率高等特点，在低品位矿产资源开发利用方面具有很强的竞争力，是实现低品位难处理矿产资源清洁高效利用的新技术。

作者在多年科研和教学实践经验的基础上，广泛吸取借鉴前人的理论，引入矿产资源微生物技术的前沿热点知识、最新研究成果及国内外的应用实例和案例，完成了本书的编写。全书共分8章，开篇概述了矿产资源微生物技术的发展历史、研究进展及发展前景，同时介绍了相关的微生物学基础知识；继而突出阐述了浸矿微生物的种类和特征及微生物浸矿的工艺流程；之后详细介绍了微生物技术在铜矿、难处理金矿、铀矿、银矿等矿产资源中的应用。结合国家战略性金属资源的需求及矿产资源微生物技术的研究进展，本书还概述了微生物技术在稀土矿、电子废弃物、铝土矿、微生物浮选、煤炭脱硫等方面的应用，并简要介绍了微生物冶金涉及的研究方法。

本书的出版得到西安建筑科技大学“十四五”规划教材建设项目经费的支持和资助，在此表示衷心的感谢。本书在编写过程中，参考了有关文献资料，在此对文献作者表示感谢。

由于作者水平所限，书中疏漏和不妥之处，敬请同行和读者批评指正。

作　者

2024年12月于西安

目　　录

1　绪论 …… 1

1.1　微生物冶金的起源 …… 1
1.2　微生物冶金的应用现状 …… 2
1.3　中国微生物冶金技术的研究进展 …… 3
1.3.1　从宏观到微观 …… 3
1.3.2　从定性到定量 …… 4
1.3.3　从理论到实践 …… 4
1.4　微生物冶金技术的发展前景 …… 6
思考题 …… 7

2　微生物学基础知识 …… 8

2.1　概述 …… 8
2.1.1　无处不在的微生物 …… 8
2.1.2　微生物的概念 …… 8
2.1.3　微生物的化学组成 …… 9
2.1.4　微生物的分类和命名 …… 10
2.1.5　微生物的特点 …… 12
2.2　原核微生物 …… 13
2.2.1　细菌 …… 13
2.2.2　放线菌 …… 23
2.2.3　蓝绿细菌 …… 24
2.2.4　古生菌 …… 25
2.3　真核微生物 …… 27
2.3.1　酵母菌 …… 27
2.3.2　霉菌 …… 29
2.4　微生物的营养 …… 31
2.4.1　微生物的营养物质 …… 31
2.4.2　微生物的营养类型 …… 34
2.4.3　营养物质进入微生物细胞的方式 …… 35
2.5　微生物的酶与代谢 …… 38
2.5.1　微生物的酶 …… 38
2.5.2　微生物的产能代谢 …… 40

2.6 微生物的培养 …… 43
2.6.1 微生物的培养基 …… 43
2.6.2 培养基的配制原则和方法 …… 45
2.6.3 微生物培养基的选择与优化 …… 47
2.7 微生物的分离 …… 48
2.7.1 固体培养基上的分离 …… 48
2.7.2 液体培养基中的分离 …… 50
2.8 微生物的生长繁殖 …… 50
2.8.1 微生物生长的测试和表征 …… 51
2.8.2 微生物的生长曲线 …… 53
2.8.3 影响微生物生长的环境因素 …… 55
2.9 菌种保藏 …… 57
2.9.1 菌种保藏的原因 …… 58
2.9.2 菌种保藏的常用方法 …… 58
2.9.3 菌种保藏机构 …… 59
思考题 …… 59

3 浸矿微生物 …… 61

3.1 处理硫化物矿石的微生物 …… 61
3.1.1 嗜中温菌 …… 62
3.1.2 中等嗜热菌 …… 62
3.1.3 极端嗜热菌 …… 63
3.1.4 硫化矿的微生物浸出机理 …… 64
3.2 处理含锰矿石的微生物 …… 67
3.2.1 氧化锰的微生物 …… 67
3.2.2 还原锰的微生物 …… 69
3.3 分解难溶磷酸盐的微生物 …… 70
3.3.1 分解难溶磷酸盐的微生物种类 …… 70
3.3.2 微生物分解难溶磷酸盐的机理 …… 71
3.4 浸出贵金属的产氰微生物 …… 72
3.4.1 产氰微生物的种类 …… 72
3.4.2 产氰微生物的浸金机理 …… 73
3.5 用于铝土矿脱硅的硅酸盐细菌 …… 73
3.5.1 硅酸盐细菌的特征 …… 74
3.5.2 硅酸盐细菌生物脱硅机理 …… 74
3.6 产氨微生物 …… 75
3.6.1 产氨微生物的生长特性 …… 75
3.6.2 产氨微生物的浸铜机理 …… 75
3.7 浸矿微生物的采集和分离培养 …… 76

3.7.1　氧化亚铁硫杆菌的采集和分离培养…… 76
3.7.2　嗜热菌的分离…… 77
3.7.3　浸矿微生物的培养基…… 77
3.8　浸矿微生物的菌种选育…… 78
3.8.1　选育的意义…… 78
3.8.2　选育方法…… 78
3.8.3　浸矿微生物选育未来的研究方向…… 80
思考题…… 80

4　微生物浸矿工艺及影响因素…… 81

4.1　微生物浸矿工艺…… 81
4.1.1　微生物堆浸…… 81
4.1.2　微生物槽浸…… 82
4.1.3　微生物原位浸出…… 82
4.1.4　微生物搅拌浸出…… 83
4.2　微生物浸矿流程…… 83
4.3　微生物浸矿设备…… 84
4.3.1　微生物培养设备…… 84
4.3.2　微生物浸出剂的连续制备与再生设备…… 85
4.4　浸矿用微生物的连续培养…… 87
4.5　微生物浸出剂的再生与循环利用…… 88
4.6　微生物浸矿过程的影响因素…… 88
4.6.1　培养基组成…… 88
4.6.2　矿浆温度…… 89
4.6.3　矿浆 pH 值…… 90
4.6.4　金属及某些离子…… 91
4.6.5　矿浆浓度…… 92
4.6.6　光线…… 92
4.6.7　表面活性剂…… 94
4.6.8　通气量…… 94
4.6.9　催化金属离子…… 94
4.7　微生物浸矿的实验室模拟研究方法…… 96
4.7.1　摇瓶试验…… 96
4.7.2　搅拌槽浸试验…… 96
4.7.3　柱浸试验…… 98
思考题…… 99

5　硫化矿的微生物浸出…… 100

5.1　硫化铜矿石的微生物浸出…… 100

5.1.1 微生物浸铜的化学反应 …… 100
5.1.2 黄铜矿的微生物浸出 …… 101
5.1.3 铜矿石微生物浸出的工艺流程 …… 104
5.1.4 铜萃取-电积工艺简介 …… 105
5.1.5 铜矿石微生物浸出的应用实例 …… 107
5.1.6 微生物浸铜技术的工业应用前景 …… 114
5.2 难处理金矿石的微生物预氧化 …… 115
5.2.1 难处理金矿石的界定 …… 115
5.2.2 微生物氧化难处理金矿石的机理 …… 116
5.2.3 难处理金矿石微生物预氧化浸出的工艺流程 …… 117
5.2.4 难处理金矿石微生物氧化过程的影响因素及工艺条件控制 …… 119
5.2.5 难处理金矿石微生物预氧化的典型工艺 …… 124
5.2.6 难处理金矿石微生物预氧化的应用实例 …… 127
5.2.7 难处理金矿石微生物预氧化工艺的不足与局限性 …… 132
5.3 铀矿石的微生物浸出 …… 133
5.3.1 铀的天然存在形式 …… 134
5.3.2 微生物浸铀的机理 …… 135
5.3.3 微生物浸铀的工艺流程 …… 135
5.3.4 铀矿石微生物浸出工艺的应用实例 …… 136
5.3.5 微生物浸铀的前景及未来发展方向 …… 140
5.4 银矿石的微生物浸出 …… 141
5.4.1 银矿石微生物浸出机理 …… 141
5.4.2 从细菌氧化渣中提银 …… 142
5.4.3 银矿石微生物氧化实践 …… 142
5.5 硫化镍矿的微生物浸出 …… 143
5.5.1 微生物浸出硫化镍矿的机理 …… 143
5.5.2 硫化镍矿微生物搅拌浸出应用现状 …… 143
5.5.3 硫化镍矿微生物堆浸应用现状 …… 144
5.6 其他硫化矿的微生物浸出 …… 144
5.6.1 钴矿石的微生物浸出 …… 144
5.6.2 铅和锌矿石的微生物浸出 …… 145
5.6.3 钼矿石的微生物浸出 …… 146
5.6.4 稀有金属矿石的微生物浸出 …… 146
5.7 硫化矿微生物浸出过程中的原电池反应 …… 147
思考题 …… 147

6 微生物技术在其他矿石中的应用 …… 149

6.1 锰矿石的微生物处理 …… 149
6.1.1 异养型细菌浸出锰矿 …… 149

6.1.2　自养型细菌浸出锰矿 …… 149
6.2　微生物提取稀土元素 …… 150
6.2.1　微生物浸出稀土元素的作用机理 …… 150
6.2.2　微生物富集稀土元素的作用原理 …… 151
6.2.3　微生物提取稀土元素的应用 …… 152
6.3　铝土矿的微生物脱硅 …… 153
6.4　电子废弃物中贵金属的微生物方法再回收 …… 154
6.4.1　微生物方法回收贵金属的机理 …… 154
6.4.2　微生物浸出技术工艺的优化 …… 155
6.5　微生物浮选 …… 157
6.5.1　微生物与矿物相互作用机理 …… 157
6.5.2　微生物在浮选领域的应用 …… 160
6.5.3　微生物浮选发展方向 …… 161
思考题 …… 162

7　煤炭微生物法脱硫 …… 163

7.1　煤炭中硫的形态及形成 …… 163
7.1.1　煤炭中硫的形态和特性 …… 164
7.1.2　煤炭中硫的形成过程 …… 164
7.1.3　煤炭脱硫方法 …… 165
7.2　煤炭脱硫微生物的种类及其生理特征 …… 166
7.2.1　用于脱除煤炭中无机硫的菌种 …… 166
7.2.2　用于脱除煤炭中有机硫的菌种 …… 166
7.2.3　可同时脱除煤炭中无机硫和有机硫的菌种 …… 167
7.2.4　煤炭脱硫微生物的生理特征 …… 167
7.3　煤炭微生物脱硫机理 …… 168
7.3.1　煤炭中无机硫的脱除机理 …… 168
7.3.2　煤炭中有机硫的脱除机理 …… 168
7.4　煤炭微生物脱硫方法及研究进展 …… 168
7.4.1　微生物浸出法 …… 168
7.4.2　微生物预处理-浮选法 …… 169
7.5　煤炭脱硫效果的评定指标 …… 171
思考题 …… 171

8　微生物冶金研究方法 …… 172

8.1　分子生物学方法 …… 172
8.1.1　PCR 技术 …… 172
8.1.2　微生物群落指纹图谱分析法 …… 177
8.1.3　基因芯片技术 …… 180

8.1.4 高通量测序技术 …… 181
8.2 光谱学分析测试方法 …… 182
8.2.1 X 射线衍射 …… 182
8.2.2 X 射线光电子能谱 …… 182
8.3 同步辐射技术 …… 183
8.3.1 同步辐射光源的发展 …… 183
8.3.2 同步辐射光源的优良特性 …… 184
8.3.3 同步辐射 XRD …… 184
8.3.4 X 射线吸收近边结构谱 …… 185
8.3.5 扫描透射 X 射线显微镜 …… 186
8.3.6 基于同步辐射的 X 射线荧光技术 …… 187
8.4 其他辅助分析方法 …… 188
8.4.1 显微镜检方法 …… 188
8.4.2 Zeta 电位测定方法 …… 190
8.4.3 电化学分析方法 …… 191
思考题 …… 195

参考文献 …… 196

1 绪　论

随着矿产资源的不断开发，有价金属资源日渐贫杂，采用传统的选冶工艺处理，资源利用率低、能源消耗大、环境污染严重，亟须研发新技术。随着生物技术的飞速发展，矿产资源的微生物处理技术越来越受到人们的重视。目前矿产资源微生物技术主要包括微生物冶金和煤炭微生物法脱硫。由于微生物冶金技术在矿产资源领域的广泛应用，本书重点介绍微生物冶金技术。关于煤炭微生物法脱硫的内容在第7章进行了简单介绍。

微生物冶金是微生物学、冶金物理化学、电化学、矿物加工等多学科交叉的技术，它借助于某些微生物及其代谢产物溶浸矿石中的有价金属或者脱除矿石中的有害杂质组分，具有成本低、操作简单、环境友好、资源利用率高等特点，在低品位矿产资源开发方面具有很强的竞争力，是实现低品位难处理矿产资源清洁高效利用的新技术。

美国、智利、澳大利亚及欧盟各国等从国家战略角度出发，高度重视微生物冶金技术的研发，在铜、镍、钴、金、铀等矿产资源开发领域已实现了大规模产业化应用。其中，采用微生物冶金技术生产的金属铜占世界总金属铜产量的15%~25%，并有效降低了铜金属资源边界品位，处理的矿石铜品位下降到0.04%~0.2%，扩大了资源储量。欧盟BioMinE计划认为，微生物冶金技术是“明天的生产力”，中国工程院认为该技术是21世纪矿产资源加工的战略性技术（《中国科学技术前沿》）。近30年来，中国政府高度重视微生物冶金技术的发展，微生物冶金技术研发取得了重大进展，缩短了与国际先进水平的差距。因此，微生物冶金具有广阔的研发和应用前景。

1.1 微生物冶金的起源

中国是世界上最早采用微生物湿法冶金技术的国家。早在公元前2世纪，文献中就记载了用铁自硫酸铜溶液中置换铜的化学作用，而堆浸在当时已成为生产铜的普遍做法。到了唐朝末年或五代时期，出现了从含硫酸铜矿坑水中提取铜的生产方法，称为“胆水浸铜”法。到北宋时期，“胆水浸铜”法已成为铜的重要生产手段之一。当时有11处矿场用这种方法生产铜，产量达百万斤，占全国铜总产量的15%~25%。1094年，北宋张潜（一说张甲）在《浸铜要略》一书中写道，用“胆水浸铜”，“以铁投之，铜色立变”。这就是指细菌法浸出铜之后，加铁就可以置换出海绵铜。

在欧洲，有记载的最早涉及微生物采矿的活动是1670年西班牙的里奥廷托（Rio Tinto）矿，人们利用酸性矿坑水浸出含铜黄铁矿中的铜。然而，在所有这些早期的溶浸采矿活动中，人们对浸出液中存在大量的微生物且发挥着重要的浸矿作用却一无所知，只是不自觉利用了它们。

客观地讲，有目的地将微生物技术应用于矿物加工生产过程的理论基础是地质微生物学和微生物地球化学。人们首先认识到，在自然界中，微生物参与了碳、氮、硫、硅、铁、锰等多种元素的循环，从而使67种元素在自然界中的分布与微生物的作用密切相关，地球上许多元素的迁移和矿床的形成都与微生物有着千丝万缕的联系。随着科学技术的发展，人们对这种关系的研究不断深入，于是形成了专门的学科——地质微生物学和微生物地球化学。

微生物成矿作用机理的研究成果，启发了人们对矿石微生物浸出工艺的思考。起初，一些从事矿物加工研究工作的学者注意到有些矿山利用酸性矿坑水从贫矿、废矿堆中浸出铜这一生产工艺，推断这类矿坑水中可能存在某种微生物，于是便开始了矿石微生物处理技术的初期探索研究。

1922 年，Rudolf 等人首次报道了铁和锌的硫化物微生物浸出，他们采用了一种未鉴定的能氧化铁和硫的自养土壤细菌。当时他们就提出一种观点，认为微生物浸出可能是从低品位硫化矿中提取金属的一种经济的方法。遗憾的是，他们的研究没能继续开展下去，在此后的 25 年间也无人涉足类似的工作。直到 1947 年，Colmer 和 Hinkle 首次从酸性矿坑水中分离到一种微生物，并将其命名为氧化亚铁硫杆菌（*Thiobacillus ferrooxidans*），并对其生理特性进行了鉴定。其后 Temple、Leathen 等人对这种自养菌的生理生态进行了详细研究，发现这种微生物能将矿物中硫化物组分氧化生成硫酸，并能将 Fe^{2+} 氧化为 Fe^{3+}。一个典型的例子就是黄铁矿被氧化亚铁硫杆菌氧化，生成硫酸和硫酸铁。

这些研究成果对推动微生物冶金技术的发展具有划时代的意义。正是由于揭示了氧化亚铁硫杆菌这种生理特性，20 世纪 50 年代掀起了研究微生物冶金技术的高潮。Bryner 等人开辟了硫化矿生物提取研究的先河，他们较为系统地研究了各种硫化矿的微生物浸出。业已证明，在酸性条件下氧化亚铁硫杆菌能氧化大多数硫化矿物，产生可溶性的硫酸盐。其间，用于氧化亚铁硫杆菌细胞大量培养的 9K 培养基也应运而生，这种培养基目前广泛用于实验室微生物浸出研究。

1.2 微生物冶金的应用现状

用氧化亚铁硫杆菌在实验室中对硫化铜矿进行浸出试验结果表明，这种细菌对金属硫化物矿物具有明显的氧化作用。基于这些研究成果，美国肯尼柯特（Kennecott）铜矿公司率先利用氧化亚铁硫杆菌进行渗滤浸出含铜硫化物矿石的工业应用试验研究，试验工作进行得非常顺利，不久这种新型的微生物浸铜工艺即在肯尼柯特铜矿公司所属的犹他（Utah）矿取得成功应用，并于 1958 年申请到了这项技术的专利。这是微生物冶金技术发展历史上获得的第一项技术专利，有力地推动了矿产资源微生物技术的发展。

从 20 世纪 60 年代起，铜和铀的微生物堆浸技术开始用于大规模的工业生产。如美国有十来个矿山和公司利用微生物浸出—置换—溶剂萃取—电积法从贫、废铜矿中生产大量廉价铜。加拿大的伊利奥特湖地区的斯坦洛克矿从 1964 年起在采空区利用细菌浸出铀，平均每月回收 U_3O_8 6804 kg，已达当时全矿总产量的7%。其他产铀国家（如美国、南非、澳大利亚、法国等）也在不同程度上利用微生物浸出一些贫矿石中的铀，并获得了可观的经济效益。

在金的微生物提取方面，世界上约有20%的金以亚显微形态包裹在硫化矿物（主要为毒砂与黄铁矿）晶格中。这类金矿石或金精矿必须先进行预氧化，使金粒裸露，才能用氰化物浸出剂将金溶解，人们称这类金矿为难处理金矿。利用微生物对这类金矿石进行氧化预处理，可以将硫化物包裹层破坏，使浸出剂得以与金颗粒接触，从而提高金的氰化浸出率。由于利用微生物进行硫化物矿物氧化的生产成本低、投资少且不污染环境，这种工艺被普遍认为是一种很有发展前景的新技术。1986年，全世界第一座难处理金矿的微生物氧化提金厂在南非的Fairview正式投产运行。自此以来，国内外至少有20家利用微生物氧化来提取金的工厂已经筹建或投产。

对于其他的金属矿，微生物湿法冶金也得到了一定的研究及应用，如镍、镉、锑、钴和锌等硫化矿物的微生物浸出较为成功。澳大利亚Radio Hill矿山进行了微生物浸出硫化镍矿的试验，取得了很好的效果。我国也对微生物浸出镍矿进行了大量的研究。目前，澳大利亚、芬兰、中国等均有硫化镍矿微生物浸出工业试点工程。

1.3 中国微生物冶金技术的研究进展

1.3.1 从宏观到微观

1999年之前，我国微生物湿法冶金研究仅停留在宏观的层次。高效冶金微生物的筛选主要通过肉眼判断，选择从猪肝色的酸性矿坑水中挑取样品，然后在合适的培养条件下进行浸矿微生物的培养，并在显微镜下观察细胞数量，进一步通过浸矿试验测定不同细菌的氧化活性和抗性等特征。当溶液pH值下降（代表具有硫氧化能力）或者溶液颜色变成红色（代表具有亚铁氧化能力）时，表明获得了较好的冶金微生物。在当时却无法得知为什么冶金微生物具有相应的硫或亚铁氧化能力，缺乏基因层面的定量判据。

2004年，国内研究者们开展了世界上第一个典型冶金微生物嗜酸氧化亚铁硫杆菌23270的全基因组测序研究工作，并在获得该菌全部3217个基因信息的基础上，构建了全基因组芯片，通过比较基因组发现320个高氧化活性的基因，其中包括135个亚铁氧化、硫氧化以及抗性相关基因，随后制定了国家标准《嗜酸氧化亚铁硫杆菌及其活性的基因芯片检测方法》(GB/T 20929—2007)，实现了高效浸矿菌种的快速准确筛选。嗜酸氧化亚铁硫杆菌全基因组图谱及其注解为从基因水平开展浸矿机理研究奠定了基础，实现了微生物浸矿行为研究由表现型向基因型转变。

微生物浸出的本质是微生物与矿石相互作用后矿石分步氧化分解，而这种反应主要发生在矿物-溶液-微生物多相界面上。因此，揭示微生物冶金体系多相界面作用的微观机制具有重要的意义。从2008年开始，中南大学利用同步辐射等先进技术，探明了原生硫化铜矿生物浸出过程中的多种中间产物及其相应的化学反应，建立了硫化铜矿分步氧化模型（见图1-1），阐明了该过程的动力学特性。确定了Fe优先溶解是含铁硫化铜矿物溶解的初始步骤，发现了Cu_2S的生成是原生硫化铜矿溶解的关键步骤，低电位是其转化为Cu_2S的关键参数。调整浸出体系中总铁浓度及$c(Fe^{3+})/c(Fe^{2+})$比值，维持浸出体系的低电位（(430 ± 20) mV）环境，铜的浸出速率可以提高1倍以上。

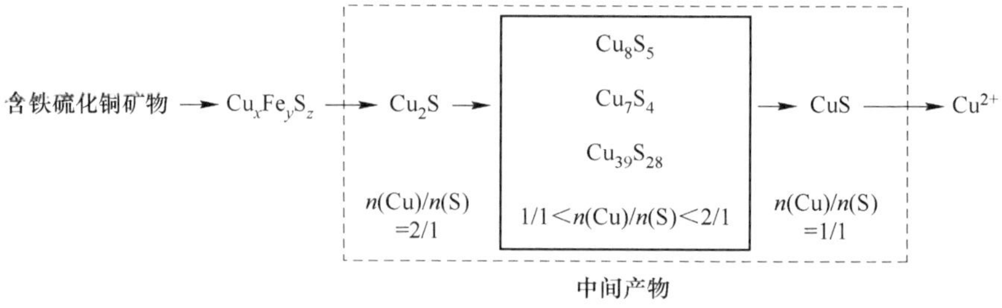

图 1-1 含铁硫化铜矿物浸出过程的分步氧化模型

1.3.2 从定性到定量

微生物浸出过程中，浸矿微生物种类多、性状与功能差异大、相互作用关系复杂，而且大多数浸矿微生物目前尚不能人工培养，传统的以分离培养为基础的分析技术难以对浸矿微生物进行定量分析和实时监控。此外，由于微生物的功能活动是一种非常微观的作用，传统的生物化学反应测定方法不易定量分析。随着生物学技术的飞速发展，基因和基因组、宏基因组等技术越来越多被应用于微生物冶金领域。尤其是基因组技术的应用，使得冶金微生物的定量化有了根本性的变化，从而使冶金微生物研究水平从单菌的单一功能提升到单菌整体功能和菌群整体功能。

采用基因组方法可实时监测生物堆浸过程中微生物的生态多样性，从而为功能菌群的调控提供理论指导。2008 年，广东梅州玉水硫化铜矿率先开展低品位铜矿的地下生物堆浸研究，根据群落多样性研究结果，通过调整操作参数、定时接种等方法保持功能菌群的活性，最终显著提高了浸出效率。

冶金微生物的多样性水平与所采用宏基因组方法评估技术相关，多样性参数 OTU 随检测水平提升而明显升高。江西德兴铜矿生物堆浸体系微生物多样性监测结果表明：采用传统的克隆文库法测定，仅有 30 ~ 60 个；采用 454 测序法检测，其 OTU 数为 200 ~ 300 个；采用 MiSeq 测序法，其 OTU 数达 1000 ~ 2000 个。

基因芯片技术是微生物群落结构与功能定量化检测的有效手段，国内先后发展了三种冶金微生物基因芯片技术，分别是：可以实时监测复杂体系冶金微生物种群结构与动态的群落基因组芯片技术（CGA），其检测灵敏度达 0.1 ng 基因组 DNA；能准确定量分析冶金微生物铁硫氧化等活性的功能基因组芯片技术（FGA），其检测灵敏度达 5 ng 基因组 DNA；能快速筛选特定目标基因/基因簇的冶金微生物宏基因组芯片技术，并利用该技术发现了大量未知的微生物和功能基因。上述系列基因芯片技术的开发，实现了冶金微生物群落结构与功能的定量化、准确和快速分析，突破了硫化矿物氧化溶解机理研究的技术瓶颈。

1.3.3 从理论到实践

1.3.3.1 铜矿资源的微生物冶金

铜矿是微生物冶金技术应用最为广泛的对象之一。堆浸是铜矿微生物冶金的主要应用类型。1995—2015 年的 20 年间，铜矿微生物堆浸的规模已从我国紫金山铜矿处理量的 5

万吨/年增加至赞比亚卢安夏的6000万吨/年。截至目前，微生物湿法冶金技术产铜量已超过全球铜产量的20%。

（1）江西德兴铜矿极低品位铜尾矿的微生物湿法冶金技术应用。中国江西德兴铜矿的微生物堆浸工艺是微生物冶金技术成功应用的典范。江西铜业公司德兴铜矿在几十年的露采过程中，剥离了大量含铜0.05%~0.25%的废矿石，其总量超过了3.5亿吨，含铜总量约为60万吨。由于该废矿石中的铜主要以原生硫化铜形式存在，采用传统的选冶方法很难回收其中的铜资源。20世纪90年代，该公司与中南大学合作开展“德兴低品位硫化矿人工细菌浸出及萃取第三相防治方法研究”与“德兴铜矿低品位细菌浸出菌种改良和催化机理及其工业化应用研究”。通过中南大学先进的菌种定量化技术快速筛选获得了氧化活性高、抗毒性离子能力强的高效菌种，显著提高了铜的浸出率和浸出速率，并建立了一座设计能力为2000 t电铜的微生物浸出萃取电积工厂。

（2）福建紫金山铜矿低品位次生硫化矿微生物冶金技术及其应用。紫金山铜矿位于福建省上杭县，该地已探明硫化铜矿储量2.4亿吨，铜的平均品位为0.63%。矿石中铜矿物以次生硫化矿为主，主要包括辉铜矿、铜蓝和硫砷铜矿等。由于铜品位非常低，传统的浮选和熔炼工艺不能经济有效地处理这种矿石，而微生物湿法冶金工艺是一条可行之路。与传统工艺相比，微生物冶金技术不仅可以扩大资源储量，减少能源消耗，而且还可以减少酸化和温室效应，具有较大的经济效益、社会效益及生态效益。紫金山铜矿已陆续建成产量1万吨/年、2万吨/年和5万吨/年的低品位次生硫化矿微生物冶金生产线。

（3）赞比亚谦比希铜矿。微生物冶金研究成果不仅在国内取得了较好的效果，还进一步推广到了国外。2011年3月，赞比亚谦比希湿法冶炼公司与中南大学合作开展低品位铜废矿石的微生物堆浸工艺研究。通过筛选、富集及驯化当地浸矿微生物，使微生物较快适应了堆场环境，并保持良好生长。针对复配微生物群落扩大培养速度慢、群落结构稳定性差、大规模堆场细菌定殖难的问题，开发了以工业物料为培养基质的菌群高效扩培与快速定殖“三段法”，培养规模从5 L、50 L、1 m^3、20 m^3提高到150 m^3。将培养后的菌种接种到矿堆中，可使整个堆浸体系细胞浓度显著提高，从而缩短堆浸时间，提高铜浸出速率和浸出率。在60万吨低品位铜矿石的生物堆浸工业生产中，2个月内铜的浸出率达到50%，浸出液通过后续的萃取-电积工艺，获得纯度为99.99%的阴极铜。在不改变原来工程条件的基础上，现有的微生物冶金技术可使谦比希铜矿堆浸铜产量提高20%，酸耗降低35%以上，大量以前不能回收的铜资源得到了有效利用。

（4）赞比亚穆利亚希铜矿。针对微生物浸出体系中工程条件、物理化学因素和微生物群落结构与功能匹配难的问题，中南大学以中色卢安夏铜业公司穆利亚希堆浸厂为研究对象，开展多因素相互作用强化机制研究，利用宏基因组技术，对堆内的微生物群落结构与功能进行实时监测，明确了投放高效复配菌群组合在浸出过程中的作用，阐明了浸出过程不同阶段群落演替规律，浸出前期以嗜中温菌为主，中期以中等嗜热菌为主，后期以高温菌为主。同时发现堆内温度随浸出不同时期升高，由浸出初期的自然温度最高升至65 ℃以上，进一步通过对微生物浸出体系pH值和氧化还原电位的研究，发现浸出过程酸平衡阶段以后，体系酸性增强，pH值下降，温度逐渐升高，ORP逐步上升。其中温度的升高加快浸出反应，氧化还原电位的升高抑制了黄铜矿转化为辉铜矿的进行，从而降低了浸出效率。在上述规律的基础上，开发了以“种群分段投放、电位调控和维持较低pH

值”为核心的浸出体系优化调控技术。该技术应用于穆利亚希6000万吨矿石堆浸厂，经过5个月的浸出，铜浸出率达85%，与自然浸出体系相比，铜浸出率提高25%。

1.3.3.2 金矿微生物预处理工艺

我国目前难处理金矿资源占已探明黄金储量的2/3以上，开发利用难度非常大，而微生物预处理技术能有效利用这部分难处理金矿资源。随着微生物预处理技术的发展，中国黄金产量连续12年占据世界第一地位。该项技术的推广应用，对保持中国黄金产量的世界领先水平和参与国际竞争具有重要的意义。

长春黄金研究院以含砷难浸金精矿为主攻目标，围绕着生物氧化-氰化提金技术路线，对生物氧化提金技术进行了自主创新，形成了完整的、具有自主知识产权的CCGRI生物氧化提金技术，并实施了推广与示范。经过长期对浸矿菌种的定向培养、驯化，获得了与国外BIOX工艺不同的浸矿工程菌（命名为HY-系列菌）。以该菌种为核心进行相关工艺的技术开发，形成了CCGRI技术系列。建设了国内黄金行业的第一座高技术产业化示范工程；从2003年7月投产至今，已稳定运行了20多年。

1.3.3.3 铀矿微生物提取工艺

微生物冶金技术可使我国大量闲置或废弃的硫化物包裹类铀矿资源得到有效利用，铀浸出率可高达96%，并有望使铀矿资源开采品位从目前的千分之一降低到万分之三，从而使铀矿可经济开采储量大大增加。

国内有关铀矿微生物浸出的研究始于20世纪60年代末，目前，它的主要工业应用为堆浸、地浸等。在20世纪70年代初期对湖南711铀矿700 t贫矿进行了微生物堆浸扩大试验，近年来，在721、745等大型铀矿基地成功开展了高氟及表外铀矿等不同类型铀矿石的工业化试验，而在微生物地浸方面的研究开始较晚，在20世纪90年代末才开始进行一部分探索研究工作。当前微生物浸铀技术已展示出广阔的应用前景，并取得了良好的经济效益。

1.4 微生物冶金技术的发展前景

随着生物工程技术的飞速发展，矿产资源的不断开发利用，全球的矿产资源进一步贫化和复杂化，以及人类社会对自然生态环境保护的需要越来越强烈、越来越严格，对矿产开发的要求越来越高。现有的一般的物理化学选矿方法存在资源损耗大、回收率低、成本高及对环境污染大等问题，已经不能适应和满足社会和经济的可持续发展。因此，微生物湿法冶金在矿物分选方面的作用越来越巨大，越来越受到人们的重视。有人认为，在未来几十年后，生物技术将渗透到社会生活的各个地方和角落，微生物冶金技术的研究与发展也将在未来矿物分选方面发挥举足轻重的作用。其主要有如下几大发展趋势。

（1）高效浸矿菌种选育方面。高效浸矿菌种仍然是微生物冶金技术发展的瓶颈，为了获得高效浸矿菌种，目前国内外专家都在大力开展研究，其研究重点包括：耐寒/耐高温/耐盐/高活性浸矿菌种选育与浸矿应用、异养菌的选育与浸矿应用、浸出过程中微生物生态变化与控制技术研究、现代分子生物学技术在微生物浸矿中的应用。

（2）浸矿微生物的基因组学和蛋白组学方面。浸矿微生物在浸矿性能方面的差异，归根于它们在基因上的差异，因此从基因角度研究浸矿性能的差异，优化该方面的基因性能，进而提高浸矿性能。

（3）微生物浸出过程基础理论与工程化技术研究方面。微生物冶金技术研究起步较晚，在浸出过程中细菌生长模式、浸矿过程机理、浸出过程数学模拟、微生物冶金工程化技术的完善与标准化等方面缺乏突破性的进展，限制了理论研究的深化和该技术的工程化，这些方面的深入研究是今后的重要方向。

（4）微生物冶金技术的应用领域方面。微生物冶金技术的应用领域相对较小，目前主要在次生硫化铜矿、难处理金矿等大规模实现产业化。因此，应加强黄铜矿微生物堆浸技术开发、镍钴锌等硫化矿微生物浸出技术开发、低温微生物堆浸技术研究，异养菌在煤炭浮选、铝土脱硅、红土镍矿等的应用研究，以及对黑色页岩、大洋锰结核等含有金属的矿物的浸出研究，拓宽微生物冶金的应用领域。

思 考 题

1-1 微生物冶金技术是什么，有什么优点?

1-2 哪一方面的研究成果启发了人们对矿石微生物浸出工艺的思考?

1-3 微生物冶金技术目前有哪些应用?

1-4 简要介绍微生物冶金技术的发展前景。

2 微生物学基础知识

2.1 概　　述

2.1.1 无处不在的微生物

微生物无处不在。尽管微生物经常被习惯性地“忽视”，但它们却非常生机勃勃地存在于这个世界，从土壤圈、水圈、大气圈到岩石圈，到处都有它们的踪迹，地球上的任何缝隙，都有它们的身影。有时候，我们是“身在菌中不知菌”。实际上，从一些不起眼的生活小事中，就能轻易找到微生物存在的影子。

民以食为天。如美味的酸奶、泡菜、酸菜鱼，这些食品之所以酸爽味美，正是无数的、小小的乳酸菌的功劳；又如面包和馒头，这些松软香甜的食物，少不了酵母菌的功劳；当然，还有火腿、奶酪、臭豆腐、酒酿、腐乳、豆豉……关于微生物与美食的例子不胜枚举。

再来看看我们人类自己。相比于动物和植物，微生物与我们更加亲密。无论在人体的体表还是体内，都栖息着大量的微生物，其数量极为惊人，总数可达1000000亿左右，几乎是人体总细胞数的10倍。实际上，这些小家伙从我们呱呱坠地的瞬间，就已经与我们相伴了。无须担忧它们会威胁我们的健康，反而，应该感谢它们，正是它们使我们更健康。

很多时候，我们也总是忘记了感恩来自微生物的奉献。当你因患重感冒而卧床不起时，白衣护士为你注射抗生素，你可曾想到，正是“微生物”治愈了你的疾病？你又可曾想到，正是这些微生物使人类平均寿命提高了近10年。随着社会经济的快速发展，环境污染越来越严重，你可曾想到，正是微生物将这些污染物统统“消化掉”，还大自然以最初的美丽？当食品农药残余量越来越高，你可曾想到，正是微生物的应用，让这一现象有可能成为历史？当石油资源正日益枯竭，你可曾想过，常被焚烧或废弃处理的秸秆，却可以凭借微生物的力量“变废为宝”，成为新能源？而在土地资源越发稀缺、人畜争粮越发严重的今天，你可曾想到，也许有一天在我们的餐桌前，摆放的全是一道道以微生物为原料而制成的美味。

也许，在地球村里，微生物的确不那么“抢眼”，它们看不见，也摸不着，但它们却与我们的生活息息相关。如今，很难找出与微生物不相关的事物了。就连在人类潜意识里许多离生物界很遥远的事物，如感光材料、造纸、冶金、石油勘探、文物修复等，它们竟然都与微生物相关！在近代，微生物可谓是对人类发展贡献最大的一类生物。我们的生活无法离开微生物，微生物将始终与人类相伴。

2.1.2 微生物的概念

微生物（microorganism，microbe）并不是一个分类学上的术语，它们主要是根据生物体的大小而被人为地划归到一起，传统定义为肉眼看不见的或看不清的，必须在电子显微镜或光学显微镜下才能看见的微小生物。它们是一些个体微小（直径小于0.1 mm）、构造简单的低等生物，包括属于原核类的细菌、放线菌、支原体、衣原体、立克次氏体和蓝细菌（过去称蓝藻或蓝绿藻），属于真核类的真菌（酵母菌和霉菌）、原生动物和显微藻类，以及属于非细胞类的病毒、类病毒和朊病毒等。

然而在微小世界里也不乏“形体高大”者。1997 年德国科学家 H. N. Schulz 等人在纳米比亚海岸海底沉积物中发现了一种大小为 100 ~ 300 μm，最大可达 750 μm 的硫黄细菌，其以外界吸收到体内的硝酸盐和硫化物进行能量代谢，菌体呈白色，像珍珠一样，科学家将其命名为纳米比亚硫黄珍珠菌（*Thiomargarita namibiensis*），这是目前发现的最大微生物，肉眼可见。目前世界上已知最小的微生物是支原体，它是一类介于细菌和病毒之间的单细胞微生物。它是地球上已知的能独立生活的最小微生物，大小约为 100 nm。支原体一般都是寄生生物，其中最有名的当属肺炎支原体（*M. Pneumonia*），它能使哺乳动物特别是牛的呼吸器官发生严重病变。

微生物作为地球生物圈中的古老家族，约在 33 亿年前就出现了，在地球生命的演化中，具有非常悠久的历史。然而，受科学技术发展水平的制约，人类对微生物世界的认识长期处于空白状态，直到 17 世纪下半叶荷兰商人安东尼·列文虎克用自制的简易显微镜（放大倍数为 50 ~ 300 倍）发现了微生物，并将这些微生物称为“wee animalcules”（微小动物），首次揭示了一个崭新的生物世界——微生物界。因此，安东尼·列文虎克也被称为“真正看见并描述微生物的第一人”。

2.1.3 微生物的化学组成

生态系统中的各种生物细胞都是由各种不同化学元素组成的，微生物也不例外。根据微生物中各类化学元素量的不同，可将它们大体分为主要元素和微量元素。主要元素包括碳、氢、氧、氮、磷、硫、钾、镁、钙、铁等，而前 6 种则约占细胞干重的 97%，如表 2-1 所示；微量元素包括锌、锰、钠、氯、钼、硒、钴、铜、钨、镍、硼等。

表 2-1 微生物细胞中几种主要元素的成分（质量分数） （%）

元素	细菌（干重）	酵母菌（干重）	霉菌（干重）
碳	约 50	约 50	约 48
氮	约 15	约 12	约 5
氢	约 8	约 7	约 7
氧	约 20	约 31	约 40
磷	约 3	—	—
硫	约 1	—	—

由表 2-1 可知，细菌、酵母菌和霉菌中 6 种主要元素的含量是有差别的，也就是说，微生物细胞的化学元素组成往往因微生物种类不同而有所不同。不仅如此，该元素组成也常会随菌龄以及培养条件的不同在一定范围内发生变化，如幼龄菌比老龄菌的含氮量高；在氮源丰富的培养基上生长的细胞也要比在氮源缺乏的培养基上生长的细胞含氮量高。

微生物细胞中的各化学元素主要以有机物、无机物和水的形式存在。微生物化学组成因微生物的种类、生理状态和环境条件不同而不同。表 2-2 为微生物细胞的化学组成和含量。

表 2-2 微生物细胞的化学组成和含量 （%）

成分	细菌（干重）	酵母菌（干重）	霉菌（干重）
水（占细胞鲜重的百分比）	75～85	70～80	85～90
蛋白质	50～80	32～75	14～52
核酸	10～20	6～8	1～2
糖类	12～28	27～63	7～40
脂类	5～20	2～15	4～40
无机元素	2～30	4～7	6～12

众所周知，水是生命之源，是细胞维持正常生命活动必不可少的成分，一般占细胞鲜重的 70%～90%。微生物细胞中的干物质主要由无机物和有机物组成，其中有机物主要包括蛋白质、糖类、脂类、核酸、维生素以及它们的降解产物和一些代谢产物等物质。

2.1.4 微生物的分类和命名

2.1.4.1 微生物的分类

100 多年来，人类对微生物的分类从两界系统经历了三界系统、四界系统、五界系统和六界系统。微生物在所有界级分类系统中，都占据绝大多数的“席位”。1977 年，我国学者王大耜等人在魏泰克（R. H. Whittaker）主张五界系统（动物界、植物界、真核原生生物界、真菌界、原核生物界）的基础上，增加一个病毒界形成了六界系统，如图 2-1 所示。微生物在该分类系统中属于病毒界、原核生物界、真核原生生物界和真菌界。

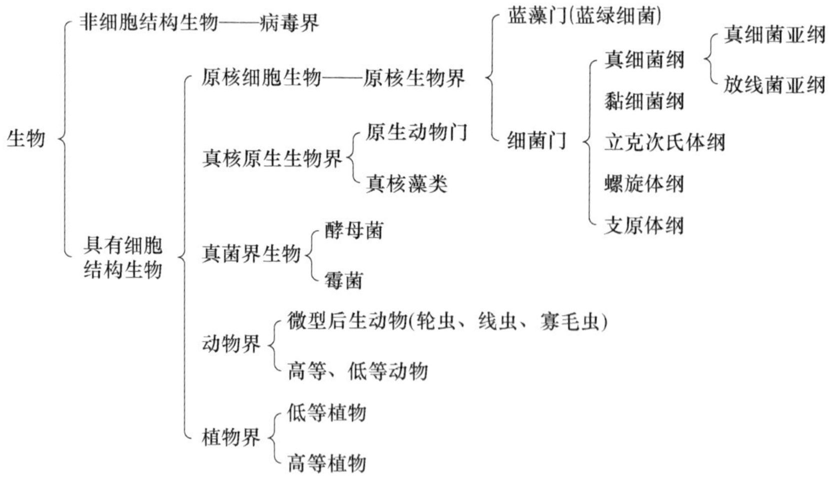

图 2-1 王大耜分类法

除病毒之外，微生物和其他生物分类一样，分为七个基本的分类等级，由上而下依次是：界（kingdom）、门（phylum）、纲（class）、目（order）、科（family）、属（genus）、种（species）。例如大肠杆菌，归属于原核生物界，变形菌门，发酵细菌纲，肠杆菌目，肠杆菌科，埃希氏菌属，大肠埃希氏菌种。

“种”是分类的最小单元。一般认为，微生物的种，是一大群表型特征高度相似、亲缘关系极其接近，与同一个属内的其他种之间有着明显差异的一大类菌株的总称（种内微生物间的差别很小，有时为了区分小差别可用株表示，但“株”不是分类单元）。由于种内的不同菌株之间，还存在着某种程度的差异，甚至是较为明显的差异，为利于研究和交流，避免产生错误，于是人为规定了：微生物的某个种通常用该种内的一个典型菌株（type strain）作为具体代表，而该典型菌株被称为该种的模式种（type species）。比如，ATCC 29521 菌株是两歧双歧杆菌（*Bifidobacterium bifidum*）的模式种，代表了两歧双歧杆菌这一物种。

在分类中，若这些分类单元的等级不足以反映某些分类单元之间的差异时，也可以增加亚等级。

2.1.4.2 微生物的命名

微生物的名称分为两种：一种是俗名，具有大众化和简明等优点，但含义往往不够确切，不能用于正式场合的学术交流。例如，大肠埃希氏菌俗称为“大肠杆菌”，铜绿假单胞杆菌俗称为“绿脓杆菌”；用于酸奶生产的菌种——保加利亚乳杆菌，实际上是德氏乳杆菌保加利亚亚种的一个俗称。

另一种是学名（scientific name），它是国际上统一使用的规范名称，是用拉丁词或拉丁化的词组成的。

A 微生物“种”的命名

微生物“种”的命名是采用生物学中双名法，即用两个拉丁字命名。每种微生物的名称都是由一个属名和一个种名组成，属名在前，首字母大写；种名在后，首字母小写。属名和种名都必须采用“斜体”书写。

例如：

（1）氧化亚铁硫杆菌，*Acidithiobacillus ferrooxidans*，可简写为 *A. ferrooxidans*。

（2）氧化亚铁微螺菌，*Leptospirillum ferrooxidans*，可简写为 *L. ferrooxidans*。

为了避免同物异名或同名异物的现象发生，在微生物的名称之后常加上命名人的姓，如大肠埃希氏杆菌（*Escherichia colicastellani* and Chalmers）等。

如果一种微生物只鉴定到属，没有鉴定到种，则该微生物只有属名，没有种名，此时应表示为“属名 + sp.”（单数）或“属名 + spp.”（复数）以示标记。其中，“sp.”“spp.”要书写为正体。

B 微生物“亚种”的命名

采用三名法，即亚种名 = 属名 + 种名 + subsp. + 亚种名。其中，除 subsp. 用正体外，其余均为斜体，subsp. 也可省略。

例如：德氏乳杆菌保加利亚亚种，*Lactobacillus delbrueckii*（subsp.）*bulgaricus*。

C 微生物“属”的命名

属名，是一个表示微生物主要特征的名词，单数，斜体书写，首字母大写。如 *Escherichia*（埃希氏菌属）、*Pseudomonas*（假单胞菌属）等。

“属名 + sp.” 表示该菌属中的某一种菌；“属名 + spp.” 表示该菌属中的某些种菌。

D 微生物“菌株”的命名

菌株的名称，无统一规定，可随意自行命名，但一般应便于查阅和利用交流。通常可用字母加编号表示，如 ATCC13076、CMCC98001 等。字母一般多表示实验室、保藏机构、来源地、血清型等的名称；编号表示序号等。

2.1.5 微生物的特点

微生物种类繁多，形态各异，营养类型庞杂，但都表现为简单、低等的生命形态，具有许多共同点：

（1）个体小，面积大。微生物的个体极小，有微米（μm）级的，要通过光学显微镜才能看到。大多数病毒小于 0.2 μm，是纳米（nm）级的，要通过电子显微镜才能看到。微生物大多是单细胞生物，如细菌、原生动物、单细胞藻类、酵母菌等。霉菌是微生物结构最复杂的一类，是由多细胞简单排列构成的。正是由于个体极小，使得大多数微生物都具有极大的比表面。某一物体单位体积所占有的表面积，称为比表面。一般而言，物体的体积越小，其比表面就越大。因此，微生物具有巨大的比表面，而巨大的比表面，也赋予了微生物以下其他的四个特性。

（2）吸收多，转化快。微生物没有“嘴巴”，但可以想象，整个微生物表面就是一张“大嘴”。微生物巨大的比表面，使其具有强大的营养物质吸收能力。例如，大肠杆菌每小时可吸收自身质量 10000 倍的乳糖，而人类每小时仅能吸收自身体重 0.004 倍的乳糖。不仅“吃得多”，微生物的转化能力也同样惊人。一头质量为 500 kg 的牛，在 24 h 内仅能生产 0.5 kg 蛋白质，而 500 kg 的酵母菌，在同样的时间内却能生产 50000 kg 蛋白质。

（3）生长旺，繁殖快。超强的吸收和转化能力，使微生物具有惊人的生长繁殖速度。绝大多数微生物以裂殖方式繁殖后代。在适宜的环境中，微生物繁殖一代的时间非常短暂，快的仅需要 20 min，慢的也只需要几个小时。这一点是其他两界生物所无法比拟的。

（4）易变异，适应性强。高等动物和高等植物的酶系是相当不灵活的，在个体发育中，虽然它们的酶系可稍作改变，但无法适应环境条件的较大变化，从而导致了它们在自然界中的分布明显受环境条件的影响。与之相比，微生物的代谢灵活性却要大得多，这主要是由于大多数微生物为无性繁殖，结构简单，整个细胞直接与外界环境接触，易受外界环境条件的影响。也正是因为这些原因，绝大部分微生物能较快地适应新环境，而且容易发生变异。微生物通过变异，极可能导致自身退化，也可能发展成为优良菌种。

（5）分布广，种类多。微生物因其体积小、重量轻和繁殖快等特点，传播、扩散能力强，甚至达到“无孔不入”的地步。只要条件合适，它们就可“随遇而安”。地球上除火山的中心区域等少数地方外，从土壤圈、水圈、大气圈到岩石圈，到处都有它们的踪迹。可以认为，微生物永远是生物圈上、下限的开拓者，以及各项生存纪录的保持者。而这些分布在地球各处的微生物，种类非常之多。据统计，微生物有 50 万 ~ 600 万种，其中人类已记载过的仅约 20 万种，包括原核生物 3500 种，病毒 4000 种，真菌 9 万种。而实际上，受限于当前技术水平，99% 的微生物目前还不可培养，这对开发它们造成极大障碍。人类对微生物的认识还不到 1%，这也反映出微生物的数量和种类是多么惊人。

2.2 原核微生物

原核微生物包括细菌门和蓝绿细菌门的所有微生物。细菌门包括真细菌纲、立克次氏体纲、黏细菌纲、螺旋体纲和支原体纲。其中真细菌纲又细分为真细菌亚纲和放线菌亚纲。这一节主要介绍与微生物冶金技术密切相关的细菌、放线菌、蓝绿细菌以及古生菌，并以细菌为重点，详细介绍其形态、大小、细胞结构及其功能。

2.2.1 细菌

细菌是一类单细胞，形状细短、结构简单、细胞壁坚韧，多以二分裂方式繁殖和水生性较强的原核生物。通常所说的细菌包括真细菌亚纲中的所有微生物，它们被广泛应用于工业、农业、医药、环境工程等众多领域。与其他纲的微生物相比，细菌的种类最为繁多，在微生物生态系统中数量也最大，各有关学科领域均把它们作为主要研究对象。

2.2.1.1 细菌的形态与大小

细菌形态学包括细菌的形状、大小、结构以及彼此之间的空间关系。就单个细胞而言，细菌有球状、杆状和螺旋状三种基本形态，分别称为球菌、杆菌和螺旋菌（包括弧菌），如图2-2所示。

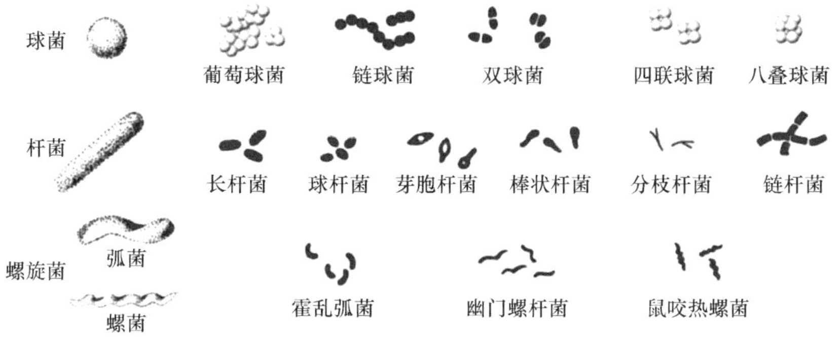

图2-2 细菌的基本形态

（1）球菌。球菌呈圆球形或椭球形，直径一般为0.5～2.0 μm。球菌按照细菌的排列方式又细分为单球菌（如脲微球菌）、双球菌（如肺炎双球菌）、4个球垒叠在一起形成田字形的四联球菌（如四联微球菌）、8个球垒叠成立方体的八叠球菌（如甲烷八叠球菌）、多个球连成链条状的链球菌（如乳链球菌）以及多个球呈不规则排列组成一串葡萄状的葡萄球菌（如金黄色葡萄球菌）。

（2）杆菌。杆菌有长杆菌、短杆菌（有的近似球菌）、芽孢杆菌（如枯草芽孢杆菌、溶纤维芽孢杆菌）等，按其细胞排列可分为单杆菌、双杆菌和链杆菌等。杆菌是细菌中种类最多的，工农业生产中所用的细菌大多为杆菌。杆菌的大小用其宽度和长度来表示，通常为（0.5～1.0）μm×（1.0～5.0）μm。

（3）螺旋菌。螺旋菌细胞呈弯曲杆状，细胞壁坚韧较硬，常以单细胞方式分散存在。根据弯曲情况可分为弧菌、螺菌。前者只有1个弯曲，大小与杆菌相似，后者有2～6个弯曲。若菌体弯曲螺旋圈数超过6个，则通称为螺旋体。螺旋菌的大小用其宽度和弯曲长度（两端间的距离，并非其真正伸展的长度）表示，为（0.25～1.70）μm×（2.00～60.00）μm。

（4）细菌的特殊形态。除上述三种基本形态外，细菌还存在一些特殊形态。比如，在水生环境、潮湿土壤以及活性污泥中普遍存在的丝状菌；细胞呈杆状或梭状，并具有一根特征性的细柄，可附着在基质上的柄杆菌属。

在正常生长条件下，细菌的形态是相对稳定的，然而培养基的化学组成、浓度、pH值以及培养温度和培养时间等因素的变化，常常会引起细菌的形态改变，或者死亡，或者细胞破碎，或者出现畸形。还有少数细菌是多形态的，有周期性的发育史。

细菌的大小除因菌种不同而不同外，还随菌龄而有所变化。刚分裂的新细菌较小，随着发育而逐渐增大，直到发育完全。然后，随着细菌的老化，其形体又逐渐变小。例如，培养40 h的枯草芽孢杆菌比培养24 h的枯草芽孢杆菌长5～7倍，但菌体的宽度却变化不大。

2.2.1.2 细菌的细胞结构

原核细胞的结构包括基本结构和特殊结构。前者包括细胞壁、细胞膜（原生质膜）、细胞质（原生质）、内含物和拟核等，为多数原核细胞所共有，后者如鞭毛、菌毛、荚膜、芽孢等，仅部分细菌或一般细菌在特殊环境下才有。此外，光合细菌还具有光合作用片层。细菌细胞结构如图2-3所示。

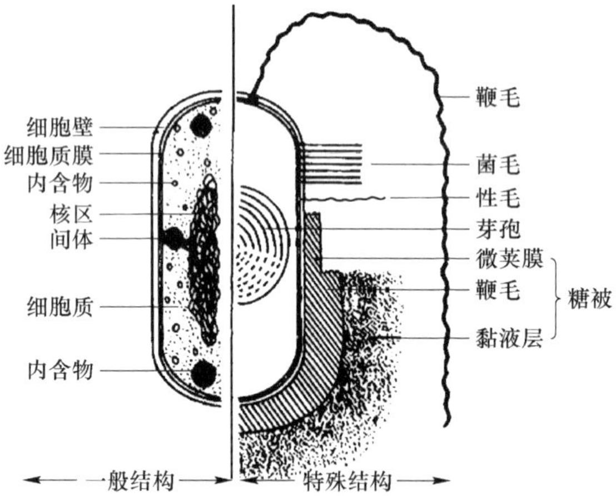

图2-3 细菌的细胞结构

A 细胞壁

细胞壁位于细胞最表面，内侧紧贴细胞质膜，具有一定硬度和韧性，略具弹性，占细胞干重的10%～25%。细胞壁由多层堆积的肽聚糖组成。

细菌细胞壁的主要功能有：（1）维持细胞形状，保护原生质体免受渗透压等外力的影响；（2）分子筛作用，阻挡大分子物质如酶蛋白或某些抗生素进入细胞，使细胞免受伤害；（3）为细胞生长、分裂和鞭毛运动所必需；（4）赋予细胞特定的抗原性、致病性及对抗生素和噬菌体的敏感性；（5）为鞭毛提供支点，使鞭毛摆动。

原核生物的细胞壁除具有上述的共性外，不同细菌的细胞壁的化学组成和结构有所不同。通过革兰氏染色法可将细菌分为革兰氏阳性菌（G^+菌）和革兰氏阴性菌（G^-菌）两大类，如图 2-4 所示。其染色过程如下：

（1）在无菌条件下，用接种环挑取少量细菌于干净的载玻片上涂布均匀，固定；

（2）用草酸铵结晶紫染色 1 min，水洗去掉浮色；

（3）用碘-碘化钾溶液媒染 1 min，倒掉多余溶液；

（4）用中性脱色剂如乙醇或丙酮酸脱色，G^+菌不褪色而呈紫色，G^-菌褪色而呈无色；

（5）用番红染液复染 1 min。

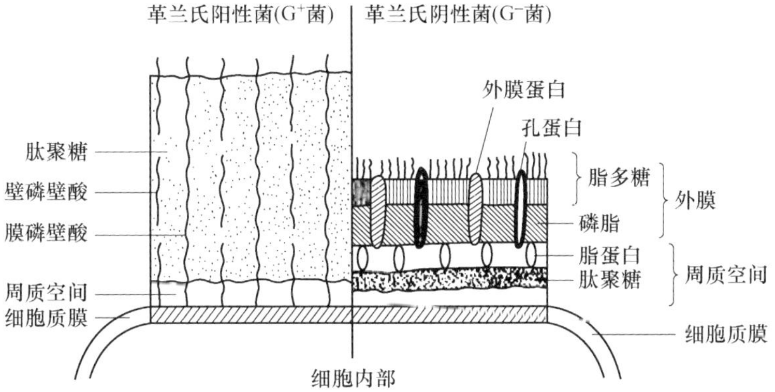

图 2-4 革兰氏阳性菌和革兰氏阴性菌的细胞壁

通过革兰氏染色，G^+菌呈紫色，G^-菌呈红色。原因在于：G^+菌的细胞壁是一个 20～80 nm 厚的肽聚糖（包含 D-氨基酸、胞壁酸和二氨基庚二酸三种成分）多层结构，其中含有磷壁酸及少量蛋白质和脂肪，呈致密网状，当用乙醇处理时，肽聚糖网脱水而收缩，故保留结晶紫-碘复合物在细胞内，菌体呈紫色。G^-菌的细胞壁是一个约 10 nm 厚的多层结构，由肽聚糖层和外壁层组成，肽聚糖层 2～3 nm 厚，紧贴细胞质膜，在它的外面是表面呈波浪形，由脂多糖、脂蛋白和脂类组成的外壁层。由于G^-菌的肽聚糖层薄，交联松散，乙醇处理不能使其结构收缩，并且其含脂量较高，乙醇将脂溶解后，缝隙加大，使结晶紫-碘复合物逸出细胞壁，故菌体可被乙醇脱至无色，而经番红复染后呈红色。

B 细胞膜

细胞膜是一层柔软而富有弹性的具有选择性的半透性薄膜，外侧紧贴于细胞壁内层，而内侧则保卫着整个细菌的原生质，又称原生质膜或质膜，其质量约占菌体干重的 10%。细胞膜含 30%～40% 的脂类、2% 的多糖和 60%～70% 的蛋白质。所含脂类由磷脂、甘油、脂肪酸和含氮碱组成。

细胞膜结构如图 2-5 所示，它由上、下两层致密的着色层，中间夹着一个不着色层（区域）组成。不着色层是由具有正、负电荷，有极性的磷脂双分子层组成，是两性分子。亲水基朝着膜的内、外表面的水相，疏水基（由脂肪酰基团组成）在不着色区域。蛋白质主要结合在膜的表面，有的位于均匀的双层磷脂中，疏水键占优势。有的蛋白质由内、外侧伸入膜的中部，有的穿透双层磷脂分子，膜表面的蛋白质还带有多糖。有些蛋白质在膜内的位置不固定，能转动和扩散，使细胞膜成为一个流动镶嵌的功能区域。细胞膜可以内陷成层状、管状或囊状的膜内折系统，位于细胞质的表面或深部，常见的有中间体。

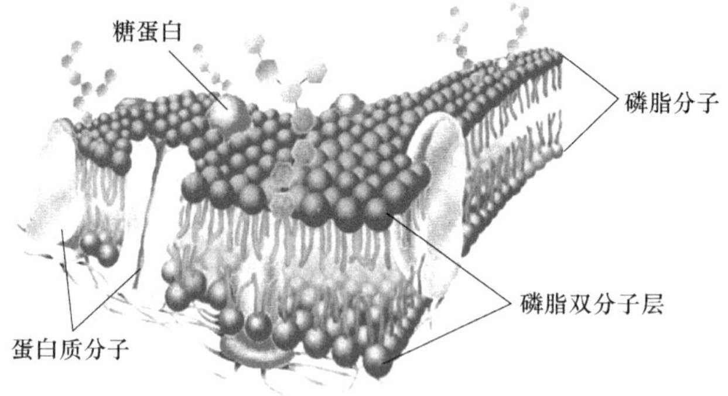

图 2-5　细胞膜的结构

细菌细胞膜的功能有：

（1）维持渗透压的梯度和溶质的转移。细胞膜是半透性膜，具有高度选择性，能阻止高分子通过，并选择性地逆浓度梯度吸收某些低分子进入细胞。由于细胞膜具有极性，细胞膜上有各种与渗透有关的酶，还可使两种结构类似的糖进入细胞的比例不同，吸收某些分子，排出某些分子。

（2）细胞膜上有合成细胞壁和形成横膈膜组分的酶，故能在细胞膜的外表面合成细胞壁。

（3）膜内陷形成的中间体（相当于高等植物的线粒体）含有细胞色素，参与呼吸作用，中间体与染色体的分离和细胞分裂有关，还为 DNA 提供附着点。

（4）细胞膜上有琥珀酸脱氢酶、NADH 脱氢酶、细胞色素氧化酶、电子传递系统、氧化磷酸化酶及腺苷三磷酸酶，是氧化磷酸化或光合磷酸化产生 ATP 的部位，在细胞膜上进行物质代谢和能量代谢。

（5）细胞膜上有鞭毛基粒，鞭毛由此长出，即为鞭毛提供支点并为其运动提供能量。

C　细胞质及其内含物

细胞质是在细胞膜以内，除核物质以外的无色透明、黏稠的复杂胶体，也称原生质。它由蛋白质、核酸、多糖、脂类、无机盐和水组成。幼龄菌的细胞质稠密、均匀，富含核糖核酸（RNA），占固体物的 15%~20%，嗜碱性强，易被碱性染料和中性染料着染。成熟细胞的细胞质可形成各种贮藏颗粒。老龄菌细胞因缺乏营养，核 RNA 被细菌用作氮源和磷源而含量降低，使细胞着色不均匀，因此可通过染色均匀与否判断细菌的生长阶段。

细胞质内含物如下。

（1）核糖体。原核微生物的核糖体是分散在细胞质中的亚微颗粒，是合成蛋白质的部位。它由 RNA 和蛋白质组成，其中 RNA 占 60%，蛋白质占 40%，其直径约为 20 nm。有实验证明：核糖体的蛋白质成分只是起到维持形态和稳定功能的作用，起转录作用的核糖体成分可能是 16S RNA。

（2）内含颗粒。细菌生长到成熟阶段，因营养过剩所形成的一些贮藏颗粒，通常作为糖类、无机物和能量等的贮存形式，或作为调节细胞内渗透压的一种方式存在。

1）异染粒。异染粒由多聚偏磷酸、核糖核酸、蛋白质、脂类及 Mg^{2+} 组成，是一种无机内含物，是磷源和能源的贮藏物，可用甲苯胺或亚甲蓝染成紫红色而不显蓝色，故称为异染粒。在生长的细胞里异染粒含量较多，在老的细胞中，异染粒常被用作碳源和磷源而减少。

2）聚 β-羟基丁酸（PHB）颗粒。聚 β-羟基丁酸颗粒是一种被蛋白质膜包围的聚酯类脂溶性物质，为细菌特有，在碳源充足、氮源不足时形成。它不溶于水，易被脂溶性染料苏丹黑着染，在光学显微镜下清晰可见，被作为碳源和能源。

3）硫粒。贝日阿托氏菌、发硫菌、紫硫螺菌及绿硫菌利用 H_2S 作为能源，氧化 H_2S 为硫粒积累在菌体内。当外界 H_2S 缺乏时，菌体氧化体内的硫粒为 SO_4^{2-}，从中获得能量。硫粒具有很强的折光性，在光学显微镜下极易被看到。

4）肝糖粒和淀粉粒。两者均能用碘液染色，前者染成红褐色，后者染成深蓝色，它们是碳源和能源的贮存物。

上述各种内含颗粒并非在一个菌体内部都同时存在，通常一个菌体内仅含有一种或两种。一般来说，当环境中缺乏氮源，而碳源和能源过剩时，细胞内将会累积大量内含颗粒，有时可达细胞干重的 50%，甚至会因 PHB 的异常增加而导致某些细菌死亡。

（3）气泡。气泡仅在某些特殊菌种（如紫色光合细菌和蓝绿细菌）体内存在，尤其是专性好氧的嗜盐细菌，体内的气泡最多。在浓盐水中氧气较少时，气泡使细菌漂浮在水面而接触空气，以便吸收所需的氧气。一般来说，这些细菌借助于气泡来调节自身的浮力，使菌体到达一定的位置，以便得到合适的光照、氧气浓度和营养。

D　拟核

细菌作为原核微生物，其核没有核膜包被，没有核仁和固定的形态，因此称为拟核或者核质体等。它由脱氧核糖核酸（DNA）纤维组成，即由一条环状双链的 DNA 分子高度折叠缠绕形成。DNA 的长度可达菌体长度的 1000 倍，但由于它高度紧密折叠，只占菌体的一部分，在电子显微镜下呈现一个透明的、不易着色的纤维状物质区域，一般呈球状、棒状、哑铃状。

细菌的拟核结构与真核生物的细胞核一样，携带着细菌的全部遗传信息。所以它的功能是决定遗传性状和传递遗传信息。

E　糖被

有些细菌在细胞壁表面包被有一层透明胶状或黏液状的物质，称为糖被。糖被可分为荚膜、黏液层和菌胶团。

（1）荚膜。许多细菌能分泌一种黏性物质于细胞壁的表面，完全包围并封住细胞壁，使细菌与外界环境有明显的边缘，这层黏性物质称为荚膜。荚膜能相对稳定地附着在细胞壁上。细菌荚膜一般很厚，有些很薄，在 200 nm 以下，称为微荚膜，与细胞表面结合较紧。荚膜的有无是细菌分类鉴定的依据之一。荚膜的化学成分大部分是水，含量高达 90%~98%，其中的固体物成分是多糖和多肽。有的荚膜还含有脂类或脂类蛋白复合体。

（2）黏液层。一些没有荚膜的细菌，也会分泌出多糖黏性物质疏松地附着在细胞壁的表面，与外界环境没有明显的边缘，这就是黏液层，它具有生物吸附作用。

（3）菌胶团。有些细菌由遗传性能所决定，在纯培养或混合培养过程中，菌体之间按一定的排列方式互相黏结在一起，被一个公共的荚膜包围形成一定形状的细菌集合体，称为菌胶团。菌胶团在水的生物处理中发挥着重要的作用，其形状有球形、蘑菇形、椭圆形、分枝状、垂丝状，个别的呈不规则形状。菌胶团的形成与否是细菌分类鉴定的依据之一。

糖被的功能：（1）增强细菌的侵染力，具有荚膜的S型肺炎链球菌毒力强，有助于该细菌侵染人体；（2）保护细菌免受干燥的影响，保护致病菌免受宿主吞噬细胞的吞噬，增强对外界不良环境的抵抗力；（3）细胞外的营养贮藏物质，当缺乏营养时，可作为能源、碳源或氮源而被细菌利用；（4）废水生物处理中的细菌荚膜有生物吸附作用，将废水中的有机物、无机物及胶体吸附于菌体表面。

F 芽孢

有些细菌在生长发育后期，由于环境中营养的缺乏以及有害代谢产物的积累，会在细胞内形成一个内生孢子，称为芽孢。所有的芽孢都能抵抗外界不良环境，但芽孢内的大多数酶处于不活动的休眠状态，代谢活力极低，是抵抗外界不良环境的休眠体，而不是繁殖体。芽孢是细菌分类鉴定的依据之一。

芽孢具有抵抗外界恶劣环境条件的能力，是保护菌种生存的一种适应性结构，一个细胞只能形成一个芽孢。当细菌遇到恶劣环境条件时，菌体内形成芽孢，以芽孢来适应恶劣环境，一旦环境条件适宜就释放出芽孢（出芽），形成新的营养细胞。例如，普通细菌在70～80 ℃的水中煮沸10 min就死亡，而芽孢在120～140 ℃时还能生存几个小时。在5%的苯酚溶液中，普通细菌立即死亡，而芽孢能存活长达15天。细菌的芽孢如图2-6所示。

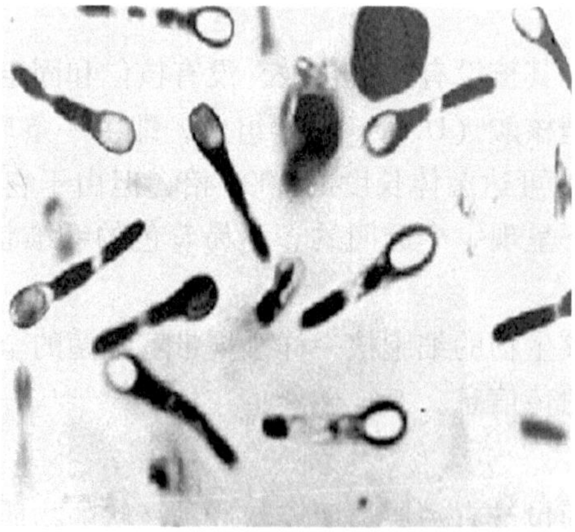

图2-6 细菌的芽孢

G 鞭毛

绝大多数能运动的细菌都具有鞭毛，所以鞭毛是细菌的运动器官。鞭毛是从细胞膜上的鞭毛基粒长出，穿过细胞壁伸向体外的细长、波浪形的丝状物。直径为0.01～0.02 μm，长度为2～50 μm。鞭毛的着生部位、数目和排列方式是菌种的特征，是细菌分类鉴定的依据之一。常见的有单鞭毛（一端和两端着生）、丛生鞭毛（一端和两端着生）和周生鞭毛。一般认为鞭毛的运动是细胞膜上的 ATP 酶水解 ATP 提供能量，通过鞭毛基粒传递到鞭毛而产生的。鞭毛的着生方式如图 2-7 所示。

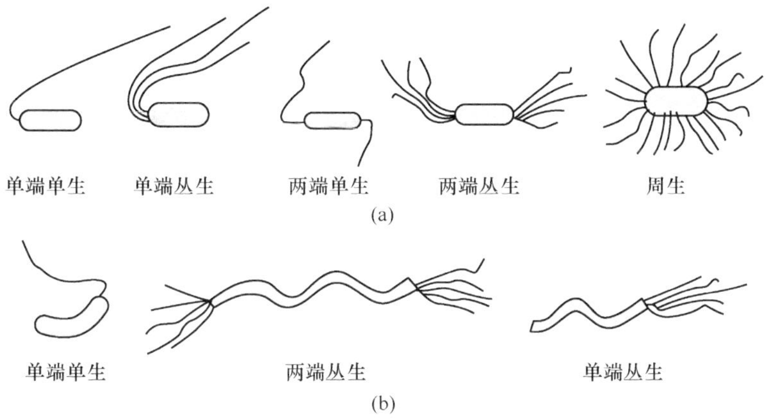

图 2-7 鞭毛的着生方式
（a）杆菌；（b）螺旋菌

许多细菌用特殊结构的鞭毛游动，鞭毛不能屈曲，但可以旋转，鞭毛的旋转运动受基体的推动，其作用像一台电动机。鞭毛的旋转方向决定运动的类型。单鞭毛细菌的鞭毛逆时针旋转时，菌体向前运动；顺时针旋转时，菌体翻滚转向。超过一根鞭毛的细菌，其鞭毛的行为与单鞭毛细菌一样。

鞭毛的主要功能：执行细菌的趋避性运动（趋利避害的运动）。一般而言，螺旋菌普遍长有鞭毛，杆菌大部分有鞭毛，而球菌一般不生鞭毛。

H 菌毛和性菌毛

菌毛是一种长在细菌体表的纤细、中空、短直且数量较多的蛋白质类附属物。菌毛能使菌体吸附、定植在物体表面上。

性菌毛，也称性丝，其构造和成分与菌毛相同，但比菌毛长，且每个细胞仅有一根或者几根。性菌毛一般见于革兰氏阴性菌的雄性菌株（供体菌）中，具有向雌性菌株（受体菌）传递遗传物质的功能，有的还是 RNA 噬菌体的特异性吸附受体。

2.2.1.3 细菌的培养特征

细菌在不同状态（固体、半固体、液体）的培养基上生长时，会表现出不同的培养特征。

A 细菌在固体培养基表面上的菌落特征

以稀释平板法和平板划线法将呈单个的细菌接种到固体培养基平板上，再给予合适的培养条件，细菌便能迅速生长繁殖。由于受固体表面和深度的限制，细菌不能自由扩散生长，繁殖起来的细菌群体聚集在一起，形成一个由无数个细菌组成的、肉眼可见的群体，称为菌落。各种细菌在一定的培养条件下形成的菌落特征千姿百态，其主要差异包括菌落的大小、光泽、颜色、质地软硬程度、透明度等，如图 2-8 所示。菌落特征可以作为细菌分类鉴定的依据，例如，具有荚膜的细菌，菌落表面光滑、湿润、黏稠；不具荚膜的细菌为粗糙型菌落，表面干燥、皱褶、平坦；贝日阿托氏菌在含醋酸钠、硫化钠及过氧化氢的培养基上长成平坦、半透明圆盘或椭圆状的菌落，其菌体活跃滑行。

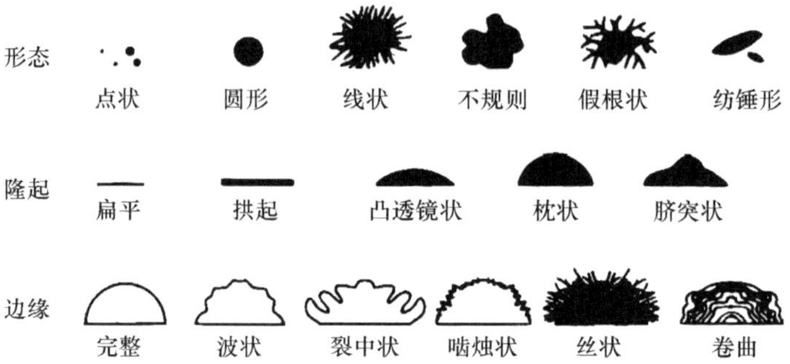

图 2-8 细菌菌落特征

将细菌接种在琼脂斜面培养基上，会在接种线上长成一片密集的细菌群落，叫菌苔。常见的菌苔形状如图 2-9 所示。另外，某些细菌用穿刺接种法接种到明胶培养基上时，能产生明胶酶发生水解，由于明胶被水解形成一定形态的溶菌区，如图 2-10 所示，因而可作为细菌分类鉴定试验项目之一。

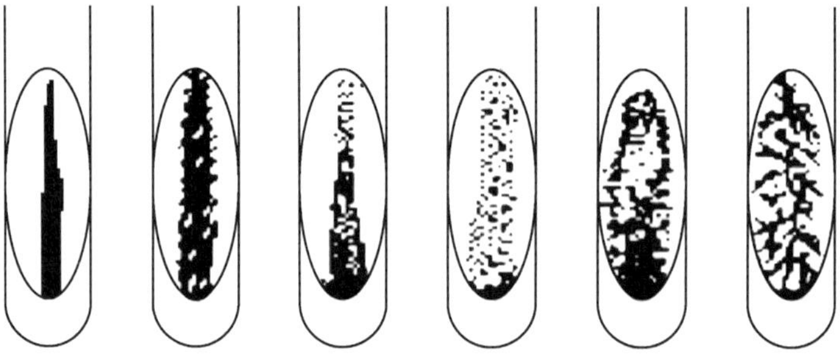

图 2-9 细菌在斜面培养基上的生长特征

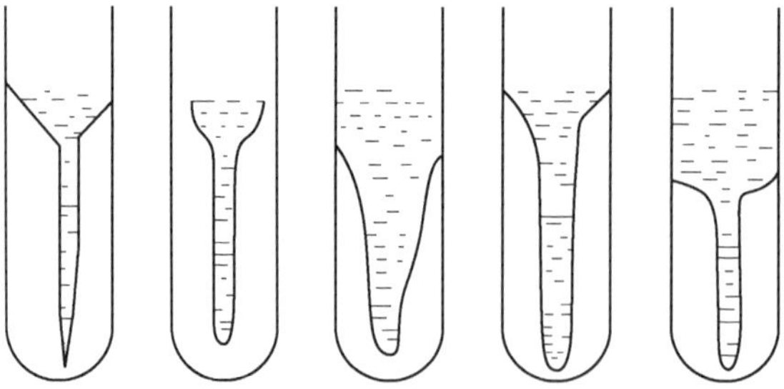

图 2-10 细菌在明胶穿刺培养基中的生长特征

B 细菌在半固体培养基中的培养特征

以穿刺法将细菌接种到包含 0.3%～0.5% 琼脂的半固体培养基中观察其生长情况时，如果是无鞭毛、不运动的细菌，则只能在穿刺线上生长；而有鞭毛、能运动的细菌不仅在穿刺线上生长，并且还能向穿刺线的周围扩散生长。不同属种的细菌扩散生长的状态如图2-11所示，据此可以判断细菌有无鞭毛，能否运动。另外，借穿刺培养法还可以初步判断细菌的呼吸类型，生长在培养基表面的为好氧菌，生长在穿刺线上部的为好氧和微量好氧菌，沿整条穿刺线生长的为兼性厌氧菌，在穿刺线底部生长的为厌氧菌。

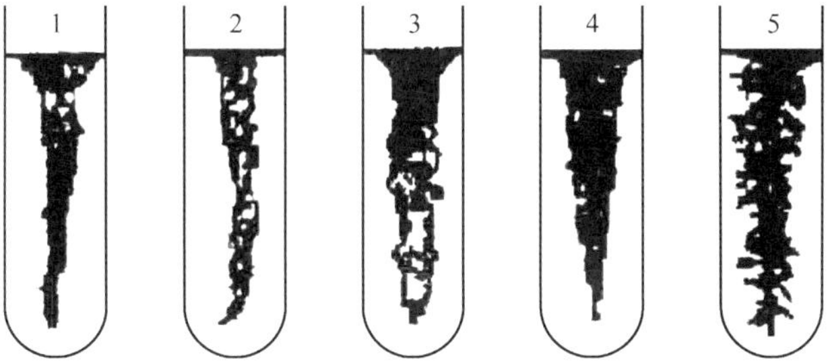

图2-11 细菌在琼脂穿刺培养基中的生长特征

1，2—不运动性好氧菌；3—不运动性兼性菌；4—运动性好氧菌；5—运动性兼性菌

C 细菌在液体培养基中的培养特征

细菌在液体培养基中可以自由扩散生长，其生长状态因细菌属、种不同而异。有些细菌使培养基浑浊，菌体均匀分布于培养基中。有些细菌则互相凝聚成大颗粒沉在底部，培养基非常清澈。细菌在液体培养基中的培养特征同样是分类鉴定的依据之一，如图2-12所示。

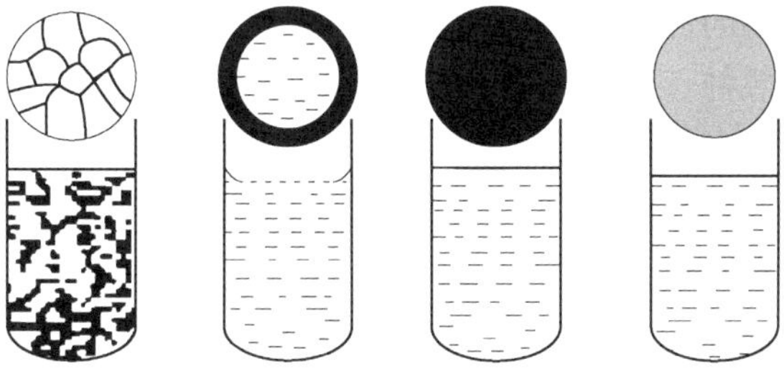

(a) (b) (c) (d)

图2-12 细菌在肉汤培养基中的生长特征

（a）絮状；（b）环状；（c）菌膜；（d）薄膜

2.2.1.4 细菌的物理性质和化学性质

细菌的物理性质和化学性质主要包括以下几个方面。

A 细菌表面电荷和等电点

细菌体内的蛋白质是由多种氨基酸组成的。氨基酸是一种两性电解质，在碱性环境中羧基发生电离，使菌体表面带负电；在酸性环境中氨基发生电离，使菌体带正电，即

$$H_2N-\underset{H}{\overset{R}{\underset{|}{\overset{|}{C}}}}-COOH + NaOH \longrightarrow H_2N-\underset{H}{\overset{R}{\underset{|}{\overset{|}{C}}}}-COO^- + Na^+ + H_2O \qquad (2\text{-}1)$$

$$H_2N-\underset{\underset{H}{|}}{\overset{\overset{R}{|}}{C}}-COOH + HCl \longrightarrow NH_3^+-\underset{\underset{H}{|}}{\overset{\overset{R}{|}}{C}}-COOH + Cl^- \tag{2-2}$$

在某一 pH 值的溶液中，氨基酸呈电中性，此时细菌表面所带的正电荷和负电荷相等。这一 pH 值即细菌的等电点。细菌的等电点可以根据细菌在不同 pH 值条件下对一定染料的着色性，或根据细菌对阴阳离子的亲和性，或者根据细菌在不同 pH 值的电场中的泳动方向（电泳法）来测定。革兰氏阳性菌的等电点为 pH =2 ~3，革兰氏阴性菌的等电点为 pH =4 ~5。所以，在绝大多数情况下，细菌表面是带负电的。

B　细菌的染色

细菌是无色透明的，在光学显微镜下，菌体与背景反差很小，不容易看清楚细菌的形态和结构。为了便于在显微镜下观察，通常要对细菌用染料染色，以增加菌体与背景的反差。

细菌的染色是基于带有相反电荷的菌体表面和染料离子因静电吸引而彼此结合在一起的原理进行的。所用的染料按其带电状态，可分为碱性染料和酸性染料两大类。常用的碱性染料有结晶紫、龙胆紫、复红、番红、美蓝、甲基紫、中性红、孔雀绿等，常用的酸性染料有酸性晶红、刚果红、曙红等。在通常的培养条件下，细菌带负电，而碱性染料带正电，因而在研究工作中大都采用碱性染料染色。

细菌的染色方法可归结为简单染色法和复合染色法两大类。简单染色法只用一种染料染菌体，目的仅仅是增加反差，便于观察。复合染色法简称复染法，它是用两种或两种以上的染料染色，以鉴别不同性质的细菌，后者又叫鉴别染色法。复合染色法主要有革兰氏染色法和抗酸性染色法两种，前者是微生物尤其是细菌分类鉴定的首选染色方法，在研究工作中广为应用，后者则多在医学上采用。革兰氏染色法是丹麦的细菌学家克里斯琴·革兰氏于 1884 年创造的，其染色步骤见 2. 2. 1. 2 节 A 细胞壁部分。

C　细菌悬浮液的稳定性

决定细菌悬浮液稳定性的不是细菌本身的性质，而是菌体解离层呈 R 型（粗糙型）还是 S 型（光滑型）。R 型具有强电解质的特性，常常导致细菌悬浮液不稳定，易发生凝聚现象。S 型和类朊型菌的悬浮液则很稳定，只有当电解液的浓度很高时才发生凝聚现象。若把细菌看作一种胶粒，则 R 型细菌起疏水性胶粒的作用，S 型细菌起亲水性胶粒的作用。当它们黏着在固体表面时，将会改变固体颗粒的表面疏水程度。

D　细菌的多相胶体性质

细菌的细胞中含有多种蛋白质，它们的成分和功能各不相同，因而常常把细胞质称为多相胶体。其中某一相吸引某一组化学物质进行生化反应时，另一相又吸收另一组物质。所以，在细菌的细胞中可以同时进行几种性质不同的生化反应。

E　细菌的密度和质量

细菌的密度与菌体所含的物质有关。蛋白质的密度为 1500 kg/m^3，糖的密度为 1400 ~ 1600 kg/m^3，核酸的密度为 2000 kg/m^3，无机盐的密度为 2500 kg/m^3，脂类的密度小于 1000 kg/m^3，所以整个细菌的密度为 1070 ~ 1090 kg/m^3。由于细菌的化学组成随环境而变化，所以细菌的密度也因生长环境的不同而不同。通常将群体细菌的质量除以细菌的数目，求得每个细菌的质量。一般来说，单个细菌的质量为 $1\times10^{-10}\sim1\times10^{-9}$ mg。

F 细菌的渗透压

渗透压是阻止水分子通过半透膜进入水溶液的压强。如果用半透膜将两种浓度不同的水溶液隔开，低浓度溶液中的水分子就会透过半透膜进入高浓度溶液，从而使高浓度溶液一侧的液面升高，当两液面的高度差产生的压强足以阻止水继续通过半透膜时，渗透即停止，这个压强就是通常所说的渗透压。溶液的浓度越高、溶质的分子越小，渗透压越大。此外，离子溶液的渗透压要比分子溶液的大。

在细菌体内，磷酸盐、磷酸酯、嘌呤、嘧啶等以高度浓缩的状态存在，细菌的细胞质膜又是半透膜，所以细菌体内都具有一定的渗透压。通常革兰氏阳性菌的渗透压为 2～2.5 MPa，革兰氏阴性菌的渗透压为 0.5～0.6 MPa。

当细菌在渗透压等于其体内渗透压的溶液（如 0.5%～0.85% NaCl 溶液）中生长时，形态和大小都保持正常，且长势良好。这种溶液称为等渗液或生理盐水。当细菌在渗透压低于其体内渗透压的溶液（低渗液，如 0.01% NaCl 溶液）中生长时，溶液中的水分子大量渗入细菌体内，使其细胞发生膨胀，严重时会导致细胞破裂。当细菌在渗透压高于其体内渗透压的溶液（高渗液，如 20% NaCl）中生长时，细菌体内的水分子大量渗到体外溶液中，致使细胞因失水而发生质壁分离，甚至造成细菌死亡的严重后果。

2.2.2 放线菌

放线菌是介于细菌与丝状真菌之间而又接近于细菌的一类细胞呈分枝丝状的原核微生物，因菌落基内菌丝呈放射状生长而得名，如图 2-13 所示。放线菌多为腐生，少数为寄生。腐生型放线菌在自然界的物质循环中起着十分重要的作用，而某些寄生型放线菌是人、动物的致病菌。很多放线菌能产生抗生素。据估计，全世界共发现 4000 多种抗生素，其中绝大多数是由放线菌中的链霉菌属产生的，如临床所用的四环素、链霉素、头孢霉素等，农业上用的井冈霉素、庆丰霉素等。有些放线菌还用于生产维生素、酶制剂等。此外，放线菌在石油脱蜡、烃类发酵、污水处理等方面都有很好的应用。

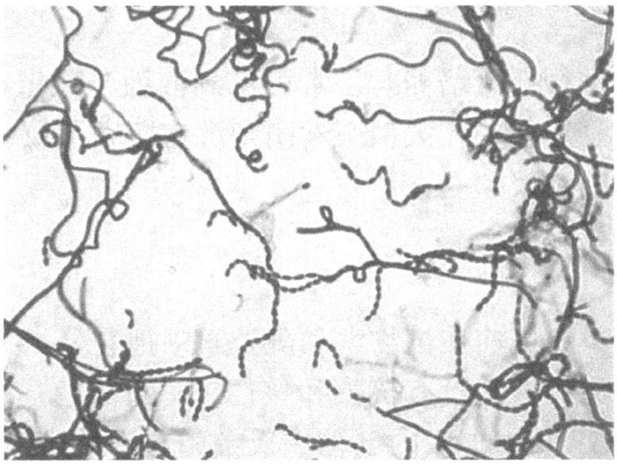

图 2-13 放线菌

2.2.2.1 放线菌的形态结构

放线菌的基本结构与细菌相同，有细胞壁、细胞膜、细胞质及内含物、拟核。其细胞壁主要成分为肽聚糖，结构与革兰氏阳性菌相似。因此，以前曾把放线菌认为是一类革兰氏阳性菌。此外，放线菌一般无荚膜、菌毛、鞭毛、芽孢等特殊结构，只有少数有类细菌样鞭毛。

放线菌的形态比细菌复杂，但仍属于单细胞原核微生物。显微镜下，放线菌呈分支丝状，这些细丝一样的结构叫作菌丝。放线菌菌丝直径与细菌相近，小于1 μm，如图2-14所示。根据菌丝形态和功能的不同，放线菌菌丝可分为基内菌丝、气生菌丝和孢子菌丝。链霉菌是放线菌中最经常被分离到的属。

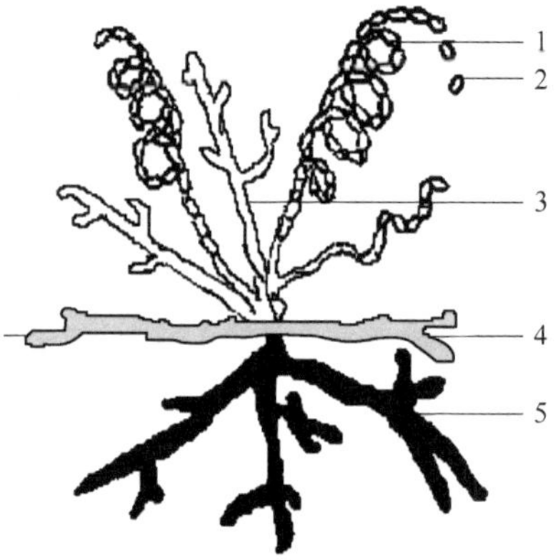

图2-14 放线菌菌丝形态
1—孢子丝；2—孢子；3—气生菌丝；4—培养基表面；5—基内菌丝

（1）基内菌丝。基内菌丝也称营养菌丝，生长在培养基内，主要功能是吸收营养物质。营养菌丝一般无隔膜，内含许多核质体，直径为0.2～0.8 μm，但长度差别很大。有的无色素，有的能产生不同色素。若是水溶性色素，可渗入培养基内，将培养基染上相应的颜色。如果是非水溶性色素，则使菌落呈相应的颜色。因此，色素是鉴定放线菌菌种的一个重要依据。

（2）气生菌丝。营养菌丝发育到一定时间，向培养基外生长伸向空间的菌丝称为气生菌丝。它叠生在营养菌丝上，直径为1～1.4 μm，常呈弯曲状、直线状或螺旋状。

（3）孢子菌丝。放线菌生长发育到一定阶段，气生菌丝分化形成孢子菌丝，称为孢子丝。孢子丝的形状和排列方式因种而异，有直链形、波曲形、螺旋形等。孢子菌丝发育到一定阶段可形成孢子。由于孢子含有不同色素，成熟的孢子堆常有颜色，而且在一定条件下比较稳定，是鉴定放线菌菌种的依据之一。

2.2.2.2 放线菌的菌落特征

放线菌在固体培养基上形成与细菌不同的菌落特征。放线菌菌丝相互交错缠绕形成质地致密的小菌落，干燥、不透明，难以挑取。大量孢子覆盖于菌落表面时，形成粉末状或颗粒状的典型放线菌落。由于基内菌丝和孢子常有颜色，使得菌落的正、反面呈现出不同的色泽。

在实验室内对放线菌进行摇瓶培养时，常可见到液面与瓶壁交界处粘贴有一圈菌苔，培养液清澈，珠状菌丝团悬浮其中，大型菌丝团则沉在瓶底。放线菌主要通过形成孢子来繁殖后代，也能通过菌丝断裂繁殖。

2.2.3 蓝绿细菌

蓝绿细菌原来称为蓝藻，以前在植物学和藻类学中把它分类为蓝藻门。由于这类微生物的细胞结构简单，只有原始核，没有核膜和核仁，只有染色质和叶绿素，没有叶绿体、细胞核等细胞器，所以在1974年出版的《伯杰氏细菌鉴定手册》（第8版）中，把蓝藻纳入了原核生物界，定名为蓝色光合菌门。这一门的细菌统称为蓝绿细菌，如图2-15所示。

蓝绿细菌含有叶绿素a（吸收光波波长为680～685 nm）、脂环族类胡萝卜素（吸收

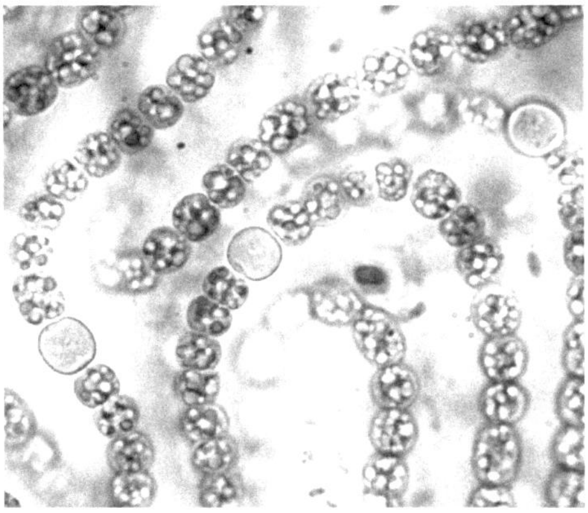

图 2-15 蓝绿细菌

光波波长为 450 ~ 550 nm）、藻胆素（吸收光波波长为 550 ~ 650 nm）及藻胆蛋白体（含异藻蓝素、藻蓝素及藻红素），可以进行放氧性的光合作用，吸收二氧化碳、无机盐和水，合成有机物供自身营养。蓝绿细菌呈蓝、绿、红等多种颜色，并可以随光照条件的变化而改变颜色。蓝绿细菌的分布很广，种类也非常多。通常按其形态和结构分为色球藻纲和藻殖段纲两大类。

2.2.3.1 色球藻纲

色球藻纲为单细胞个体或群体，细胞以二分裂繁殖，群体种类在细胞壁外分泌果胶类物质，构成胶质鞘膜，彼此融合形成较大的胶团（球状或块状）。色球藻纲包括色球藻属、微囊藻属、腔球藻属、管孢藻属及皮果藻属。其中微囊藻属和腔球藻属可引起富营养化水体发生“水华”。

2.2.3.2 藻殖段纲

藻殖段纲的菌体为丝状体，形成异形胞和段殖体（亦称连锁体）。藻殖段纲包括颤藻属、念球藻属、筒孢藻属、胶须藻属、鱼腥藻属及单歧藻属。其中鱼腥藻属在富营养化水体中形成“水华”。

2.2.4 古生菌

古生菌（archaea），又称古菌，属于原核生物，是一类在进化上很早就与真细菌和真核生物相互独立的生物类群。古生菌这一概念，是 1977 年由 Woese 等人提出的，他们将地球上的生物划分为古生菌、细菌和真核生物三个域。历史上，古生菌曾被认为是细菌，确曾被称为“古细菌”，毕竟其在形态结构、代谢和生长繁殖等方面与细菌极为接近。然而，古生菌在复制、转录和翻译这些分子生物学中心过程上，却与真核生物非常接近。目前，关于古生菌的分类和进化仍存在争论，但从全基因组测序和生物信息学分析的结果看，古生菌确实是一种新的生命形式。“三域”学说和古生菌的进化地位如图 2-16 所示。

古生菌是一个独特的类群，一般生活在高温、高盐、强酸、强碱等其他生物难以生息繁衍之处。随着研究的深入，古生菌不断刷新着生命的极限，如 2003 年美国学者曾报道了一种可在 121 ℃下生长的极端嗜热菌。

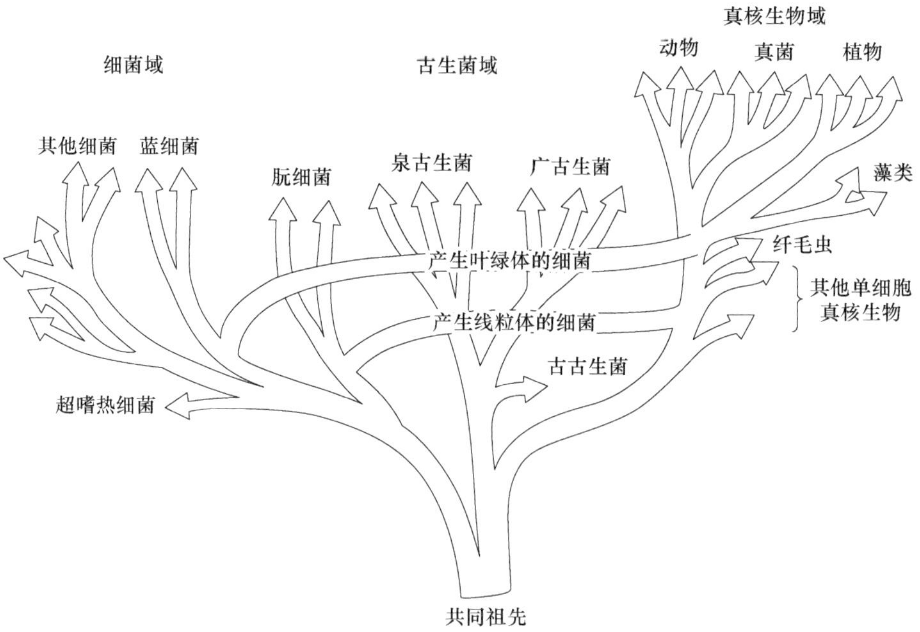

图 2-16 “三域”学说和古生菌的进化地位

古生菌的形态较为多样，有球形、杆状、螺旋形、叶状或方形，细胞直径一般为 0.1～15 μm。古生菌的细胞结构与细菌既有相似之处，也有诸多不同。古生菌与细菌类似，具有无核膜以及无内膜系统的特征，但二者在细胞壁和细胞膜上存在明显差异，尤其是细胞壁。古生菌细胞壁类型较多，并且其细胞壁大多不含真正意义上的肽聚糖，而是拟胞壁质。而关于细胞膜，细菌的脂类是甘油脂肪酸酯，古生菌的脂类却是非皂化性甘油二醚的磷脂和糖脂的衍生物；此外，古生菌的细胞膜有双层膜和单层膜两种。

关于古生菌的代谢与繁殖，与细菌相同的是，古生菌中存在可进行生物固氮、化能自养、裂殖、芽殖的种类，但在古生菌中未发现可进行光合作用的种类。不过，产甲烷的能力却被古生菌所“垄断”。

2.2.4.1 产甲烷菌

产甲烷菌是一种非常重要的古细菌，其形态多样，具有特殊细胞成分。产甲烷菌包括食氢产甲烷菌和食乙酸产甲烷菌两个生理类群，是厌氧生物链中的最后一组成员。在严格厌氧条件下，在没有外源电子受体的情况下，产甲烷菌将发酵性细菌、产氢产乙酸菌和耗氢产乙酸菌这三类微生物的代谢产物乙酸、H_2 和 CO_2 转化为气体产生甲烷，使有机物在厌氧条件下的分解作用得以顺利进行。因此，又把它们称为有机物厌氧降解的“清洁工”。

产甲烷菌广泛分布在自然界，常见于同氧气隔绝的厌氧反应器、底泥、沼泽、稻田、垃圾填埋场、反刍动物瘤胃等环境中。产甲烷菌的革兰氏反应不确定，最适生长温度为 37～45 ℃。有些产甲烷菌会自发荧光，可借此加以识别，有些生有鞭毛或纤毛，但不能运动。其 DNA 中（G+C）的摩尔分数在 52%～61% 范围内。产甲烷菌不能利用三个碳以上的碳水化合物、糖类和蛋白质，可以利用 CO_2、甲基类化合物和乙酸作为底物产生甲烷并同时获得能量，氨是其唯一的氮源。

2.2.4.2 极端嗜盐菌

极端嗜盐菌一般定义为能够在1.5 mol/L盐度环境中生长的微生物，多数为严格好氧菌，也有兼性厌氧菌，常见于盐湖、盐场、盐腌食品等环境中。在固体培养基上生长时，极端嗜盐菌常出现多形态特点，为化能异养型，需要蛋白质或氨基酸为氮源。革兰氏阴性。

2.2.4.3 极端嗜热菌

极端嗜热菌能够在100 ℃以上的水中生活，最适生长温度为80 ℃，分布于火山地区、富硫温泉、富硫水体中。化能有机营养型极端嗜热菌能够以元素硫为电子受体来氧化有机物获得能量；化能无机营养型*Pyrolobus*能以H_2为电子供体还原硝酸根，产生N_2（反硝化）。

2.2.4.4 硫酸盐还原菌

硫酸盐还原菌（sulfate-reducing bacteria，SRB）是指一类能把硫酸盐、亚硫酸盐、硫代硫酸盐等硫氧化物以及单质硫还原为硫化氢气体的一类细菌的统称。这一生理类群，存在各种形态、生理、生态分布等方面的差异。迄今为止，硫酸盐还原菌已有12个属、40多个种，各属硫酸盐还原菌除了一个共同点，即能还原硫酸盐，其他方面则没有太多相似之处。

硫酸盐还原菌大多数是中温性的，最适生长温度一般在30 ℃左右，最适pH值一般在中性偏碱范围，培养基制备时一般在灭菌前将pH值调至7.0～7.6范围。严格厌氧，只有氧化还原电位在－100 mV以下时才开始生长；需要维生素作为生长因子，在培养基中加入酵母提取物即可获得较好生长；在维生素中，生物素、叶酸、盐酸硫胺等对硫酸盐还原菌生长的促进作用较大，而氨基苯甲酸、叶黄素等的促进作用较小。

总之，古生菌是奇妙而又独特的。实际上古生菌自从被发现以来，就一直不断激发着人类对其应用的思考。古生菌具有耐高温、耐严寒、耐强酸、耐强碱、耐高盐、耐高压和耐辐射等生物学特性，极具应用前景。

原核微生物除细菌、放线菌、蓝绿细菌、古生菌外，还有螺旋体、立克次氏体和支原体等，因为它们与矿产资源开发利用的关系不大，所以在此不作详细介绍。

2.3 真核微生物

真核微生物具有完整的细胞核，包括真菌、藻类和原生动物（以及微型后生动物）。本书主要介绍酵母菌和霉菌两类真菌。

2.3.1 酵母菌

酵母菌一般泛指能发酵糖类并以芽殖或裂殖的方式进行无性繁殖的一类单细胞真菌。在自然界中酵母菌分布很广，主要生长在偏酸的含糖环境中，在水果、蜜饯的表面和果园土壤中最为常见。由于不少酵母菌可以利用烃类物质，故在油田和炼油厂附近的土层中也可找到这类可利用石油的酵母菌。酵母菌是人类实践中应用较早的一类微生物，与人类的生活生产关系密切。人们利用酵母菌烤制面包、酿酒、制作面食、发酵甘油等。由于酵母细胞含有丰富的蛋白质、维生素以及各种酶等，所以它又是医药、化工和食品发酵工业的重要原料。

2.3.1.1 酵母菌的形态和大小

酵母菌的细胞形态一般为球形、椭圆形、卵形或香肠形，是无鞭毛、不运动的单细胞真菌。酵母菌细胞大小一般为（3～10）μm×（5～20）μm，最长的可以达到100 μm，体积比细菌大20多倍。

2.3.1.2 酵母菌的细胞结构

酵母菌的细胞主要由细胞壁、细胞膜、细胞质、细胞核、液泡和线粒体等构成，如图2-17所示。

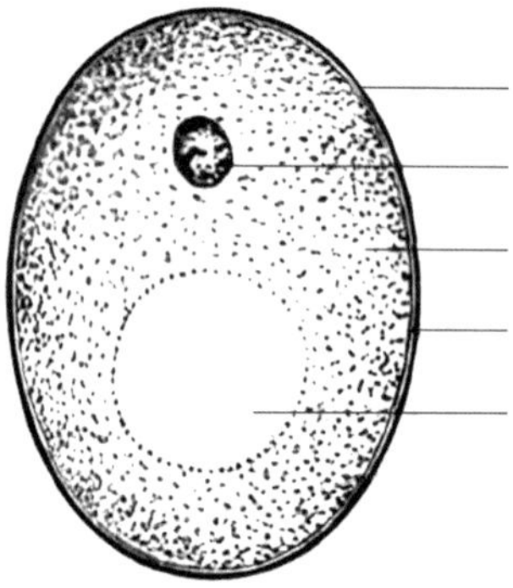

图2-17 酵母菌的细胞结构

（1）细胞壁。酵母菌细胞壁厚约25 nm，幼龄时较薄，成熟时增厚，可分为三层：最外层为甘露聚糖和磷酸甘露聚糖，占细胞壁干重的40%～50%；内层为多聚葡萄糖，占细胞壁干重的35%～40%；中间为蛋白质，占细胞壁干重的5%～10%；其他化学成分还有脂类（3%～8%），少量几丁质（1%～2%）和灰分。酵母菌细胞壁约占细胞干重的25%。有些酵母菌的细胞壁外还覆盖有类似细菌荚膜的多糖物质，如隐球酵母属。

（2）细胞膜。酵母菌细胞膜与细菌细胞膜的结构基本相同，都为磷脂双分子层，不同的是，双层磷脂分子中除镶嵌着球状蛋白质以外，还含有固醇类物质，这在原核生物中是罕见的，酵母菌细胞膜的功能不如原核生物的细胞膜那样具有多样性，其主要功能是调节渗透压、吸收营养、分泌代谢产物以及作为某些大分子物质（如细胞壁成分、部分酶）合成或作用场所。

（3）细胞质。酵母菌细胞质中含有丰富的酶等蛋白质、各种内含物以及中间代谢产物等，是细胞代谢活动的重要场所。幼龄细胞的细胞质较稠密、均匀，老细胞的细胞质常常出现大的液泡和各种贮藏物质，主要有异染粒、肝糖体和脂肪粒。与原核生物细胞相比，酵母菌细胞质中还多了一些细胞器，如线粒体、微体、内质网等，但不含叶绿体。

（4）细胞核。酵母菌细胞核具有完整的核膜、核仁和染色体，核仁由双层多孔核膜包裹，膜孔直径为80～100 nm，用以增强膜的渗透性和膜内外的物质交换。

2.3.1.3 酵母菌的繁殖和菌落形态

酵母菌的繁殖方式分为无性繁殖和有性繁殖。无性繁殖主要有芽殖（见图2-18）、裂殖、产生无性孢子等方式，有性繁殖则以形成子囊和子囊孢子进行，酵母菌的无性繁殖主要以芽殖为主。在适宜的固体培养基上，大多数酵母菌所形成的菌落与许多细菌菌落相似。但是，由于酵母菌细胞比细菌稍大，细胞内有许多细胞器和内含物，细胞没有鞭毛，形成的菌落一般比细菌菌落大而厚、较稠而不透明。

酵母菌菌落形态一般呈圆形或近圆形，边缘圆整，颜色均一，多呈乳白色或浅黄色，少数呈红色（如红酵母），如图2-19所示。菌落表面一般较湿润、光滑。菌落隆起呈半圆形或圆形，菌落质地均匀，较黏稠，呈固态油脂状，容易挑起。多数假丝酵母的菌落则较平坦，表面皱缩粗糙，边缘不整齐或呈缺刻状。

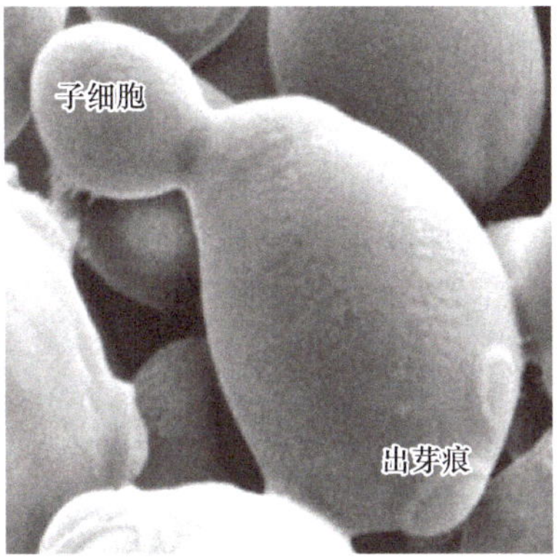

图 2-18　酵母菌的芽殖

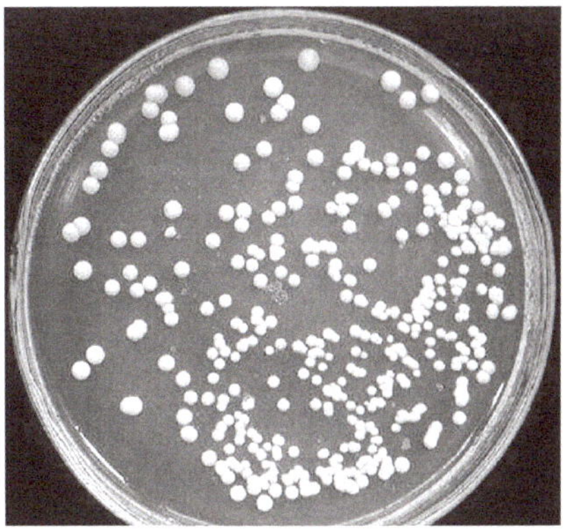

图 2-19　酵母菌的菌落

2.3.2 霉菌

霉菌，是丝状真菌的一个俗称，意即“会引起物品霉变的真菌”。凡生长在营养基质上形成绒毛状、蜘蛛网状或棉絮状菌丝体的真菌，统称为霉菌。霉菌以孢子的形式繁殖，可进行有性繁殖和无性繁殖，多数不能运动，但有些生殖细胞可运动。孢子及其形成方式千变万化，这些区别通常可用于对霉菌进行分类。

霉菌分布极其广泛，凡在有机物存在的环境下，就有它们的踪迹。它们在自然界中扮演着最重要的有机物分解者的角色，可把其他生物难以利用、数量巨大的复杂有机物（如纤维素和木质素）等彻底分解转化为绿色植物可以重新利用的养料，从而促进整个地球生物圈的繁荣发展。

2.3.2.1 霉菌的形态与结构

霉菌菌体由分枝或不分枝的菌丝构成。菌丝在显微镜下呈管状，直径为 3 ~ 10 μm，比一般的细菌和放线菌菌丝大几到几十倍。根据菌丝是否存在隔膜，可将霉菌菌丝分为无隔菌丝和有隔菌丝，如图 2-20 所示。无隔菌丝为长管状单细胞，细胞内含有多个核，为毛霉、根霉等低等真菌所具有。有隔菌丝由隔膜分隔为成串多细胞，每个细胞

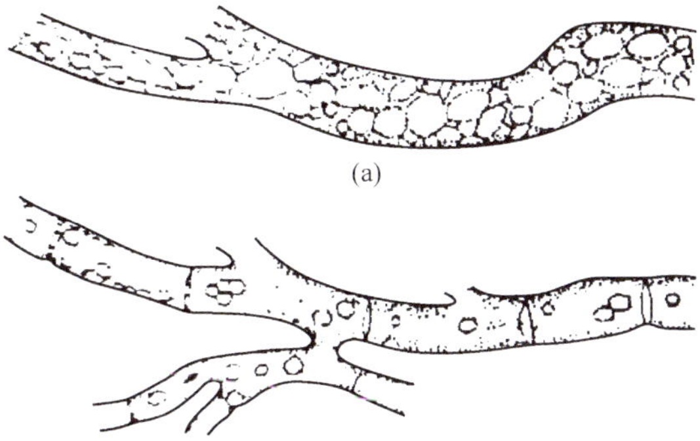

(a)

(b)

图 2-20　霉菌的菌丝

（a）无隔菌丝；（b）有隔菌丝

含有一个或多个细胞核。有些菌丝，从外观看像多细胞，但隔膜上有小孔，使细胞质和细胞核可以自由流通，且每个细胞的功能也都相同，青霉、曲霉等绝大多数霉菌均属此类。

霉菌细胞具有典型的真菌细胞结构，含细胞壁、细胞膜、细胞质和细胞核，细胞膜紧贴细胞壁，菌丝很难发生质壁分离，菌丝细胞内含有双层膜包围的典型细胞核。在细胞最老的部位，细胞质及细胞壁可发生自溶而被降解。

2.3.2.2 霉菌菌丝体及其分化

在固体培养基上，霉菌菌丝依其生理功能的不同可分为两种：一种是深入培养基内负责吸收和输送营养的菌丝，称为基内菌丝或营养菌丝；另一种是与培养基表面相连接的伸向空气生长的菌丝，称为气生菌丝。

这两类霉菌菌丝因基于自身生理功能和对不同环境的高度适应，在长期的进化中已能形成某种特化的构造。营养菌丝的特化构造主要有假根、匍匐菌丝、附着枝等；气生菌丝则主要特化成多种形态的子实体，子实体是指在其里面或上面可产无性或有性孢子，有一定形状和构造的各种菌丝体组织，如孢子囊、分生孢子囊、子囊果等。

2.3.2.3 霉菌菌落形态

霉菌菌落由分枝状菌丝组成，与放线菌相似，但因菌丝粗长，故霉菌菌落比放线菌长而疏松，有的霉菌长成的菌落有一定局限性，直径一般为 1 ~ 2 cm，而有的霉菌（如根霉、毛霉、链孢霉等）生长较快，菌丝在培养基表面蔓延扩展至充满整个培养皿。

霉菌菌落一般呈圆形或近圆形，但外观差别很大，可归纳为棉絮状、绒毛状、蛛网状，越接近霉菌菌落中心，颜色一般也越深，有些霉菌因产生色素，致使霉菌菌落背面也带有颜色，如图 2-21 所示。

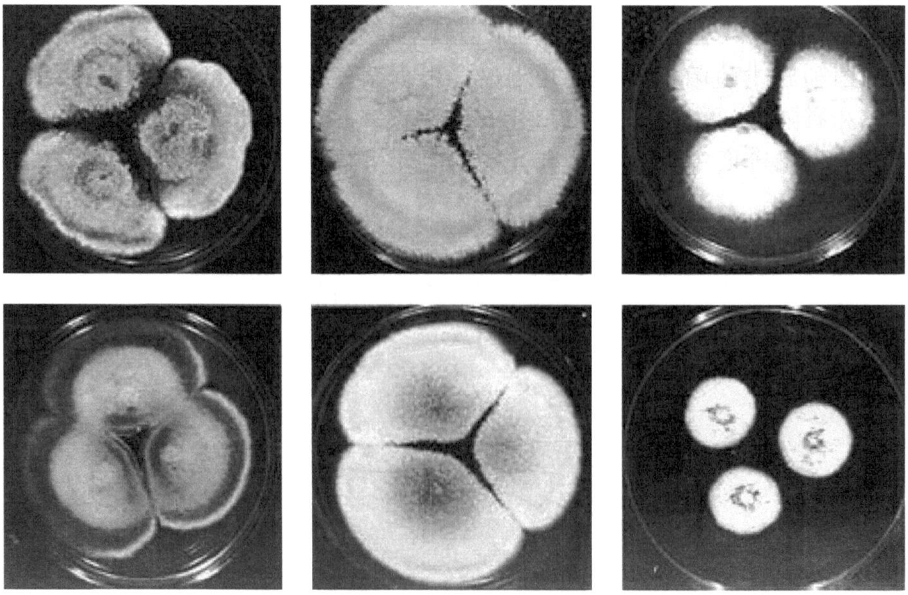

图 2-21 霉菌的菌落

2.4 微生物的营养

微生物必须不断从外界摄取并利用营养物质，才得以繁衍生息以及生产各种有用代谢产物。营养物质主要有四个功能：（1）生命活动的能量来源；（2）构建自身组分的原料；（3）参与代谢调控；（4）作为生产有用代谢物的原料。

2.4.1 微生物的营养物质

微生物所需要的营养物质，可概括为六个大类：水、碳源、氮源、无机盐、生长因子和能源。

2.4.1.1 水

水是生命之源，微生物生命活动不可缺少。原因在于：（1）水是一种最优良的溶剂，可保证一切生物化学反应的进行；（2）水可维持各种生物大分子结构的稳定性，并参与某些重要的生物化学反应；（3）水还具有许多优良的物理性质，诸如高比热、高汽化热、高沸点以及固态时密度小于液态等。这些都是对生命活动十分重要的特性。

另外，从水占细胞组成的含量，也可看出其重要性。在微生物细胞中含量最多的营养物质是水，含量通常在75%以上。细菌、酵母菌和霉菌的营养体，含水量分别为80%、75%和85%左右。不过，微生物非营养体含水量一般不高，如霉菌孢子含水量仅约39%，而细菌芽孢核心部分的含水量则低于30%。

水在微生物细胞中的生理功能主要有：（1）直接参与一些生化反应，是参与细胞内一系列化学反应的重要物质，如蓝细菌利用水作为CO_2的还原剂；（2）作为微生物机体内一系列生理生化反应的介质，起到运输介质和溶剂的作用，使营养物质的吸收和代谢产物的分泌得以实现；（3）维持蛋白质、核酸等生物大分子稳定的天然构象；（4）由于水是热的良导体，具有较高的比热容，因此能有效地吸收微生物代谢过程中产生的热并及时地将热迅速散发出体外，从而有效地控制细胞内温度的变化；（5）保持充足的水分是细胞维持自身正常形态的重要因素；（6）微生物可通过水合作用与脱水作用来控制由多亚基组成的结构（如酶、微管、鞭毛及病毒颗粒）的组装与解离。

水在细胞中有两种形式：结合水和游离水。结合水与溶质或其他分子结合在一起，很难加以利用；游离水则可以被微生物直接利用。可见对细胞更有意义的水是游离水，它的存在及含量决定着细胞中水的生理功能的实现。由于生理特性不同，不同生物及不同细胞结构中游离水的含量有较大的差别。其中游离水的含量即细胞环境中水的有效性常以水活度值（water activity，a_w）来表示。水活度定义为在相同温度、压力下，体系中溶液的水的蒸气压与纯水的蒸气压之比，即

$$a_w = p/p_o$$

式中，p为溶液蒸气压；p_o为纯水蒸气压。纯水的a_w为1，当含有溶质后a_w小于1，溶液中溶质越多，a_w就越小。微生物一般可在a_w=0.60~0.99的条件下生长。a_w过低，微生物生长的迟缓期将延长，比生长速率和总生长量减少。但不同的微生物最适的a_w不同。一般而言，细菌生长最适的a_w较酵母菌和霉菌高，而嗜盐微生物生长最适的a_w则较低。

2.4.1.2 碳源

碳源是指在微生物生长过程中可为微生物提供所需碳元素的物质。绝大部分碳源物质可在细胞内生化反应过程中为机体提供生命活动所需的能源，因此碳源物质通常是能源物质。同时，碳源物质在微生物细胞内经过一系列复杂的化学变化后会成为微生物自身的细胞物质和代谢产物，因此碳可占一般细菌细胞干重的一半。

将微生物作为一个整体来看，其可利用的碳源是极广的，从大的范围来分，可分为有机碳源和无机碳源。大多数微生物（异养微生物）都必须利用有机碳源，少数能利用无机碳源的则是自养微生物。表 2-3 为微生物可利用的广谱碳源，在元素水平上可分为六类。微生物的碳源谱虽然广，但是异养微生物最适用于生长的碳源是 C、H、O 型，尤其是糖类；其次是有机酸类、醇类和脂类等。同时对于异养微生物来说，它的碳源又可补充作为能源，因而这时可认为碳源是一种双功能的营养物。

表 2-3 微生物的碳源谱

类型	元素组成	化合物类型	培养基原料
有机碳	C、H、O、N、X	复杂蛋白质、核酸等	牛肉膏、蛋白胨、花生饼粉等
	C、H、O、N	多数氨基酸、简单蛋白质等	一般氨基酸、明胶等
	C、H、O	糖、有机酸、醇、脂类等	葡萄糖、蔗糖、各种淀粉、糖蜜等
	C、H	烃类	天然气、石油及其各种不同馏分、液状石蜡等
无机碳	C、O	CO_2	CO_2
	C、O、X	$NaHCO_3$、$CaCO_3$ 等	$NaHCO_3$、$CaCO_3$、白垩等

总之，从微生物对碳源物质利用程度的角度来讲：一方面，微生物利用碳源物质是具有选择性的，如糖类是一般微生物较容易利用的良好碳源和能源物质；另一方面，不同种类的微生物可利用碳源物质的能力也是有差别的，有些微生物可广泛利用各种类型的碳源物质，有些微生物可利用的碳源物质则比较少。

2.4.1.3 氮源

氮源，即能提供微生物生长繁殖所需氮元素的营养源物质。这类物质主要用来合成细胞中的含氮物质，一般不能作为能源，只有少数自养微生物能利用铵盐、硝酸盐同时作为氮源与能源。在碳源物质缺乏的情况下，某些厌氧微生物在厌氧条件下可以利用某些氨基酸作为能源物质。与碳源相似，微生物作为一个总体来说，能利用的氮源种类，即氮源谱也是十分广泛的，大大广于动物和植物。微生物的氮源谱如表 2-4 所示。

表 2-4 微生物的氮源谱

类型	元素组成	化合物类型	培养基原料
有机氮	N、C、H、O、X	复杂蛋白质、核酸等	牛肉膏、酵母膏、饼粕粉、蚕蛹粉等
	N、C、H、O	尿素、一般氨基酸、简单蛋白质	一般氨基酸、明胶等
无机氮	N、H	NH_3、铵盐等	$(NH_4)_2SO_4$ 等
	N、O	硝酸盐等	KNO_3 等
	N	N_2	空气

异养微生物对氮源利用能力的顺序是“N、C、H、O”或“N、C、H、O、X”>“N、H”>“N、O”>“N”。总的来说，微生物吸收利用铵盐和硝酸盐的能力较强，NH_4^+ 被细胞吸收后可直接利用，而 NO_3^- 被吸收后还需进一步还原成 NH_4^+ 才能再被微生物利用。蛋白质对于人和动物是一种极为优良的氮源，但对微生物而言则不尽然。大分子蛋白质通常难以进入微生物细胞，一些真菌和细菌需借助胞外蛋白酶将其降解后才能利用，但大多数细菌不能产生胞外蛋白酶，仅能利用分子量较小的蛋白质降解产物，如胨或肽。

微生物的氮源谱有很多特点。从微生物所能利用的氮源种类来讲，事实上存在着一个明显的界限，即一部分微生物不需要氨基酸作为氮源，它们把非氨基酸类的简单氮源（如尿素、铵盐等）自行合成所需要的一切氨基酸，这一类微生物可称其为“氨基酸自养类生物”；另一部分微生物则需要从外界吸收氨基酸作为氮源，将其归属为“氨基酸异养型生物”。所有的动物和大量的异养微生物均是氨基酸异养型生物，而所有的绿色植物和很多的微生物都是氨基酸自养型生物。

2.4.1.4 无机盐

无机盐是微生物生长不可缺少的营养物质，可为微生物提供除碳源、氮源以外的各种重要元素。微生物生长所需浓度在 10^{-4} ~ 10^{-3} mol/L 范围内的元素，称为大量元素，如 P、S、K、Ca、Na 和 Fe 等；微生物生长所需浓度在 10^{-8} ~ 10^{-6} mol/L 范围内的元素，称为微量元素，如 Cu、Zn、Mn、Mo 和 Co 等。另外，Fe 实际上是介于大量元素与微量元素之间的一种元素。当然，由于不同微生物对营养物质的需求不尽相同，因此这种区分带有人为和相对的因素，对于不同的微生物往往会有较大差别。但是在进行微生物培养时，需要重点考虑培养基中是否有这些无机盐以及它们的浓度。

无机盐在微生物机体内的主要生理功能有：（1）构成细胞的组成成分；（2）作为酶活性中心的组成部分；（3）维持生物大分子和细胞结构的稳定性、维持酶的活性；（4）调节细胞渗透压、氢离子浓度和氧化还原电位；（5）作为某些自养菌的能源。微生物在生长过程中缺乏任何一种无机盐都可能导致细胞生理活性的降低甚至停止生长。

在配制细菌培养基时，对于大量元素来说，可以加入有关化学试剂，其中首选的是 K_2HPO_4 及 $MgSO_4$，因为它们可提供四种需求量最大的元素。而微量元素通常混在天然有机营养物、无机化学试剂、自来水、蒸馏水、普通玻璃器皿中，所以若没有特殊原因，在配制培养基时没有必要另外加入微量元素。但如果要做精细培养则需按要求一一加入所需的微量元素。

2.4.1.5 生长因子

生长因子，是指微生物生长所必需，但需求量极少，而自身又无法合成或自身合成量无法满足所需的有机化合物。生长因子的生理功能主要是参与调节各种微生物生理活动，生长因子不作为菌体结构性物质，也不作为碳源、氮源或能源。

狭义上讲，生长因子就是指维生素；而广义的生长因子，除维生素外，还包括碱基（嘌呤及嘧啶）及其衍生物、胺类、氨基酸和 C_4 ~ C_6 的分支或直链的脂肪酸等。

不同微生物，对生长因子种类和数量的需求不同。例如，大肠杆菌可以合成自身所需的全部生长因子，不需要从外界获取，但许多乳酸菌则需要从外界获取多种生长因子才能维持正常生长。前者属于生长因子自养型微生物，还包括多数真菌、放线菌和不少细菌；

后者属于生长因子异养型微生物，还包括许多动物致病菌和支原体等。值得注意的是，微生物对生长因子的需求并非固定不变，会随着培养环境改变而变化，如温度、通气条件、pH 值等条件都会影响微生物对生长因子的需求。

一般从自然界中直接分离的原始菌株即该微生物的野生型，它们只需简单的碳源和氮源就能生长，不需要添加生长因子；而当野生菌株经过人工诱变处理后，常常会丧失合成某种营养物质的能力，这时要对这些诱变后的菌株进行培养就必须添加某种氨基酸、嘌呤、嘧啶或微生物等生长因子。一般情况下，配制天然培养基时，可加入富含生长因子的原料——酵母膏、玉米浆、肝浸汁、麦芽汁或其他新鲜的动植物组织浸液；配制组合培养基时，则可加入复合维生素溶液。

2.4.1.6 能源

微生物能源是指能为微生物的生命活动提供能量来源的营养物质或辐射能。微生物的能源可分为光能和化学能，如表 2-5 所示。

表 2-5 微生物的能源谱

能源	来源	举例
光能	太阳、人工光照	阳光、白炽灯
化学能	无机物	NH_4^+、NO_2^-、S、H_2、Fe^{2+}
	有机物	糖类、脂肪、蛋白质、氨基酸

对于光能营养型微生物，其能源为光能；对于化能异养微生物，其能源是碳源，如糖类、有机酸等；对于化能自养微生物，其能源则是一些还原态的无机物，如 NH_4^+、NO_2^-、S、H_2、Fe^{2+} 等。常见的化能自养微生物均是原核生物，包括亚硝酸细菌、硝酸细菌、硫化细菌、硫细菌、氢细菌和铁细菌等。

2.4.2 微生物的营养类型

根据微生物对能源、碳源、氮源、生长因子等的需求特点，可以将微生物划分为不同的营养类型，如表 2-6 所示。

表 2-6 微生物的营养类型

分类标准	类型
以能源分	光能营养型、化能营养型
以碳源分	自养型、异养型
以氢供体分	无机营养型、有机营养型
以合成氨基酸能力分	氨基酸自养型、氨基酸异养型
以生长因子分	生长因子自养型、生长因子异养型
以取食方式分	渗透营养型、吞噬营养型
以取得死或活有机物分	腐生、寄生
以所需营养物浓度分	贫养型、富养型

微生物的营养类型非常多，但通常以“能源为主、碳源为辅”的方式来划分不同微生物。由此，可将微生物划分为四大类：光能自养型、光能异养型、化能自养型、化能异养型。

2.4.2.1 光能自养型

光能自养型，是利用光能，并以 CO_2 作为唯一碳源或主要碳源，以无机物（如 H_2O、H_2S 等）作为供氢体，最终将 CO_2 还原成糖类（$[CH_2O]$），同时产生 O_2 或 S 的一类微生物。光能自养型微生物以蓝细菌为主要类群，其光合作用与高等绿色植物相似。

$$CO_2 + H_2O \xrightarrow[\text{叶绿素}]{\text{光照}} [CH_2O] + O_2$$

2.4.2.2 光能异养型

光能异养型，是利用光能，并以简单小分子有机物作为主要碳源（CO_2 为辅），以简单小分子有机物（如甲酸、乙酸、甲醇）等作为供氢体，最终将 CO_2 还原成 $[CH_2O]$ 的一类微生物。光能异养型微生物以光合细菌为主要类群。

$$CO_2 + CH_3OH \xrightarrow[\text{菌绿素}]{\text{光照}} [CH_2O] + H_2O$$

2.4.2.3 化能自养型

化能自养型，是利用化学能，并以 CO_2 作为唯一碳源或主要碳源，以无机物（如 H_2、H_2O、H_2S、NH_4^+ 等）为供氢体，最终将 CO_2 还原成 $[CH_2O]$ 的一类微生物。化能自养型微生物，以硫化细菌、硝化细菌、铁细菌和氢细菌等为主要类群。

$$CO_2 + H_2O \xrightarrow[\text{化学能}]{} [CH_2O] + O_2$$

$$FeCO_3 + H_2O + O_2 \longrightarrow Fe(OH)_3 + CO_2 + \text{能量}$$

2.4.2.4 化能异养型

化能异养型，是以有机物作为碳源、能源和供氢体，并且能源与碳源不可分割的一类微生物。地球上绝大多数微生物，都是化能异养型。根据营养物质来源，化能异养型微生物可分为腐生型、寄生型和兼性寄生型。

$$CH_2O \xrightarrow{\text{分解}} CO_2 + H_2O$$

值得注意的是，以上关于营养类型的划分，完全属于“人为”归纳和定义，仅仅是为了方便学习和记忆。实际上，许多微生物是兼性营养类型，即兼养型微生物。如氢单细胞菌，它在完全无机环境下为化能自养型，而在有机物存在的环境下则为化能异养型；而一些光合细菌，在有光与厌氧条件下为光能异养型，而在黑暗与有氧的条件下则为化能异养型。因此，微生物的营养类型多取决于环境条件。

2.4.3 营养物质进入微生物细胞的方式

微生物没有专门的摄食器官，一般只能通过细胞表面进行物质交换，细胞壁在营养物质运输时发挥的作用不大，微生物主要通过细胞膜的渗透和选择吸收作用从外界吸取营养物。对于小分子营养物质，微生物细胞膜的运输方式有四种，即简单扩散、促进扩散、主动运输和基团移位。其中，主动运输对微生物最重要。

2.4.3.1 简单扩散

简单扩散又称单纯扩散、被动扩散，是物质进出细胞的最简单的一种方式，属于一种物理扩散作用，被输送物质依靠细胞内外的浓度梯度为动力，溶质分子从浓度高的区域向浓度低的区域扩散，这种扩散过程不消耗能量。该过程有明显的生物学特征，但也遵循基本的物理化学原理。一旦细胞膜两侧的物质浓度梯度消失（即细胞膜两侧的物质浓度相等），简单扩散就停止。进入细胞的营养物质被不断消耗，胞内始终保持较低浓度，因此细胞外的物质不断进入细胞。

由于单纯扩散对营养物质的运输缺乏选择能力和逆浓度梯度的“浓缩”能力，因此不是细胞获取营养物质的主要方式。通过单纯扩散方式运送的物质种类并不多，水是唯一可以通过单纯扩散自由通过原生质膜的分子，脂肪酸、乙醇、甘油、苯、O_2 和 CO_2 等一些气体分子及某些氨基酸在一定程度上也可通过单纯扩散进入细胞，还没有发现通过单纯扩散而进入细胞的糖分子。

2.4.3.2 促进扩散

促进扩散，是指物质在运输过程中，必须借助存在于细胞膜上的底物特异载体蛋白的协助，但不消耗能量的一类扩散型运输方式。载体蛋白，又称渗透酶、移位酶或移位蛋白，一般通过诱导产生，它借助自身构象的变化，可在不耗能的情况下加速将膜外高浓度的物质扩散到膜内，直到膜内外该物质浓度相等为止。载体蛋白有两种不同的构象：处于膜外侧时，载体蛋白以一种向膜外露出物质结合位点的构象存在，细胞外的物质与载体蛋白的亲和力高，易于结合；载体蛋白与物质结合后移位至膜内侧时，改变为呈一种向膜内露出物质结合位点的构象，这种构象的载体蛋白与物质的亲和力降低，又将物质释放出来。载体蛋白自身在整个过程中不发生化学变化，只影响扩散过程中物质的运输速度，不改变该物质在膜内外形成的动态平衡。

通过促进扩散进入细胞的营养物质主要有氨基酸、单糖、维生素及无机盐等。一般微生物通过单一的载体蛋白运输相应的物质，但也有微生物对同一物质运输要由一种以上的载体蛋白来完成。例如鼠伤寒沙门氏菌利用四种不同的载体蛋白运输组氨酸，酿酒酵母有三种不同的载体蛋白完成葡萄糖的运输。此外，某些载体蛋白可同时完成几种物质的运输，例如大肠杆菌可通过一种载体蛋白完成亮氨酸、异亮氨酸和缬氨酸的运输，但这种载体蛋白对这三种氨基酸的运输能力有差别。

促进扩散通常在微生物处于高营养物质浓度的情况下发生，由于膜的参与，促进扩散比单纯扩散快，运输速率与膜内外物质的浓度差成正比。具有特异性或选择性的扩散，见于许多真核微生物，如葡萄糖就是通过这种方式进入酵母菌细胞的，在原核微生物中比较少见。

2.4.3.3 主动运输

主动运输，是指一类需要耗能，并需要借助细胞膜上特异性载体蛋白构象的变化，才能将膜外低浓度的物质运输至膜内的一种运输方式。由于它可以逆浓度梯度运输营养物，所以对许多生存于低浓度营养环境中的贫养菌（也称寡养菌）的生存极为重要。采取主动运输的物质很多，主要有无机离子、有机离子和一些糖类（乳糖、葡萄糖、麦芽糖或蜜二糖）等。

与被动运输（简单扩散和促进扩散）相比，主动运输的一个重要特点是在物质运输过程中需要消耗能量，而且可以逆浓度运输。主动运输与促进扩散类似之处在于物质运输过程中同样需要载体蛋白，载体蛋白通过构象变化而改变与被运输物质之间的亲和力大小，使两者之间发生可逆性结合与分离，从而完成相应物质的跨膜运输；区别在于主动运输过程中的载体蛋白构象变化需要消耗能量，而且它还能改变反应的平衡点。

2.4.3.4 基团移位

基团移位是一类既需要特异性载体蛋白，又需要耗能的，并且物质在运输前后会发生分子结构变化的一种物质运输方式。其能量来源是磷酸烯醇式丙酮酸（PEP），其特点是依靠一个复杂的运输酶系统来完成物质的运输，同时底物在运送前后还会发生分子结构的变化，因此不同于一般的主动运输。基团移位主要用于运输各种糖类（葡萄糖、果糖、甘露糖和 *N*-乙酰葡萄糖胺等）、核苷酸、丁酸和腺嘌呤等物质。目前，这种运输方式只在原核生物中发现。例如，大肠杆菌的磷酸转移酶系统就是一种基团移位系统，此系统酶运输一个葡萄糖分子，就要消耗一个 ATP。

以上四种运输方式的比较如表 2-7 所示。

表 2-7 物质运输的四种方式比较

比较项目	简单扩散	促进扩散	主动运输	基团移位
特异载体蛋白	无	有	有	有
运输速度	慢	快	快	快
溶质运输方向	由浓至稀	由浓至稀	由稀至浓	由稀至浓
平衡时内外浓度	内外相等	内外相等	内部浓度高得多	内部浓度高得多
运输分子	无特异性	特异性	特异性	特异性
能量消耗	不需要	不需要	需要	需要
运输前后溶质分子	不变	不变	不变	改变
载体饱和效应	无	有	有	有
与溶质类似物	无竞争性	有竞争性	有竞争性	有竞争性
运输抑制剂	无	有	有	有
运输对象举例	H_2O、CO_2、O_2、甘油、乙醇、少数氨基酸、盐类、代谢抑制剂	SO_4^{2-}、PO_4^{3-}、糖类（真核微生物）	氨基酸、乳糖等糖类，Na^+、Ca^{2+}等无机离子	葡萄糖、果糖、甘露糖、嘌呤、核苷、脂肪酸等

值得注意的是，大分子营养物质，如多糖、脂肪、蛋白质及核酸等，一般不能直接透过微生物细胞膜，需先经过相应酶的作用，并将其分解为小分子物质后，才能通过上述四种运输方式运输至细胞内。另外，不同微生物运输物质的方式不同，即使对同一种物质，不同微生物的摄取方式也不一样。例如，半乳糖在大肠杆菌中靠促进扩散运输，而在金黄色葡萄球菌中则通过基团移位运输。

2.5 微生物的酶与代谢

2.5.1 微生物的酶

2.5.1.1 酶的组成

酶的组成可分为两种情况。一种是只含蛋白质，叫单成分酶；另一种除蛋白质外，还含有一些非蛋白质物质，叫双成分酶或全酶。因此，酶的化学组成可表示为：

（1）单成分酶 = 酶蛋白（如水解酶）。

（2）全酶 = 酶蛋白 + 有机物（如各种脱氢酶）。

（3）全酶 = 酶蛋白 + 有机物 + 金属离子（如丙酮酸脱羧酶）。

（4）全酶 = 酶蛋白 + 金属离子（Fe^{2+}）（如细胞色素氧化酶）。

全酶中除酶蛋白以外的部分叫作辅基或辅酶，两者的区别在于它们与酶蛋白结合的牢固程度不同。与酶蛋白结合牢固，用透析法分不开的叫辅基；与酶蛋白结合得不牢，用透析法可以分开的叫辅酶。辅酶和辅基与不同的酶蛋白结合形成不同的酶，可以催化不同的底物。

酶蛋白的功能是催化生物化学反应，而辅基和辅酶的功能是传递电子、原子或化学基团，其中的金属离子还起激活剂的作用。重要的辅基和辅酶有以下几种：

（1）铁卟啉。铁卟啉是细胞色素氧化酶、过氧化氢酶、过氧化物酶等的辅基，靠所含铁离子的变价（$Fe^{2+} \rightleftharpoons Fe^{3+} + e^-$）来传递电子，催化氧化还原反应。

（2）辅酶 A（CoA 即 coenzyme A 或 CoA—SH）。辅酶 A 在糖代谢和脂肪代谢中起重要作用，通过其巯基（—SH）的受酰与脱酰参与转酰基（$R—\overset{\overset{O}{\|}}{C}—$）的反应。酰化时需要能量，脱酰时放出能量，供合成代谢用。

（3）NAD（辅酶Ⅰ）和 NADP（辅酶Ⅱ）。NAD 是烟酰胺腺嘌呤二核苷酸，NADP 是烟酰胺腺嘌呤二核苷酸磷酸，它们是许多脱氢酶的辅酶，起传递氢的作用。例如：

$$NAD^+ + CH_3—CH_2OH \rightleftharpoons CH_3—CHO + NADH + H^+$$

或

$$NADP^+ + CH_3—CH_2OH \rightleftharpoons CH_3—CHO + NADPH + H^+$$

（4）FMN（黄素单核苷酸）和 FAD（黄素腺嘌呤二核苷酸）。FMN 和 FAD 都是黄素酶类，是氨基酸氧化酶和琥珀酸脱氢酶的辅基，是电子传递体系的组成部分，其功能是传递氢。

（5）磷酸腺苷及其他核苷酸类。磷酸腺苷包括一磷酸腺苷 AMP、二磷酸腺苷 ADP 和三磷酸腺苷 ATP，其他核苷酸类主要有鸟嘌呤核苷三磷酸 GTP、尿嘧啶核苷三磷酸 UTP 及胞嘧啶核苷三磷酸 CTP。它们都是磷酸基转移酶的辅酶，其中二磷酸腺苷和三磷酸腺苷分别含有 1 个和 2 个高能磷酸键（P ~ P），都是能量的载体，可以通过磷酸基的转移进行能量转移。

（6）生物素（维生素 H）。生物素为羧化酶的辅酶，属于 B 族维生素，能催化二氧化碳的固定和转移以及脂肪的合成。生物素是微生物的生长因子。

此外，还有辅酶 Q（或称泛醌 CoQ）、硫辛酸（L）和焦磷酸硫胺素（TPP）、磷酸吡哆醛和磷酸吡哆胺、四氢叶酸（或叫辅酶F，THFA）、金属离子、辅酶M等。

2.5.1.2 酶的活性中心

酶是生物大分子，与底物比起来，酶分子体积要大得多。反应过程中酶与底物相结合时，只限于酶分子的少数基团或特定的部位。酶分子中能与底物特异性结合并催化底物转变为产物的特殊区位或区域，称为酶的活性中心或活性部位。酶的活性中心有1~4个，由酶蛋白上少数几个氨基酸侧链的化学基团组成。构成酶活性中心的化学基团因酶而异。构成酶活性中心的微区可能处于同一条肽链的不同部位，甚至可能处于不同肽链上，经肽链盘绕折叠使其在空间结构上彼此靠近，形成具有一定空间结构的、位于酶分子表面的、呈裂缝状的小区域。所有酶的活性中心都是由几个氨基酸组成的。酶的活性中心分为结合部位和催化部位，结合部位与底物结合，决定酶的专一性；催化部位加快生化反应速度，决定酶的催化能力。

2.5.1.3 酶的分类

根据所催化的反应类型，可以把酶分为水解酶、氧化还原酶、转移酶、异构酶、裂解酶和合成酶六大类。

（1）水解酶类。水解酶类是利用水使共价键分裂的酶，它可以催化大分子有机物的水解反应，如淀粉酶、蛋白酶、酯酶等。

（2）氧化还原酶类。氧化还原酶类催化底物进行氧化还原反应，如脱氢酶、氧化酶、过氧化物酶、羟化酶、加氧酶等。在微生物冶金过程中，这类酶起着非常重要的作用。其中氧化酶催化底物脱出的氢生成H_2O_2或H_2O，例如：

$$CH_3—CH_2OH + O_2 \xrightarrow{\text{氧化酶}} CH_3CHO + H_2O_2$$

$$2CH_3—CH_2OH + O_2 \xrightarrow{\text{氧化酶}} 2CH_3CHO + 2H_2O$$

而脱氢酶催化底物脱出的氢则由中间接受体NAD接受。例如：

$$NAD^+ + CH_3—CH_2OH \rightleftharpoons CH_3—CHO + NADH + H^+$$

（3）转移酶类。转移酶类催化不同底物分子之间进行某种化学基团（如氨基、醛基、酮基、磷酸基等）的交换或转移的化学反应，如转甲基酶、转氨基酶、磷酸化酶等。其中谷丙转氨酶可以催化谷氨酸的氨基转移到丙酮酸上，成为丙氨酸和α-酮戊二酸。

（4）异构酶类。异构酶类催化同分异构分子内的基团重新排列，如消旋酶、顺反异构酶、葡萄糖异构酶等。其中葡萄糖异构酶能催化葡萄糖转化为果糖的反应。

（5）裂解酶类。裂解酶类催化一种化合物裂解为两种化合物或将两种化合物逆向合成为一种化合物，它们可以使底物移去一个基团而导致共价键裂解，如脱羧酶、醛酸酶、脱水酶、羧化酶等。其中脱羧酶催化底物分子中C—C键裂解，产生CO_2。

（6）合成酶类。合成酶类催化底物的合成反应，同时使ATP分子中的高能磷酸键裂解从而为合成过程提供能量。蛋白质、核酸等的生物合成都是在合成酶类的催化下进行的。常见的合成酶包括谷氨酰胺合成酶、谷胱甘肽合成酶等。

2.5.1.4 酶的命名

酶的命名包括习惯命名法和系统命名法两种。

（1）习惯命名法一般采用底物与反应类型进行命名，例如乳酸脱氢酶、细胞色素氧化酶等；对于水解酶类，只需底物名称即可，例如蔗糖酶、蛋白酶等；有时还在底物名称前增加酶的来源，例如唾液淀粉酶。习惯命名法使用起来比较简单，但缺乏系统性，容易出现混乱。

（2）为了使一种酶只有一个名称，国际酶学委员会采用系统命名法对酶进行命名。系统命名法包括酶的系统命名和四个数字的酶分类编号，但由于该法过于复杂，许多名称尚未得到普遍使用。

2.5.1.5 酶的催化特性及活力单位

酶的催化活性可归纳为以下几点：

（1）酶可以加速生物化学反应，缩短反应达到平衡的时间，但不能改变平衡点。酶在参与反应前后，其性质和数量不发生任何变化。

（2）酶的催化作用具有专一性，一种酶只能催化一种或一类化学反应，生成一定的产物。

（3）酶的催化作用在常温、常压和接近中性的水溶液中发生，不需要特殊条件。

（4）酶是蛋白质，接触高温、强酸、强碱或重金属离子（如 Hg^{2+}、Ag^{+}、Cu^{2+} 等）时，都能使酶丧失活性。

（5）酶的催化效率特别高，是一般化学催化剂的数千倍到上亿倍。例如，过氧化氢酶对 H_2O_2 分解反应的催化效率是 Fe^{3+} 的 100 亿倍。

因为酶的催化效率极高，所以酶能降低反应的活化能。在一定条件下，酶所催化反应的速度，称为酶的活力。反应速度通常用单位时间内底物的减少量或产物的增加量表示。酶的活力用国际单位（IU）表示，即在温度 25 ℃、最适 pH 值、最适缓冲溶液和最佳底物浓度等条件下，每 1 min 能使 1 μmol 底物转化的酶量定为一个酶活力单位。在固定条件下，1 mg 酶或 1 mL 酶液所具有的酶活力叫作酶比活力。为了方便，在研究和生产中常常使用酶比活力。

2.5.2 微生物的产能代谢

微生物从外界环境中不断地摄取营养物质，经过一系列生物化学反应，转变成细胞的成分，同时产生一些废物排泄到体外，这一过程称为新陈代谢。新陈代谢包括同化作用和异化作用，异化作用为同化作用提供物质基础和能量，同化作用为异化作用提供物质。即

新陈代谢
- 异化作用（分解代谢）
  - 物质分解反应：将营养物质和细胞物质分解的过程
  - 放出能量
- 同化作用（合成代谢）
  - 物质合成反应：将营养物质转变为机体组分的过程
  - 吸收能量

2.5.2.1 产能代谢与呼吸的关系

微生物呼吸作用的本质是氧化与还原的统一过程。在这一过程中，包含着能量的产生和转移。由此可见，微生物的呼吸与其产能代谢是紧密联系的。微生物的呼吸有好氧呼吸、无氧呼吸和发酵三种类型。它们都是氧化还原反应，微生物的产能代谢正是通过这三种氧化还原反应实现的，微生物也正是从这些氧化还原反应中获得生命活动所需要的能量。

微生物通过产能代谢所获得的能量，一部分变成热散发掉，另一部分供合成反应和生

命的其他活动所需，其他能量被贮存在 ATP 中，以备生长、运动所需。ATP 是微生物能量的转移中心。微生物把从呼吸过程中获得的能量用于细胞组分的合成时，需要通过 ATP 来实现。在好氧呼吸、无氧呼吸和发酵过程中，微生物通过氧化磷酸化或光合磷酸化生成 ATP，即

$$AMP + H_3PO_4 + 能量 \longrightarrow ADP$$
$$ADP + H_3PO_4 + 能量 \longrightarrow ATP$$

由上述反应式可知，ADP 是能量的载体，ATP 是能量库。它们分别含有 1 个和 2 个高能磷酸键（P～P），1 mol 高能磷酸键具有 31.4 kJ 的能量。当微生物合成细胞组分时，ATP 分解，放出能量，供其使用，即

$$ATP \longrightarrow ADP + H_3PO_4 + 能量$$

ATP 只是一种短期的储能物质。微生物长期储能的形式是在体内形成淀粉、糖原、聚 β-羟基丁酸（PHB）、异染颗粒及硫粒等，以备营养缺乏时利用。

2.5.2.2 产能代谢

在微生物体系中，能量的释放和 ATP 的生成都是通过呼吸实现的。根据最终电子受体或最终氢受体的不同，微生物的呼吸可分为发酵、有氧呼吸和无氧呼吸三种。

A 发酵

发酵是某些厌氧微生物在生长过程中获得能量的一种方式。有机物在代谢过程中是电子供体，同时它的代谢产物是电子受体。在生理上，发酵作用是不需要分子态氧（O_2）作电子受体的氧化作用，为厌氧代谢，在此过程中电子供体和受体都是有机物分子。作为基质的有机物质只是部分碳原子被氧化，所形成的某些中间产物又作为受氢体接受氢而形成新的产物。乙醇发酵和乳酸发酵就是这类作用的典型代表。发酵产生 ATP 机制主要是底物水平的磷酸化，即由底物氧化而产生的高能磷酸键被转移到 ADP 分子上形成 ATP。微生物的发酵作用最常见于糖类的厌氧降解作用，特别是葡萄糖的代谢。下面以葡萄糖为例介绍发酵的一般过程。

糖酵解途径，又称 EMP 途径，是微生物在厌氧条件下，将葡萄糖通过酶催化的一系列氧化还原反应分解为丙酮酸，并产生供给机体生命活动的能量的过程。EMP 途径的总反应式为：

$$C_6H_{12}O_6 + 2NAD^+ + 2ADP + 2Pi \longrightarrow 2CH_3COCOOH + 2NADH + 2H^+ + 2ATP + 2H_2O$$

糖酵解途径可分为两个阶段：第一阶段（阶段Ⅰ）主要是一系列不涉及氧化还原反应的预备性反应，包括葡萄糖的活化，并将六碳糖分解为三碳糖，产生 3-磷酸甘油醛，它是糖代谢的重要中间产物，第一阶段共消耗 2 mol ATP。第二阶段（阶段Ⅱ）通过氧化还原反应生成 2 mol 丙酮酸，同时产生 4 mol ATP 和 2 mol NADH + H^+。氧化 1 mol 葡萄糖共产生 4 mol ATP，并需要消耗 2 mol ATP，因此净产生 2 mol ATP。在葡萄糖的乙醇发酵（阶段Ⅲ）中，1 mol 葡萄糖分子释放的能量为 238.3 kJ，其中 26% 的能量保存在 ATP 的高能键中，其他的能量则以热量形式散失，如图 2-22 所示。

B 有氧呼吸

当环境中存在足量的分子氧（O_2）时，好氧微生物将底物彻底氧化分解成 H_2O 和 CO_2，并产生 ATP。这种有外在最终电子受体（O_2）存在时，微生物对能源的氧化称为有

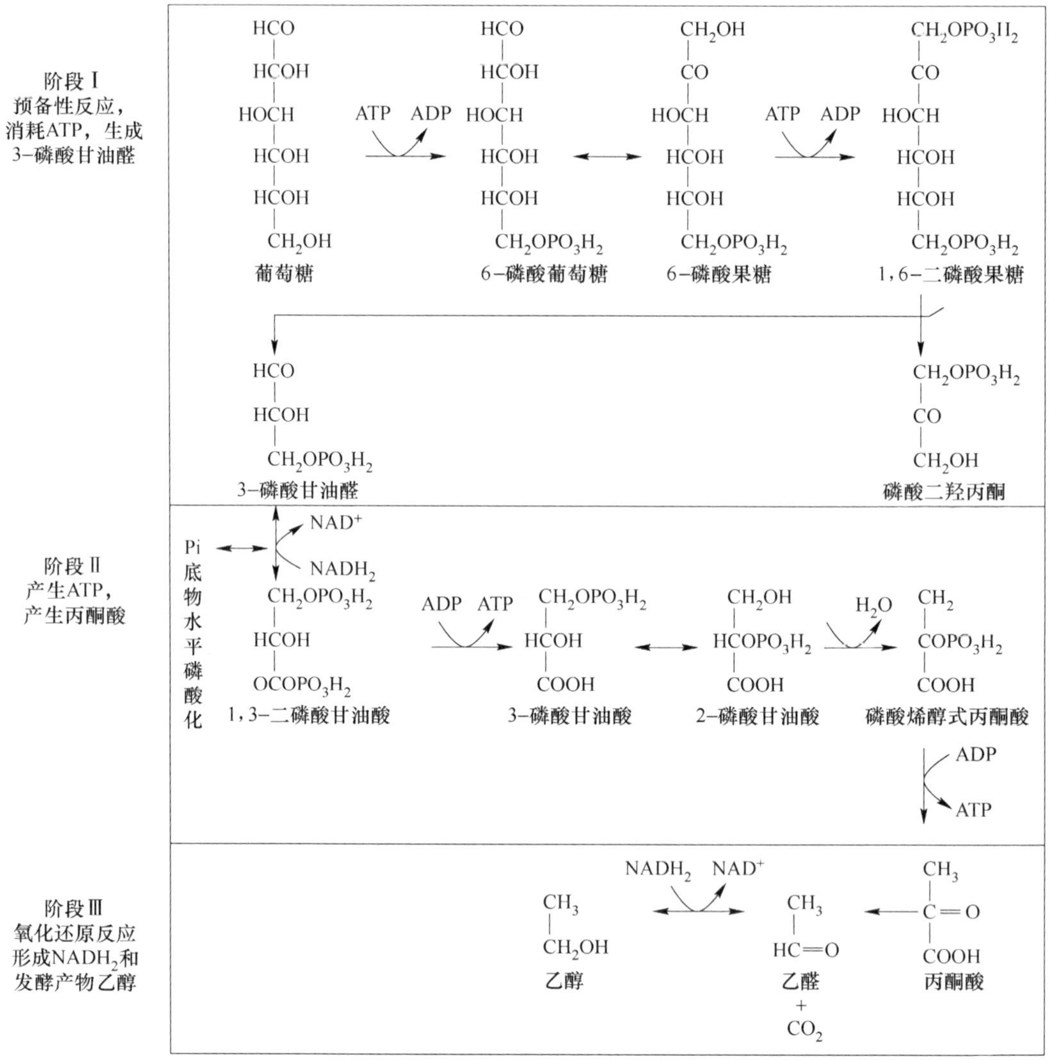

图 2-22　糖酵解途径示意图

氧呼吸。

葡萄糖的有氧呼吸过程分为三个阶段：第一阶段，葡萄糖经 EMP 途径分解形成中间产物丙酮酸，同时产生 ATP 和 $NADH+H^+$；第二阶段，丙酮酸在丙酮酸脱氢酶系的作用下生成乙酰 CoA，并释放 CO_2 和 $NADH+H^+$；第三阶段，乙酰 CoA 进入三羧酸循环，产生大量的 ATP、CO_2、$NADH+H^+$ 和 $FADH_2$。

C　无氧呼吸

当外在的最终电子受体不是氧分子而是其他无机化合物时，微生物对能源的氧化称为无氧呼吸。无氧呼吸的氧化底物一般为有机物，最终电子受体通常是 NO_2^-、NO_3^-、SO_4^{2-}、CO_3^{2-} 等，在底物被氧化成 CO_2 的同时，生成 ATP，储存能量。例如，微生物通过无氧呼吸对葡萄糖、乙酸和乳酸的氧化过程可表示为：

$$5C_6H_{12}O_6 + 24NO_3^- \longrightarrow 30CO_2 + 18H_2O + 12N_2 + 24OH^-$$

$$5CH_3COOH + 8NO_3^- \longrightarrow 10CO_2 + 6H_2O + 4N_2 + 8OH^-$$

$$2CH_3CHOHCOOH + H_2SO_4 \longrightarrow 2CH_3COOH + 2CO_2 + H_2S + 2H_2O$$

2.6 微生物的培养

2.6.1 微生物的培养基

培养基是一种人工配制的、适合微生物生长繁殖或产生代谢产物用的营养基质。培养基的种类各异，大体可按培养基的成分、物理性质和功能等进行分类。

2.6.1.1 按培养基成分分类

依据培养基中各原料是纯净物还是混合物，是否有确切的化学组成，可将培养基分为天然培养基、合成培养基或者半合成培养基。

（1）天然培养基，是一类利用动植物或微生物体（包括其提取物）为原料而制成的培养基。此类培养基，营养成分既复杂又丰富，难以描述其确切化学组成。配制这类培养基，常用的原料有牛肉膏、蛋白胨、酵母粉、麦芽汁、玉米粉、马铃薯、胡萝卜、牛奶和血清等营养价值高的物质。天然培养基的优点是取材方便、营养丰富、配制方便、价格低廉；缺点是成分不清楚，培养效果不稳定。因此，这类培养基只适合于一般实验室中的菌种培养，或主要用于发酵工业中生产菌种的培养和某些发酵产物的生产等。

（2）合成培养基，是一类按微生物的营养需求精确设计后，采用多种高纯度化学试剂配制成的培养基。合成培养基的优点是成分准确、试验重复性高；缺点是价格较贵、配制麻烦，且营养不够丰富。因此，合成培养基通常仅适用于营养、代谢、生理、生化、遗传、育种、菌种鉴定或生物测定等对定量要求较高的研究工作。

（3）半合成培养基，是指一类以天然培养基为基础，同时添加某些化学试剂而配制成的培养基，即天然培养基＋合成培养基。此类培养基兼顾上述二者的优点，营养丰富、重复性相对较高、价格低廉，因此应用较为广泛。

2.6.1.2 按培养基物理状态分类

依据培养基的物理状态，可将培养基分为液体培养基、固体培养基和半固体培养基。

（1）液体培养基，可简称为培养液，是一类呈液体状态的培养基。它无论是在实验室，还是在生产实践中用途非常广泛，尤其适用于大规模、快速地培养和扩繁微生物。原因在于，相比于固体培养，液体培养能使微生物更均匀、立体式地接触营养物，也利于通气培养，因此微生物在液体培养基中对营养物的吸收转化效率更高，生长速度更快。

（2）固体培养基，是一类呈固体状态的培养基，其是向液体培养基中加入适量凝固剂后而制成的。例如，在一般的液体培养基中加入1%～2%琼脂，即可制成固体培养基。固体培养基常用于菌种的分离和鉴定，原因在于微生物在固体培养基上可形成具有明显特征的菌落。

（3）半固体培养基，是指在液体培养基中加入少量的凝固剂（0.2%～0.7%的琼脂）而制成的半固体状态的培养基。半固体培养基常用于细菌的动力观察、趋化性研究，厌氧菌的培养、分离和计数，以及细菌和酵母菌的菌种保藏等。

2.6.1.3 按培养基的功能分类

依据培养基的功能，可将培养基分为基础培养基、选择性培养基和鉴别性培养基。

（1）基础培养基，是含有一般微生物生长繁殖所需的基础营养的培养基，其适用于大多数微生物的培养，也是实验室进行基础研究或应用研究中常用的培养基，如牛肉膏蛋白胨培养基、营养肉汤等。牛肉膏蛋白胨培养基的成分为：牛肉膏 0.5 g，蛋白胨 1 g，氯化钠 0.5 g，琼脂 2 g，蒸馏水 100 mL，pH 值为 7.0 ~ 7.2。

（2）选择性培养基，即根据某种微生物的特殊营养要求或其对某化学、物理因素的抗性或敏感性而设计的培养基，其功能是使混合菌样中的劣势菌变为优势菌，从而提高该菌的筛选效率。

选择性培养基配制有两种方法：第一种方法是“投其所好”，即利用目标菌种对某一营养物质的专一“嗜好”，专门在培养基中加入该营养物质，以达到加富培养的目的。根据这种原理所配制的培养基，称为加富性选择培养基。第二种方法是“投其所抗”，即利用培养基中非目标菌种对某种物质的抗性，专门加入该物质，以抑制非目标菌种的生长，使目标菌种趁机大势繁殖以占数量上的优势，也可达到富集培养的目的。根据这种原理所配制的培养基称为抑制性选择培养基。

两种方法都可以使目标菌从劣势变为优势，杂菌从优势变为劣势，从而有利于目标菌的分离筛选。两种方法的原理和作用对象不同，加富性选择培养基的作用对象是目标菌，通过添加特殊营养物使目标菌数量上升；而抑制性选择培养基的作用对象是杂菌，通过添加抑制因子使杂菌数量下降。因此，加富性选择培养基有利于“增菌”，常用于富集培养；抑制性选择培养基有利于“除杂”，常用于分离纯化。综合而言，抑制性选择培养基的选择强度大于加富性选择培养基，筛选效果更好，但在实际应用时，所设计培养基常兼有上述两种培养基的功能，这样可以提高选择效率。

（3）鉴别性培养基，即在培养基中加入能与某一菌落的无色代谢产物发生显色反应的指示剂，从而用肉眼就能使该菌落与外形相似的其他菌落区分开。主要用于不同类型微生物的快速分离鉴定，以及分离和筛选产生某种代谢产物的微生物菌种。最常见的鉴别性培养基是伊红美蓝乳糖培养基，即 EMB 培养基。它在饮用水、牛乳的大肠杆菌等细菌学检验以及遗传学研究上有着重要的用途。改良后的伊红美蓝乳糖培养基成分为：蛋白胨 10 g，乳糖 5 g，蔗糖 5 g；K_2HPO_4 2 g，伊红 Y 0.4 g；美蓝 0.065 g，蒸馏水 1000 mL；最终的 pH 值为 7.2。

在实际应用中，常常将抑制性培养基和鉴别培养基配合使用，即所设计的培养基既有选择性功能，又有鉴别性作用，这样非常有利于在进行菌种分离时提高菌种分离纯化和初步鉴定的效率。实际上，伊红美蓝培养基就是一种典型的、兼具抑制性选择和鉴别培养功能的培养基。其抑制性选择功能，主要体现在伊红和美蓝可以抑制大多数革兰氏阳性菌的生长；其鉴别功能，主要体现在乳糖和伊红美蓝可使大肠杆菌和沙门氏菌的菌落呈现不同颜色。伊红美蓝可与产酸菌所产的酸发生显色反应，使菌体被染成深紫色，而不产酸的菌不能与伊红美蓝发生显色反应，从而菌体不被着色。

2.6.2 培养基的配制原则和方法

2.6.2.1 配制原则

在实际研究工作中，不但要求选用一种现成的培养基，而且还常需要亲自去设计一种更合适的培养基，这就要求我们除熟悉微生物营养知识和规律外，还要有一套科学的设计培养基所遵循的基本原则和方法。针对不同的微生物，不同的营养需求设计出不同的培养基。在此归纳总结出配制培养基所要遵循的四大原则。

（1）目的明确。在设计新培养基前，首先要明确配制该培养基的目的。例如，要培养什么菌种，浸出的矿物是什么矿物，降解的污染物质是什么及污染物质的物理和化学条件，用于实验室科学研究还是用于大规模的发酵生产等。

一般来讲，用于实验室研究的培养基不必过多地计较其成本，但必须明确该培养基是作一般培养用，还是作精细的生理、代谢或遗传等研究用。如属前者，可尽量按天然培养基的要求来设计，若是后者，则应考虑设计一种组合的培养基。拟培养的微生物对象也十分重要。不同大类的微生物，对培养基中碳源与氮源间的比例、pH 值的高低、渗透压的大小、生长因子的有无以及特殊成分的添加等都要作相应的考虑。

（2）营养协调。通过菌体成分的分析，可知道在各种微生物的细胞中，不同成分或元素间是有较稳定比例的；另外，在异养微生物中，碳源还兼作能源，而能源的需要量是很大的。这两点是确定培养基中各种营养要素的数量和比例的重要依据。此外，如果设计的培养基是用于生产大量代谢产物的，那么它所需耗费的营养物的量也要在设计培养基时充分考虑。

（3）物理化学条件适宜。物理化学条件包括 pH 值、氧化还原电位、渗透压和水活度等。

（4）经济节约。经济节约主要指在设计生产实践中所使用的大量培养基所遵循的原则。综合各方面的实际经验，经济节约的原则可分为以下八个方面：

1）以粗代精。“粗”与“精”的概念是人为划分的。对人来说是一种“精”的营养料（如精白糖），对微生物来说往往却是一种不完全的养料，而对人来说是“粗”的营养料（如红糖），对微生物来说反而是一种较完全的养料。从这一点出发，就可以在设计培养基时充分利用各种粗原料。

2）以“野”代“家”。主要指以野生植物原料代替栽培植物原料。如木薯、橡子、土茯苓、金刚刺和苦楝（liàn）子等都是富含淀粉质的野生植物，可以部分取代粮食用于发酵工业中的碳源；许多含纤维素、半纤维素和木质素等植物秸秆可以作为栽培食用菌的良好养料。

3）以废代好。以工业、农业生产中易污染环境的废弃物作为微生物培养基的原料，例如，造纸厂的亚硫酸废液（含有戊糖和短小纤维），各种发酵废液（乙醇及丙酮、丁醇发酵废醪，味精发酵废液），各种酿造工业废弃物（啤酒糟、酒糟、酱渣）以及其他工业废弃物（花生麸、淀粉渣、胚芽饼、豆腐渣）等。

4）以简代繁。生产上在改进培养基组分时，一般都以“加法”居多，即设法使其营养越来越丰富，含量越来越高。这对微生物的生长不一定都有利。有时可试用“减法”，即用稀薄的培养基或成分较少的培养基来代替原有培养基成分，以求达到更好的效果。

5）以烃代粮。即以石油或天然气代替糖质原料来培养微生物。能利用石油作为碳源和能源的微生物在自然界中普遍存在，不同的微生物几乎能利用石油中所含的所有成分，除合成菌体成分——石油蛋白外，还能将其氧化成醇、醛、酸等化工产品。在当前石油资源逐渐趋向紧缺的情况下，如能拿出一部分石油作发酵原料，用微生物将它转化成一些产值较高的高级醇、脂肪酸和环烷酸等化工产品和若干合成产物，还是十分值得的。

6）以纤代糖。纤维素是一种由成千上万个D-葡萄糖分子通过β-1,4-糖苷键连接形成的长链状高分子化合物，是自然界中最丰富的有机物。自然界中存在着大量分解纤维素的微生物，它们能分泌各种纤维素酶，对纤维素进行降解，使纤维素取代简单糖类作为微生物生长所需的碳源。据估计，我国每年有稻草、麦秆、稻壳、棉籽壳和玉米芯五项含纤维素丰富的资源4亿吨以上，如能充分加以利用，这将是一个巨大的生物资源库。

7）以氮代朊。即以大气氮、铵盐、硝酸盐或尿素等一类非蛋白质或非氨基酸原料用作发酵培养基中的氮源，让微生物转化成菌体蛋白质或含氮的发酵产物供人们利用。

8）以“国”代“进”。即以国产原料代替进口原料，这实际上是“以粗代精”原则的一种特殊形式。典型的例子是20世纪50年代初在我国建立抗生素工业的早期，我国缺乏乳糖及玉米浆两种青霉素发酵的主要原料而影响到生产的发展。我国学者经过研究，终于找到国内资源极其丰富的棉籽饼粉或花生饼粉代替玉米浆，玉米粉代替进口乳糖的新培养基配方，后来又进一步以流加葡萄糖代替乳糖的新工艺使青霉素产量超过当时国外乳糖发酵的水平，从而建立了具有中国特色的青霉素发酵产业。

2.6.2.2 配制方法

依据配制原则进行培养基配制时，还可视具体情况采用不同的配制方法。具体操作时有四种方法：生态模拟法、查阅文献法、精心设计法、试验比较法。具体如下：

（1）生态模拟法。在自然条件下，凡有某微生物大量生长繁殖的环境，则可认为该处一定具备该微生物生长繁殖所必需的营养和其他条件。因此，就可以模拟该天然基质或直接取用该天然基质（经过灭菌）来培养相应的微生物。在实践中可以利用生态模拟的方法来配制各类“初级的”天然培养基。例如，可用肉汤、鱼汁来培养多种细菌，用水果汁来培养各种酵母菌，用润湿的麸皮、米糠来培养各种霉菌，用肥土来培养放线菌等。

（2）查阅文献法。一个科学工作者决不能事事都依靠直接经验。多查阅、分析和利用一切文献资料上的与自己直接或间接有关的信息，对设计有自己特色的培养基配方有着重要的参考价值。

（3）精心设计法。在设计、试验新配方时，常常要进行各项因素的比较或反复试验，因此，工作量是很大的。为了提高工作效率，应努力借助优选法或正交试验设计法等行之有效的数学工具。

（4）试验比较法。要设计一种优化的培养基，在上述三种方法的基础上，最终还得通过实际经验和比较来加以确定。试验的规模一般遵循由定性到定量、由小而大逐步扩大的原则。例如，可先在培养皿上做生长谱试验（定性测定微生物对营养物质的需求），然后进行摇瓶培养试验，再进行台式发酵罐试验，最后扩大到试验性发酵罐和生产型发酵罐的规模。

2.6.3 微生物培养基的选择与优化

2.6.3.1 微生物培养基的选择

就微生物主要类型而言，有细菌、放线菌、酵母菌、霉菌、原生动物、藻类及病毒之分，培养它们所需的培养基各不相同。在实验室常用的有：用牛肉膏蛋白胨培养基培养细菌，用高氏Ⅰ号合成培养基培养放线菌，用麦芽汁培养基培养酵母菌，用查氏合成培养基培养霉菌。其中，牛肉膏蛋白胨是最常用的基础培养基，能满足某些野生菌株的最低营养要求，添加不同营养物质后就可成为完全培养基，以满足不同微生物的生长要求。麦芽汁培养基是将麦芽粉与4倍水混匀后，在58~65 ℃条件下保温3~4 h至完全糖化，调整糖液浓度为10%（100 g糖液里含10 g糖），煮沸后用纱布过滤，调pH值为6.0配制而成。麦芽粉组成复杂，能为酵母菌提供足够的营养物质。原生动物也可用培养基培养，如有些变形虫可在最简单的蛋白胨肉汤中生长。

2.6.3.2 微生物培养基的优化

培养基优化是指面对特定的微生物，通过试验手段配比和筛选找到一种最适合其生长及发酵的培养基，在原来的基础上提高发酵产物的产量，以期达到生产最大发酵产物的目的。

常用的优化试验的设计方法有以下四种。

（1）单因素法。单因素法的基本原理是保持培养基中其他所有组分的浓度不变，每次只研究一个组分的不同水平对发酵性能的影响。这种方法的优点是简单明了，培养基组分的个体效应从图表上很明显看出来，不需要统计分析。缺点是：忽略了组分间的交互作用；不能考察因素的主次关系；当考察的试验因素较多时，需要大量的试验和较长的试验周期。但由于容易和方便，单因素方法一直以来都是培养基组分优化的最常用方法之一。

（2）正交试验。正交设计就是从“均匀分散、整齐可比”的角度出发，用正交表来安排少量的试验，从多个因素中分析出哪些是主要的，哪些是次要的，以及它们对试验的影响规律，从而找出较优的工艺条件。但对于多因素多水平试验，需要做大量的试验，实施起来比较困难。

（3）全因子试验设计。在全因子试验设计中各因素的不同水平间的各种组合都将进行试验。全因子的全面性导致需要大量的试验次数。一般利用全因子设计对培养基进行优化试验都为两水平，是能反映因素间交互作用（排斥或协同效应）的最小设计。全因子试验次数的简单算法为（以两因素为例）：两因素设计为$a \times b$，第一个因素研究为a个水平，第二个因素为b个水平。

（4）部分因子设计。当全因子设计所需试验次数实际不可行时，部分重复因子设计是一个很好的选择。在培养基优化中经常利用两水平部分因子设计，但也有特殊情况，有学者试验了11种培养基成分，每个成分三水平，仅做了27组试验，只是3^{11}全因子设计177147组中的很小一部分。两水平部分因子设计表示为：2^{k-p}，k是因子数目，2^{-p}是实施全因子设计的分数。这些符号告诉你需要多少次试验。虽然部分因子设计没有提供因素的交互作用，但它的效果比单因素试验更好。

2.7 微生物的分离

微生物的纯种分离技术是微生物学中重要的基本技术之一。从混杂微生物群体中获得单一菌株进行培养的方法称为分离。纯种（纯培养）是指一株菌种或一个培养物中所有的细胞或孢子都是由一个细胞分裂、繁殖而产生的后代。

为了生产和科研的需要，人们往往从自然界混杂的微生物群体中分离出具有特殊功能的纯种微生物，或重新分离被其他微生物污染或因自发突变而丧失原有优良性状的菌株，或通过诱变或遗传改造后选出优良性状的突变株及重组菌株。尽管所分离、纯化的菌种不同，但分离、筛选及纯化新菌种的步骤都基本相似。大致分为采样、富集培养、纯种分离和性能测定四个步骤。

（1）采样：主要依据所筛选的微生物生态及分布概况，综合分析决定采样地点。

（2）富集培养：根据所筛选菌种的生理特征，加入某些特定物质，使所需的微生物增殖，造成数量上的优势，限制不需要的微生物生长繁殖。对无特殊性能要求的菌株，可忽略此步。

（3）纯种分离：可用10倍稀释平板分离法、涂布法、划线分离法、单细胞分离法等。

（4）性能测定：可分初筛和复筛两步。

2.7.1 固体培养基上的分离

固体培养基上的分离主要有平板表面划线法、稀释倒平皿法、涂布平板法、稀释摇管法、单细胞挑取法、选择培养分离法等。

2.7.1.1 平板表面划线法

将已熔化的培养基倒入无菌平皿，冷却凝固后，用接种环蘸取少许待分离的材料，在培养基表面进行平行划线、扇形划线或其他形式的连续划线（如图2-23所示），微生物将随着划线次数的增加而分散，经恒温培养形成菌落，划线开始的部分细菌分散度低，形成的菌落往往连在一起。由于连续划线，微生物逐渐减少，划到最后，常可形成单个孤立的菌落，这种单个菌落通常由一个细胞繁殖而来，因此可获得纯培养。

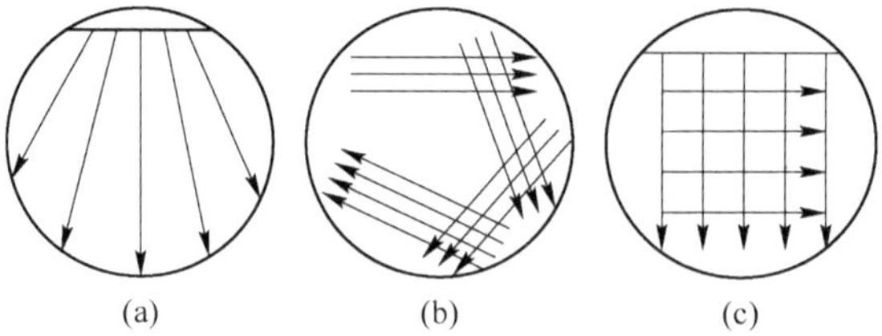

图2-23 平皿划线分离法
（a）扇形划线；（b）连续划线；（c）方格划线

2.7.1.2 稀释倒平皿法

稀释倒平皿法和涂布平板法是两种常用的菌种分离纯化方法，它们不仅可用于分离纯化，还可用于计数等，如图2-24所示。稀释倒平皿法先将待分离的材料作一系列的稀释

（如1：10、1：100、1：1000、1：10000、……），然后分别取不同稀释度的溶液少许，与已熔化并冷却至45 ℃的琼脂培养基相混合均匀后，倒入灭过菌的培养皿中，待琼脂凝固后，保温培养一定时间即可出现菌落。如果稀释得当，平皿上可出现分散的单个菌落，这个菌落可能就是由一个细菌或微生物繁殖而成，随后挑取该单个菌落，或重复以上操作数次，便可得到纯培养。

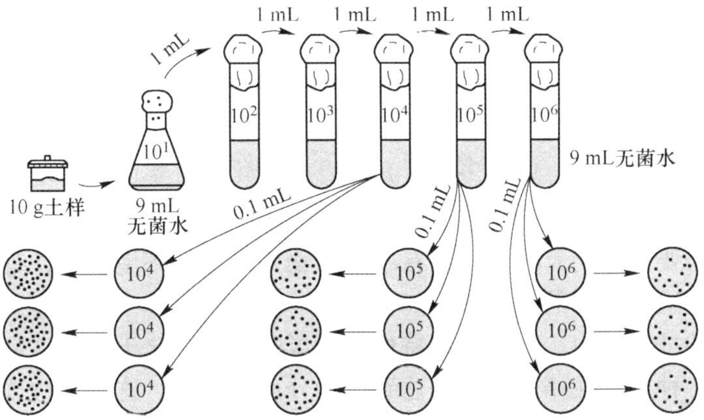

图 2-24　稀释倒平皿分离法

2.7.1.3　涂布平板法

涂布平板法是指取少量梯度稀释菌悬液，置于已凝固的无菌平板培养基表面，然后用无菌的涂布玻棒把菌悬液均匀地涂布在整个平板表面，经培养后，在平板培养基表面会形成多个独立分布的单菌落，然后挑取典型的代表移接至斜面，经培养后保存。由于将含菌材料先加到较烫的培养基中再倒入培养皿中易造成某些热敏感菌的死亡，而且采用稀释倒平皿法会使一些严格好氧菌因被固定在琼脂中间缺乏氧气而影响其生长，因此在微生物学研究中更常用的纯种分离方法是涂布平板法，如图 2-25 所示。

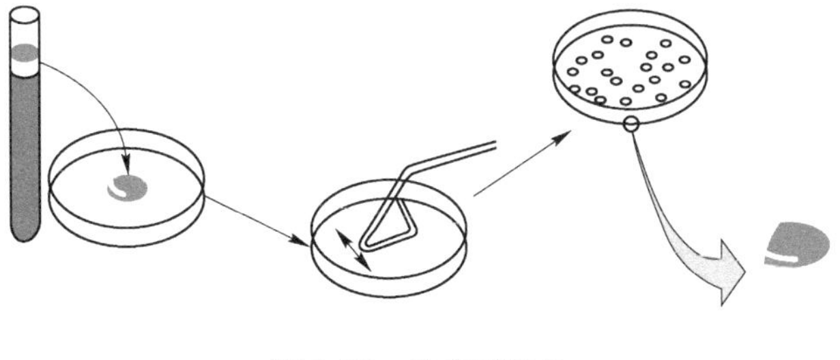

图 2-25　涂布平板法

2.7.1.4　稀释摇管法

用固体培养基分离严格厌氧菌有它特殊的地方。如果该微生物暴露于空气中不会立即死亡，可采用常用的方法制备平板，然后置于封闭的容器中培养，容器中的氧气可采用化学、物理或生物的方法清除。对于那些对氧气更为敏感的厌氧性微生物，纯培养的分离则采用稀释摇管法进行，它是稀释倒平皿法的一种变通形式。先将一系列盛无菌琼脂培养基的试管加热，使琼脂熔化后冷却并保持在50 ℃左右，将待分离的微生物用这些试管进行梯度稀释，试管迅速摇动均匀，冷凝后，在琼脂表面倾倒一层灭菌的液体石蜡和固体石蜡的混合物，将培养基和空气隔开。培养后，菌落形成在琼脂柱的中间。进行单菌落的挑取和移植，需先用灭菌针将石蜡盖取出，再用毛细管插入琼脂和管壁之间，吹入无菌无氧气体，将琼脂柱吸出，置于培养皿中，用无菌刀将琼脂柱切成薄片进行观察和菌落的移植。

2.7.1.5 单细胞挑取法

稀释法只能分离出混杂微生物群体中占数量优势的种类，而在自然界，很多微生物在混杂群体中都占少数。这时，可采取单细胞挑取法从待分离的材料中挑取一个细胞来培养，从而获得纯培养。具体方法是：将显微镜挑取器装在显微镜上，把一滴细菌悬液滴在载玻片上，用安装在显微镜挑取器上的极细的毛细吸管，在载玻片上对准某一个细胞后挑取，再接种于培养基上培养。此法多限于在高度专业化的科学研究中采用。

2.7.1.6 选择培养分离法

不同微生物需要不同的营养物质，有些微生物适于酸性环境生长，有些则适于碱性环境生长，各种微生物对不同的化学试剂如消毒剂（酚）、染料（结晶紫）、抗生素及其他物质等具有不同的抵抗能力。利用这些特性，便可配制成适合于某种微生物生长而限制其他微生物生长的各种选择性培养基，以达到纯种分离的目的。这种通过选择培养进行微生物纯培养分离的技术称为选择培养分离，特别适用于从自然界中分离、寻找有用的微生物。

另外，也可以将待分离的样品进行适当处理，以消除不希望分离到的微生物。例如，想分离得到芽孢杆菌，可在倒平皿前将样品用高温处理一段时间，以破坏所有的或大部分的非芽孢细菌，这样分离得到的菌落大多是芽孢细菌。

2.7.2 液体培养基中的分离

对于大多数细菌和真菌，可采用平板分离法，因为它们大多数在固体培养基上长得很好。然而，迄今为止并不是所有的微生物都能在固体培养基上生长，例如一些细胞大的细菌、许多原生动物和藻类等，这些微生物需要用液体培养基分离来获得纯培养。

液体培养基中的分离主要是液体稀释法。接种物在液体培养基中进行顺序稀释，以得到高度稀释的效果，使一支试管中分配不到一个微生物。如果经稀释后的大多数试管中没有微生物生长，那么有微生物生长的试管得到的培养物可能就是纯培养物。如果经稀释后的试管中有微生物生长的比例提高了，得到纯培养物的概率就会急剧下降。因此，采用稀释法进行液体分离，必须在同一个稀释度的许多平行试管中，大多数（一般应超过95%）表现为不生长。

2.8 微生物的生长繁殖

微生物在适宜的环境条件下，不断吸收营养物质，按照自己的代谢方式进行新陈代谢活动。正常情况下，同化作用大于异化作用，微生物的细胞质量不断增加，叫作生长。对于单细胞微生物来讲，单个微生物个体的生长表现为细胞基本成分的协调合成和细胞体积的增加；而多细胞微生物个体的生长，则反映在个体的细胞数目和每个细胞内物质含量的增加。

当细胞个体生长到一定程度时便发生分裂，使得个体数目增加，这就是繁殖。对于单细胞微生物，当细胞生长到一定程度时，一个亲代细胞分裂为两个大小、形状与亲代细胞相似的子代细胞，使得个体数目增加，所以其细胞的分裂就是个体数的增加，也就是繁殖；而多细胞微生物的繁殖则是其个体数目的增加。

微生物的生长与繁殖是交替进行的。从生长到繁殖这个由量变到质变的过程称为发育。微生物两次繁殖之间的间隔时间，称为该微生物的世代时间。对于细菌这样的单细胞微生物，两次细胞分裂之间的时间就是其世代时间，其间包括细胞核物质和细胞质的加倍增长、分配及两个新细胞的分裂。在一定的培养条件下，每一种微生物的世代时间都是一定的。然而当培养条件变化时，微生物的世代时间也随之而改变。

由于微生物的个体很小，个体质量和体积的变化不易观察，研究个别微生物的生长情况非常困难，所以研究微生物的生长常以微生物群体作为研究对象，以微生物细胞的数量或微生物群体细胞质量的增加作为生长的指标。

2.8.1 微生物生长的测试和表征

微生物的生长状况可以通过测定单位时间内微生物数量或生物量的变化来评价，一般可用原生质增加、细胞数目的增加和代谢活动性能等作为测量指标。

2.8.1.1 计数法

通常用计数法来测定样品中所含细菌、酵母菌等单细胞微生物的数量或放线菌、霉菌等丝状微生物的孢子数。

A 直接计数法

该方法是在光学显微镜下用特定的细菌计数板或血细胞计数板进行计数。计数板是一块特制的载玻片，上面有一个特定的面积为 1 mm^2、高为 0.1 mm 的计数室（中央大格），1 mm^2 的面积被平均刻划成 400 个小格，其总体积为 0.1 mm^3，如图 2-26 所示。

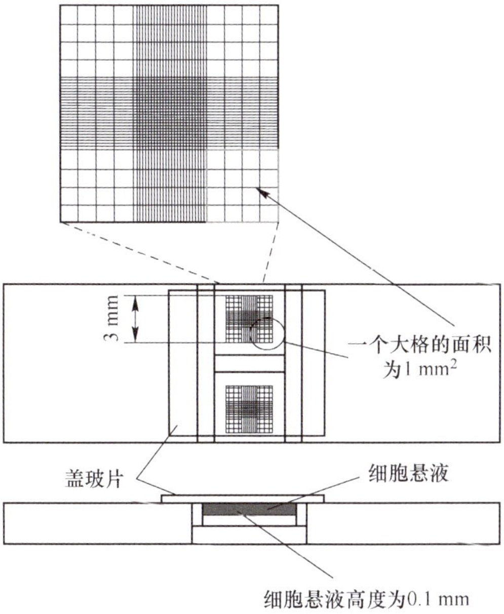

图 2-26 血球计数板示意图

在计数室上盖上载玻片，将稀释的样品滴在盖玻片的边缘上，使其自然渗入计数室内，沉降一段时间后，然后在显微镜下数出具有代表性的小格中的菌数，再求出每一小格所含平均菌数，按下面的公式求出每毫升样品中所含的菌数。

每毫升原液所含菌数(个/mL)＝每小格平均菌数×400×10000×稀释倍数

直接计数法可以迅速估计微生物的细胞数，但其局限性也很明显，主要表现在以下几个方面：(1）不能区分死细胞和活细胞；(2）一些小的细胞在显微镜下很难看到，有可能被漏掉；(3）难以精确计算；(4）如果不染色，有时需用相差显微镜才能看清。

B 间接计数法

间接计数法又称活菌计数法，原理是每个活细胞在适宜的培养基和良好的生长条件下，在固体培养基上会长成一个菌落。间接计数法包括倾注法和涂布法。

(1）倾注法。将待测样品经一系列10倍稀释，然后选三个稀释度的菌悬液，分别取0.2 mL注入无菌平皿，再倒入适量的已熔化并冷却至45 ℃左右的培养基，混匀，冷却，培养，待长出菌落后计数，并按下面公式计算出原菌液的活菌数。

每毫升原液所含活菌数(cfu/mL)＝同一稀释度三次重复的菌落平均数×稀释倍数×5cfu指菌落形成单位，clony forming unit。

(2）涂布法。它是先在培养皿中倒入培养基，凝固后，加入0.1 mL的稀释菌液，用无菌涂布器均匀涂布在平板表面，然后培养，计数，按下面的公式计算。

每毫升原液所含活菌数(cfu/mL)＝同一稀释度三次重复的菌落平均数×稀释倍数×10

活菌计数法具有高度的灵敏性，即使含菌量很少的样品也可计数，因此在实际工作中被广泛应用，如今测食品、乳制品、土壤、水环境中的微生物数量，以及在医学上检测致病菌的数量都会用到活菌计数法。

C 比浊法

它是估算总菌数的一种较快且非常有用的方法。其原理是菌体不透光，光束通过菌悬液时则会被散射或吸收，从而使透光量降低，在一定浓度范围内，菌悬液中的细胞浓度与浊度成正比，与透光度成反比，即与光密度成正比。因此，可借助分光光度计，在一定波长下测定菌悬液的光密度，以光密度（OD）表示菌量。

在一定的菌体浓度范围内，比浊法相当准确，而且测量快速、操作方便；另外还具有不会损伤或在较大程度上影响样品的优点。但在使用时必须注意：样品颜色不宜太深，不要混杂其他物质，菌悬液浓度必须在10^7个/mL以上才能显示可信的浑浊度；在过高浓度的菌悬液中，光线被一个细胞散射出去后，又被另一个细胞重新散射回来，造成细胞数目与浊度之间失去线性关系。

2.8.1.2 质量法

质量法可用于单细胞、多细胞及丝状微生物的生长测定。

A 湿重法及干重法

将一定体积的样品通过离心或过滤使菌体分离出来，洗涤后离心，直接称重，即为湿重；如果是丝状微生物，过滤后用滤纸吸去菌丝之间的水，再称重可求出湿重。

在离心法中，将待测培养液放入离心管中，用清水离心洗涤几次后，105 ℃干燥至恒重，然后称干重。另一种测干重的方法为过滤法。丝状真菌用滤纸过滤，细菌用醋酸纤维膜等滤膜过滤，过滤后洗涤，105 ℃干燥至恒重后称重。一般细菌干重为湿重的20%～25%。此法适用于菌体浓度较高且不含其他不溶性杂质的样品。

B 蛋白质及DNA含量测定法

蛋白质是细胞的重要成分，含量稳定，其中氮是蛋白质的重要组成元素。从一定体积的样品中分离出细胞，洗涤后按凯氏定氮法测出总氮量。蛋白质含氮量为16%，细菌中蛋白质含量占细菌固形物的50%～80%，一般以65%为代表。因此总含氮量与蛋白质总量及细胞总量之间的关系可按下列公式计算：

$$蛋白质总量 = 含氮量 \div 16\% = 含氮量 \times 6.25$$

$$细胞总量 = 蛋白质总量 \div 65\% = 蛋白质总量 \times 1.54$$

DNA是微生物的重要遗传物质，每个细菌的DNA含量相对恒定，平均为8.4×10^{-5} ng。因此可从一定体积的细菌悬液所含的细菌中提取DNA，求得DNA的含量，根据DNA含量计算出细菌悬液所含的细菌总数。

2.8.1.3 生理指标法

常用的生理指标有呼吸强度、耗氧量、酶活性、生物热等，样品中微生物数量越多或生长越旺盛，这些指标越明显，因此可借助特定仪器如瓦勃呼吸仪、微量量热计等来测定相应的指标。这类测定方法主要用于科研工作中分析微生物生理活性。

2.8.2 微生物的生长曲线

将一定量的微生物接种在一个封闭的盛有一定体积液体培养基的容器内，保持一定的温度、pH值和溶解氧量，微生物便在其中开始生长繁殖。微生物个体数目与时间的关系如图2-27所示。

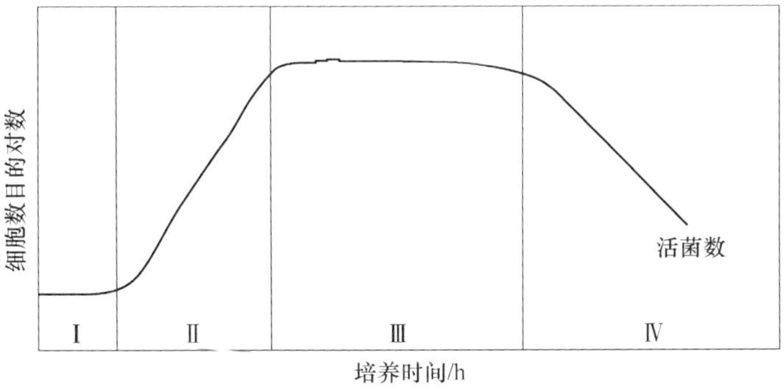

图2-27 微生物的生长曲线

图2-27中的曲线称为微生物的生长曲线，根据这条曲线可以把微生物的生长繁殖过程细分为四个阶段，分别称为延滞期、指数期、稳定期和衰亡期，与图中的Ⅰ、Ⅱ、Ⅲ和Ⅳ区一一对应。

2.8.2.1 延滞期

延滞期（lag phase）又称停滞期、延迟期、调整期或适应期。将少量微生物接种到某一种培养基中时，它们并不能立即生长繁殖，而需要经过一段适应时间，此后它们才能在新的培养基中生长繁殖。通常把这段适应时间称作延滞期。经过这一时期，一部分微生物逐渐适应了新的生活环境，开始生长繁殖，而另一部分却会因环境不适而死亡。在延滞期尽管细胞没有立即分裂而导致数量的净增加，但是细胞代谢活跃，一直在合成新的细胞成分，表现为胞内 RNA 含量增高，原生质嗜碱性加强，对氧的吸收、CO_2 释放以及脱氨作用也很强，容易产生各种诱导酶，此时的细胞对外界不利因素的影响较敏感。

2.8.2.2 指数期

指数期（exponential phase）又称对数期，指在生长曲线中，紧接着延滞期的一段细胞数目以几何级数增长的时间。指数期的特点：微生物细胞代谢活动和个体生长繁殖都极其旺盛；比生长速率达到最大值，细胞数呈几何级数增长；菌体平衡生长，其个体形态、化学组成和生理特性等均较一致，适合用于染色和观察。

在指数生长期，微生物个体的增加呈现出 $2^0 \rightarrow 2^1 \rightarrow 2^2 \rightarrow 2^3 \rightarrow \cdots \rightarrow 2^n$ 的规律。在分批培养中，若单位体积培养基内细胞的初始数目为 N_0，则经过 n 次分裂后，细胞数 N 即为 N_0 的 2^n 倍，于是有：

$$\lg N = \lg N_0 + n\lg 2$$

所以，细胞的分裂次数 n 可表示为：

$$n = (\lg N - \lg N_0)/\lg 2$$

细胞在 1 h 内的分裂次数称为分裂速率，记为 v，则：

$$v = n/t = (\lg N - \lg N_0)/(t_N - t_0)\lg 2$$

式中，t 为细胞分裂 n 次所用时间，h；t_N 为培养基中细胞数目为 N 时所对应的时刻；t_0 为培养基中细胞数目为 N_0 时所对应的时刻。

细胞分裂 1 次的时间间隔称为世代时间，记为 g，则：

$$g = t/n = 1/v$$

综合上述各式，得：

$$\lg N = \lg N_0 + (v\lg 2)t$$

微生物在指数生长期，个体数目的对数与时间呈直线关系。直线的斜率为分裂速率 v 的 lg2 倍。

2.8.2.3 稳定期

稳定期（stationary phase）又称恒定期或最高生长期。由于微生物在指数生长期间，迅速繁殖，消耗了大量的营养物质，致使培养基的浓度逐渐降低，加之代谢产物大量积累对菌体产生毒害，以及 pH 值、氧化还原电位等环境条件的改变给微生物生长带来的不利影响，使微生物的生长速度逐渐下降，死亡速度不断上升。当两者相等时，微生物的生长达到一个动态平衡点，微生物个体的数目保持恒定。这一时期称为稳定期。到达稳定期时，微生物所合成的生物量称为产量，即接种时的细胞干质量与最高干质量之差。

2.8.2.4 衰亡期

衰亡期（death phase），是指微生物个体的数目保持恒定一段时间以后，由于营养物质缺乏等一些不利因素的影响，使得微生物死亡的速度渐渐超过其生长速度，活菌体的数目开始明显下降的时期。在衰亡期，细胞内含颗粒明显，液泡出现，有的菌体开始自溶，并释放出一些产物，如氨基酸、醇或抗生素等，产芽孢细菌开始释放芽孢。

2.8.3 影响微生物生长的环境因素

微生物的生长除需要营养外，还受生长环境的制约。对微生物生长有明显影响的环境因素主要包括以下几个方面。

2.8.3.1 温度

任何一种微生物都有自己的生存温度范围，当环境温度超出此范围时，它们将无法生存。根据微生物对环境的适应情况，可以将它们分为低温微生物、中温微生物和高温微生物三大类。就细菌而言，相应的生存温度范围分别为 -5 ~ 30 ℃、5 ~ 50 ℃和 30 ~ 80 ℃，其最佳生长温度范围为 5 ~ 10 ℃、25 ~ 40 ℃和 50 ~ 60 ℃。微生物在其最佳温度范围内能迅速生长繁殖。

高温会导致微生物死亡，主要原因是：微生物体内的蛋白质被高温严重破坏而发生凝固，呈现出不可逆的变性，从而导致微生物死亡。另外，高温还可能使细胞膜内的脂肪受热溶解，膜上产生小孔而使细胞内物质流失，导致死亡。高温灭菌就是基于这一原理。

在实际工作中经常会遇到两个概念：灭菌和消毒。这是两个不同的概念，需要注意区分。灭菌是通过超高温或其他物理、化学手段将所有微生物的营养细胞以及所有的芽孢或孢子全部杀死，即杀死一切微生物；而消毒是利用物理、化学因素杀死致病微生物。显然，灭菌的要求要高于消毒。在微生物学研究和生产中，高温是最常用的灭菌和消毒的方法。

A 高温灭菌

实验中常用的高温灭菌方法有干热灭菌法和湿热灭菌法两种。

(1) 最简单的干热灭菌法是用火烧灼（例如接种工具在酒精灯上烧灼灭菌）。还可以在干燥箱中利用热空气灭菌，也就是把待灭菌的物品洗净、晾干、包好后放在烘箱内，在 160 ℃下加热 2 h 或 171 ℃下加热 1 h 或 121 ℃下加热 12 h 以上，以达到灭菌的目的。该法适用于金属和玻璃器皿等耐高温物件的灭菌。

(2) 湿热灭菌法最常用的是高压蒸汽灭菌法，适用于大多数物品，灭菌操作在高压蒸汽灭菌设备内进行。为了保证灭菌效果，使用时必须完全排出设备中的冷空气，以饱和蒸汽充满设备内部，因为设备内含有冷空气时，虽然压力达到了要求，但其内部的温度明显偏低。用高压蒸汽灭菌设备对含糖培养基进行灭菌时，常用 0.0549 MPa 的压强，灭菌 15 ~ 30 min；而对非含糖的培养基、生理盐水及其他物品灭菌时，则用 0.103 MPa 的压强，121 ℃，灭菌 15 ~ 30 min。

在相同温度下，湿热的灭菌效力比干热好，这是因为：热蒸汽对细胞成分的破坏作用更强，水分子的存在有助于破坏维持蛋白质结构的氢键和其他作用力，更易使蛋白质变性，高温还可以使细胞膜脂溶解和破坏核酸结构；热蒸汽比热空气穿透力强，能有效地杀灭微生物；蒸汽存在潜热，当气体转变为液体时可放出大量热量，因此可迅速提高灭菌物体的温度。

B 高温消毒

高温消毒有水煮沸法、巴斯德消毒法等。

(1) 水煮沸法是将物品置于沸水中，在 100 ℃下保持 15 min 以上，可杀死细菌和真菌的营养细胞和一些病毒，但不能杀死全部芽孢和真菌孢子。如延长煮沸时间或向水中加入2%的碳酸钠则可提高消毒的效果。该法适用于注射器、解剖用具及家庭餐具的消毒。

（2）巴斯德消毒法主要用于减少牛奶、酒等对热敏感的食品中微生物数量，将食品在70 ℃下保持15 min，然后迅速冷却，或在63～66 ℃下加热30 min，然后快速冷却即可饮用。饮料经巴斯德消毒法消毒后其营养价值不受损害。

低温对微生物生长的影响与高温的情况有所不同，因为低温并不能使微生物致死，只能使它们处于休眠状态。处于低温下的微生物一旦获得适宜温度即可恢复活性，以原来的生长速度生长繁殖。所以，菌种通常都放置在4 ℃的冰箱内保存。

2.8.3.2 pH值

微生物的生命活动和物质代谢都与环境的pH值有着非常密切的关系，不同的微生物要求不同的环境pH值。例如，大多数细菌、藻类和原生动物的适宜pH值为6.5～7.5，它们能适应的pH值范围为4～10；氧化亚铁硫杆菌喜欢在酸性环境中生活，它的最适宜pH值为2.0，可以在pH值等于1.5的环境中生活；放线菌在中性和偏碱性的环境中生长，以pH值为7.5～8.0最适宜；酵母菌和霉菌需要在酸性或偏酸性的环境中生活，最适pH值范围为3～6。pH值不合适时对微生物生长产生的不利影响主要表现在：

（1）pH值的改变会引起微生物表面的电荷改变，进而影响它们对营养物质的吸收；

（2）pH值的改变会影响培养基中有机化合物的电离，从而改变它们渗入微生物细胞的难易程度，因为大多非离子状态化合物比离子状态化合物更容易渗入微生物的细胞；

（3）pH值的改变会影响酶的活性，进而影响微生物细胞内生物化学过程的正常进行。

2.8.3.3 氧化还原电位

氧化还原电位通常用符号Eh或ORP来表示，其单位是V或mV。氧化环境具有正电位，还原环境具有负电位。在自然界中，Eh的上限是+0.82 V，此时环境中存在浓度很高的O_2，而且没有利用O_2的系统存在；其下限是-0.4 V，是充满H_2的环境。一般来说，好氧微生物要求的Eh为+0.3～+0.4 V，Eh低于+0.1 V时，生长困难；兼性厌氧微生物在Eh高于+0.1 V时进行好氧呼吸，Eh低于+0.1 V时进行无氧呼吸；厌氧微生物则要求Eh为-0.25～-0.2 V。

2.8.3.4 溶解氧的浓度

根据微生物的呼吸与分子氧的关系，微生物可分为好氧微生物、兼性厌氧（或兼性好氧）微生物和厌氧微生物三大类。

（1）好氧微生物只能在有氧存在的条件下生存。这一类微生物主要有芽孢杆菌属、假单胞菌属、动胶菌属、黄杆菌属、微球菌属、球衣菌属、硝化细菌、硫化细菌、大多数放线菌、霉菌及原生动物等。氧供应不足时，这类微生物的生长会受到严重影响。

（2）兼性厌氧微生物具有脱氢酶和氧化酶，所以它们既能在无氧条件下生活，也能在有氧条件下生存。这一类微生物主要有酵母菌和硝酸盐还原菌。

（3）厌氧微生物只能在无氧条件下生存，它们进行发酵或无氧呼吸。这一类微生物主要有梭状芽孢杆菌属、脱硫弧菌属、产甲烷菌等。它们要求极低的氧化还原电位，所以接种和培养均需在无氧条件下进行。

2.8.3.5 辐射

除无线电波外，其他辐射一般都有生物学效应。例如，波长小于1000 nm的红外线可以被光合细菌用作能源；波长为380～760 nm的可见光是藻类进行光合作用的主要能源。紫外线、X射线和γ射线对微生物都有一定程度的杀伤作用。实践中应用的紫外线灭菌法就是基于这一原理。紫外线的波长范围为200～390 nm，波长为260 nm的紫外线杀菌力最强。微生物细胞中的核酸、嘌呤、嘧啶以及蛋白质等对紫外线的吸收能力都特别强，DNA和RNA对紫外线的吸收波峰在260 nm处，当这些物质吸收大量的紫外线时，会引起DNA的结构发生变化，使其失去复制能力，从而导致微生物死亡。蛋白质的紫外吸收峰在280 nm处。用于灭菌的紫外线灯是低压水银灯，能产生强烈的、波长为253.7 nm的紫外线，其杀菌力强且稳定。然而，由于紫外线的穿透力较差，不能穿透不透明的物质，甚至连一层玻璃都穿不透，所以它只能用来对空气和物体表面进行灭菌。

X射线和γ射线均能使被照射的物质产生电离作用，故称为电离辐射。它们都是高能电磁波，X射线的波长范围为0.01～0.1 nm，γ射线的波长范围为0.001～0.01 nm。不同于紫外辐射，电离辐射具有非常强的穿透力。低剂量的电离辐射（0.93～4.65 Gy）可以促进微生物的生长或引起微生物的变异；高剂量的电离辐射（9.3×10^2 Gy）则具有致死作用。致死的主要原因是由于辐射会使水分子被电离分解产生游离的H^+，进而生成O_2^-·、·OH和H_2O_2等强氧化性的基团和物质，使蛋白质的巯基（—SH）氧化，从而引起微生物的各种病理变化，直至死亡。可以利用X射线和γ射线等电离辐射来诱导微生物突变，筛选优良菌种。

2.8.3.6　有害物质

对微生物的生长产生不利影响的有害物质主要有重金属盐类、卤素及其他氧化剂和部分有机物。

汞、银、铜及其化合物可有效地杀菌和防腐，是蛋白质的沉淀剂。它们的杀菌作用主要与生物酶中的巯基（—SH）结合，使酶失去活性，或与菌体蛋白质结合使其变性或沉淀。$HgCl_2$和$CuSO_4$的杀菌就是基于这一原理。

卤素是氧化剂，与其他氧化剂一样，具有较强的杀菌能力。硅氟氢酸（H_2SiF_6）、次氯酸钙（$Ca(ClO)_2$）、氯化钙（$CaCl_2$）、碘酊（3%～7%的碘溶于70%～83%的乙醇中）、过氧化氢（H_2O_2）等都是常用的灭菌剂或消毒剂。

酚、醇、醛等有机化合物都能使蛋白质变性，导致微生物死亡。醇是脱水剂和脂溶剂，可以使蛋白质脱水、变性，溶解细胞质膜中的脂类物质，进而杀死微生物机体。甲醛是非常有效的杀菌剂，其37%～40%的水溶液（福尔马林）是应用极广的消毒剂。酚及其衍生物、苯扎溴铵（季铵盐类）等都是表面活性剂，也能引起蛋白质变性，破坏细胞膜，从而导致微生物死亡。

当然，微生物不是一遇见这些有害物质就立即死亡，只是它们所能承受的这些物质的浓度极低而已。

2.9 菌种保藏

菌种保藏，是通过科学合理的方法，使菌种“不死、不衰、不乱、不污染”，特别是保持其原有的生物学性状、生产性能的稳定。

2.9.1 菌种保藏的原因

菌种是国家的重要资源，是从事微生物学以及生命科学研究的基本材料，特别是利用微生物进行有关生产更离不开菌种。因此，菌种保藏是进行微生物学研究和微生物育种工作的重要组成部分，其任务是采用最合适的保存方法，使菌种的变异和死亡减少到最低限度。菌种保藏的目的在于：保藏期间保持菌种较高的存活率，降低菌种的变异幅度，防止杂菌污染。在适宜条件下，菌种可重新恢复原有的生物学活性，进行生长繁殖。菌种的保藏是微生物检验、教学科研和有关生产单位的一项重要工作。菌种的妥善保藏是良好的实验室管理和实验质量的重要保证。

2.9.2 菌种保藏的常用方法

菌种保藏的方法有很多，可根据保藏目的进行合理选择。一般有定期转接保藏法、液体石蜡保藏法、沙土管保藏法、甘油保藏法、真空冷冻干燥保藏法和液氮超低温保藏法。

2.9.2.1 定期转接保藏法

定期转接保藏法，是将菌种接种于适宜的斜面、平板或液体培养基中，待其成长为数量大、活力高的菌群后（一般为指数期的末期），再将其放置于4 ℃冰箱内进行保藏，每间隔特定时间，重新进行转接。

该方法是最早进行使用至今仍然普遍采用的方法。这种方法简单易行、方便随时对菌种进行取用，但保藏效果不佳、保藏时间有限，菌种容易衰退，而且很容易在频繁取用或定期转接的过程中受污染。属于一种临时性的保藏法，保藏期一般仅为1～6个月。

2.9.2.2 液体石蜡保藏法

液体石蜡保藏法，是在生长良好的斜面培养物的表面覆盖一层无菌液体石蜡（一般石蜡液面高出培养基1 cm左右），然后保存于4 ℃冰箱内。

此法的优点是可以用液体石蜡防止水分蒸发，隔绝氧气，因此能比定期转接保藏法的保藏期要长。但此法不能用于可利用石蜡油作碳源的微生物的保藏，并且取用和运输均不方便。保藏期为1年左右。

2.9.2.3 沙土管保藏法

沙土管保藏法也是常被采用的一种方法。其过程是：取河沙过孔径为0.71 mm的筛网，用10%～20%的盐酸浸泡除去有机质，洗涤，烘干，分装入安瓿（bù）瓶，加塞灭菌；对于需保藏的菌种，先经斜面划线培养后，再用无菌水制成菌悬液或孢子悬液，并滴加10滴左右的菌悬液进入盛有上述河沙的沙土管内，使菌体或孢子吸附于沙土中；再将此沙土管放到干燥器中进行干燥，随后用火焰熔封管口；此后，既可以进行室温保藏，也可低温保藏。

此法的优点是能给予被保藏的菌种一个干燥、低温、缺氧、无营养物的保藏环境，但此法的制作过程相对复杂，保藏效果不稳定，并且一般不能用于保藏不产孢子或芽孢的微生物。适用于保藏产孢子或芽孢的微生物，保藏期一般为1～10年。

2.9.2.4 甘油保藏法

甘油保藏法是将制备好的高浓度菌悬液与10%～30%的灭菌甘油混匀，分装至保藏管内，随后进行冷冻保藏，而在冷冻时，又分为低温冷冻（−20～−5 ℃）和超低温冷冻（−80～−70 ℃）。

此法的优点是制作简便、取用方便，并且适用于几乎所有种类的微生物。但缺点是保藏效果仍然有限，若进行超低温冷冻保藏的话，需依赖专业的超低温冰箱。低温冷冻保藏的保藏期为1～2年；超低温冷冻保藏的保藏期为5～10年。

2.9.2.5　真空冷冻干燥保藏法

真空冷冻干燥保藏法是目前较常用，也较理想的一种方法。它是将菌悬液先与保护剂（脱脂牛奶或血清等）混合，并放置于特制的安瓿瓶内，−35 ℃下预冻15～120 min，随后低温下用真空泵抽干，最后将安瓿瓶真空熔封，并于低温下保藏。

此法的优点是同时具备干燥、低温和缺氧的优良保藏条件，保藏效果好，不易发生变异，并且对各种微生物都适用，因此应用较为广泛。但此法需要借助一定的设备，技术要求比较严格。保藏期一般可达5～15年。

2.9.2.6　液氮超低温保藏法

液氮超低温保藏法，被公认为当前保藏效果最好的菌种保藏方法。它是将高浓度的培养物先与保护剂（如10%～30%甘油）混合，再装入能耐受较大温差材料制成的保藏管内，预冷后放入液氮中。

此法的优点是保藏温度低（−196 ℃），远远低于微生物新陈代谢作用停止的温度（−130 ℃），理论上不会发生变异；不仅适用于一切微生物，还适用于多种培养形式的微生物（孢子或菌体、液体培养物或固体培养物）。但此法需不断补充液氮，成本较高，并且菌种取用不方便。该法理论上可永久保存微生物。

2.9.3　菌种保藏机构

如有条件，可以将菌种送至专业的保藏机构进行保藏。世界上多数国家都设立了专门的菌种保藏机构。菌种保藏机构的任务是在广泛收集生产和科研菌种、菌株的基础上，将它们妥善保藏，使之达到不死、不衰、不乱和便于研究、交换和使用的目的。

国外的菌种保藏机构有：ATCC（美国标准菌种保藏中心）、CSH（美国冷泉港研究室）、IAM（日本东京大学应用微生物研究所）、NTCC（英国国立标准菌种保藏所）等。国内的菌种保藏机构有：CCGMC（普通微生物菌种保藏管理中心）、CICC（工业微生物菌种保藏管理中心）、ACCC（农业微生物菌种保藏管理中心）、CMCC（医学微生物菌种保藏管理中心）等。

目前国内外大多数菌种保藏机构都建立了自己的网站，网站有其保藏菌种的目录数据库，这些数据库对保藏菌株有详细的描述，如菌株的来源、命名人、拉丁别名、培养基组成、保藏条件和用途等，这不仅方便使用者查询和订购，也有助于微生物学研究者从中得到一些数据资料。

思 考 题

2-1　请详细描述微生物的分类情况。

2-2　什么是原核微生物和真核微生物，它们分别可分为哪几类，其特征有什么？

2-3 细菌有哪些形态，一般结构和特殊结构各包括哪些结构？
2-4 革兰氏染色法的操作过程是什么？
2-5 试比较 G^+ 菌细胞壁和 G^- 菌细胞壁的异同。
2-6 细胞膜有什么生理功能，细胞质有哪些内含物？
2-7 古菌和真细菌的区别是什么？
2-8 什么是放线菌，菌落特征是什么，菌丝分为哪几种形态？
2-9 微生物的营养物质都有哪几类，其中哪种含量最多？
2-10 营养物质进入微生物细胞有哪些方式？
2-11 酶的催化特性有哪些？根据组成成分，酶可分为哪几类？
2-12 什么叫培养基？简单介绍培养基的分类。
2-13 培养基的配制原则是什么？
2-14 培养基的物理状态是如何控制的？
2-15 常用的固体和液体培养基上微生物的分离方法有哪些？
2-16 常用的测定微生物细胞量和细胞数的方法有哪几种？
2-17 细菌的生长曲线分为哪几个时期？指出细菌生长曲线各时期的形态和生理特点及其实践应用。
2-18 影响微生物生长的环境因素有哪些？
2-19 菌种保藏的原理是什么，有哪些方法，每种方法可保藏哪些菌种类型，保藏时间是多久？
2-20 菌种保藏机构的任务是什么，目前国际上有哪些菌种保藏机构？

3 浸矿微生物

3.1 处理硫化物矿石的微生物

硫化物矿石的共同特征是在其晶格内包含有还原态硫。因此，能影响硫的氧化还原反应的所有微生物，都有可能被用在这类矿石的处理工艺中。可用于处理硫化物矿石的微生物是多种多样的，目前已对其开展研究工作的有20余种。这些微生物按生长温度分为嗜中温菌（mesophiles，温度为20～35 ℃）、中等嗜热菌（moderate thermophiles，温度为40～45 ℃）和极端嗜热菌（extreme thermophiles，温度在55 ℃以上）。对于低品位硫化物矿石，由于硫含量较低，氧化过程中温度升高不显著，因而适合使用中温菌和中等嗜热菌进行浸出。而对于高品位硫化物矿石浮选精矿的生物搅拌浸出，由于硫含量高，氧化过程中温度升高非常显著，适合使用极端嗜热菌。几种微生物的特性如表3-1所示。

表3-1 几种微生物的特性

微生物名称	生长温度（最佳）/℃	生长pH值（最佳）	形态学特征	生理特征
氧化亚铁硫杆菌（*Acidithiobacillus ferrooxidans*）	5～40（28～35）	1.2～6.0（2.5～2.8）	杆状，大小为（0.3～0.5）μm×（1.0～1.7）μm，典型的革兰氏阴性菌，单鞭毛，可动	严格好氧，严格无机化能自养，可氧化铁、还原态硫（S、$S_2O_3^{2-}$）及金属硫化物
氧化亚铁钩端螺旋菌（*Leptospirillum ferrooxidans*）	5～40（30）	1.5～4.0（2.5～3.0）	螺旋状，大小为（0.2～0.4）μm×（0.9～1.1）μm，典型的革兰氏阴性菌，有鞭毛，可动	严格好氧，严格无机化能自养，可利用铁和黄铁矿为能源，但不能氧化硫
氧化硫硫杆菌（*Acidithiobacillus thiooxidans*）	5～40（28～30）	0.5～6.0（2.0～3.5）	杆状，大小为（0.5～1.0）μm×2.0 μm，典型的革兰氏阴性菌，单鞭毛，可动	严格好氧，严格无机化能自养，可氧化还原态硫（S、$S_2O_3^{2-}$），但不能氧化铁和金属硫化物
喜温嗜酸硫杆菌（*Acidithiobacillus caldus*）	24～55（40～45）	2.0～3.0	短杆状，大小为（0.6～0.8）μm×（1～2）μm，典型的革兰氏阴性菌	严格好氧，严格无机化能自养，可氧化还原态硫（S、$S_2O_3^{2-}$），但不能氧化铁和金属硫化物
布氏硫化叶菌（*Sulfolobus brierleyi*）	55～80（70）	1.0～5.09（2.0～3.0）	球状，大小为0.8～1.0 μm，典型的革兰氏阴性菌，不可动	严格好氧，兼性无机化能营养条件下可氧化Fe^{2+}、S、金属硫化物
嗜热硫氧化硫化杆菌（*Sulfobacillus thermosulfidooxidans*）	20～60（50～55）	1.0～5.0（1.0～5.0）	杆状，典型的革兰氏阳性菌	严格好氧，严格无机化能营养条件下可氧化Fe^{2+}、S、金属硫化物，形成内生孢子

3.1.1 嗜中温菌

3.1.1.1 氧化亚铁硫杆菌

氧化亚铁硫杆菌（*Acidithiobacillus ferrooxidans*）于 1947 年被 Colmer 发现，是浸矿细菌中发现最早且最常使用的一种自养菌。它可以氧化金属硫化矿物、硫代硫酸盐、元素硫及亚铁离子，在含有 Fe^{2+} 液体培养基中培养，由于亚铁被氧化使培养基变成红棕色，最后由于在一定的 pH 值条件下 Fe^{3+} 水解生成氢氧化物或铁矾而产生沉淀。在固体培养基上培养可生成棕色菌落，如用含有元素硫的液体培养基，由于元素硫氧化生成硫酸，使培养基酸度升高。

3.1.1.2 氧化硫硫杆菌

氧化硫硫杆菌（*Acidithiobacillus thiooxidans*），是存在于富硫环境中的一种专性自养菌，1921 年 Waksman 首次分离出能够产酸的氧化硫硫杆菌。它通常以单个或成双、成短链状存在，在菌体两端各有一油滴，可将培养基中的元素硫吸入油滴再吸入体内氧化。该菌不能在金属硫化矿上生长，也不能氧化金属硫化矿，但它可以氧化金属硫化矿氧化过程中产生的元素硫，也可以氧化硫代硫酸盐，且氧化元素硫的能力比氧化硫化合物的能力强，可以产生许多酸并有较强耐酸性能。

3.1.1.3 氧化亚铁钩端螺旋菌

氧化亚铁钩端螺旋菌（*Leptospirillum ferrooxidans*），不能氧化元素硫，只能氧化 Fe^{2+}，而且纯培养时能氧化黄铁矿。在黄铁矿或亚铁培养基中，氧化亚铁钩端螺旋菌的最大生长率只有氧化亚铁硫杆菌的一半左右，但这种菌对亚铁的亲和力比氧化亚铁硫杆菌明显高，可以与氧化亚铁硫杆菌等构成混合菌，用于硫化物矿石的生物浸出工艺。

3.1.2 中等嗜热菌

3.1.2.1 嗜热硫氧化硫化杆菌

嗜热硫氧化硫化杆菌（*Sulfobacillus thermosulfidooxidans*），革兰氏阳性菌，好氧、嗜酸，最适 pH 值为 1.5（Fe^{2+} 培养基）或 2.5（S^0 培养基），最适生长温度为 53 ℃，无机化能自养，可以通过氧化亚铁或者还原态的硫获得能源，也可以氧化黄铁矿、砷黄铁矿和黄铜矿等矿物，为兼性自养菌，在混合营养条件下生长良好，在酵母提取物存在的情况下异养生长，在以铁为能源物质自养生长时更易于产生内生孢子。*S. thermosulfidooxidans* 氧化 Fe^{2+} 的能力要远远强于氧化元素硫和还原态无机硫化物。

3.1.2.2 喜温嗜酸硫杆菌

喜温嗜酸硫杆菌（*Acidithiobacillus caldus*），专性好氧，可利用元素硫、四硫酸盐、硫代硫酸盐等为能源进行化能自养生长，最适宜生长温度为 45 ℃，少数菌株可低至 35 ℃。具有多种生理生化类型，部分菌株在酵母提取物存在的情况下，生长速度和元素硫氧化活性会大大增加，大部分菌株在加有葡萄糖，能源物质为元素硫的培养基中快速生长。该菌是 40 ~ 50 ℃的微生物浸矿反应器和微生物堆浸中的主要菌种，在金属硫化矿的嗜热菌浸出过程中起重要作用。有研究表明，该菌与 *S. thermosulfidooxidans* 一起氧化硫化矿，不仅可为 *S. thermosulfidooxidans* 提供有机物，而且能迅速清除矿物表面的硫代谢物，使细菌的直接吸附增加，浸出加快。

3.1.2.3 铁质菌属（*Ferroplasma* 属）

Ferroplasma 属的微生物是能够氧化亚铁的古菌，典型的特征是细胞缺乏细胞壁，不能用革兰氏染色，形状各异。目前该属微生物主要包括 *Ferroplasma acidiphilum*、*Ferroplasma acidarmanus*、*Ferroplasma cupricumulans* 和 *Ferroplasma thermophilum* L1 四个种。*Ferroplasma* 属的古菌，在好氧环境下一些菌株可以通过氧化亚铁进行自养生长，有的也可以利用亚铁和酵母提取物或是蛋白胨、葡萄糖等有机化合物进行混合营养生长；在厌氧条件下该属的菌株可以利用酵母粉生长，同时将 Fe^{3+} 和 SO_4^{2-} 还原为 Fe^{2+} 和 H_2S。该属的菌株虽然没有细胞壁，但具有特殊的细胞膜结构，使质子不能透过细胞膜，故该属的菌株能够耐受较低的 pH 值。另外，相比于 *Acidithiobacillus* 和 *Leptospirillum* 属的细菌，该属的微生物能够耐受更高的重金属离子浓度。*Ferroplasma thermophilum* L1 最适生长温度为 45 ℃，最适 pH 值为 1.0。

3.1.3 极端嗜热菌

3.1.3.1 硫化叶菌属

该属于 1972 年根据模式种嗜酸热硫化叶菌（*Sulfolobus acidocaldarius*）建立，并于 1980 年确认。硫化叶菌属属于古菌，球叶状，类似支原体，该属细胞折光性较强。革兰氏阴性，细胞壁缺失肽聚糖。兼性自养，严格好氧。生长温度范围为 45 ~ 80 ℃，生长 pH 值为 1.0 ~ 5.0，能氧化 Fe^{2+}、元素硫、硫化物，也可利用一些简单的有机质（比如酵母提取物、胰蛋白胨等）作为碳源和能源，在无机能源和酵母提取物共存的情况下生长最好。该属菌种中作为极端嗜热菌使用最多的是金属硫化叶菌（*S. metallicus*），该菌的最适生长温度为 60 ~ 70 ℃，在以亚铁为能源的培养基中最适 pH 值为 1.6，在以 S^0 为能源的培养基中最适 pH 值为 2.5。

3.1.3.2 金属球菌属

该属亦为古菌，到目前为止共有三种，即 *Metallosphaera sedula*、*M. prunae* 和 *M. hakonensis*。该属古菌好氧，兼性化能自养，有牛肉膏、蛋白胨和酵母提取物等时可进行异养生长，但在无机能源和酵母提取物共存的混合营养情况下生长最好。*M. hakonensis* 只能氧化硫，不能氧化亚铁，最适生长 pH 值为 2.5。*M. sedula* 和 *M. prunae* 既能氧化硫又能氧化亚铁，在亚铁培养基中最适 pH 值为 1.5 ~ 1.8，元素硫培养基中最适 pH 值为 2.5 ~ 3.0。*M. prunae* 的最适生长温度为 75 ℃，*M. sedula* 的最适生长温度为 65 ℃，两个种中都有部分最适生长温度超过 80 ℃ 的极度嗜热菌株。*M. sedula* 和 *M. prunae* 已成功地用于硫化矿的生物氧化和生物浸出，已被证明是浸矿效率较高的菌种之一。

3.1.3.3 万座嗜酸两面菌

万座嗜酸两面菌（*Acidianus manzaensis*）最适生长温度为 65 ℃。在 Fe^{2+} 培养基中，最适 pH 值为 1.5；在 S^0 培养基中，最适 pH 值为 2.5。细胞为不规则的球形，大小和形态在不同能源培养基中有较大差异，在以 S^0 为能源的 9 K 培养基中，细胞表面凹陷，而在以 Fe^{2+} 为能源的培养基中，细胞近似饱满的球形，表面附着明显的胞外物质，属于兼性化能自养菌。

极端嗜热菌由于受温度条件的严格限制，分布极为局限，一般只能在沸泉、海底高温喷泉口、陆地的活火山口附近以及富硫的地热喷气口等特定高温地域才能找到。因此，除非在矿堆中接入外源嗜热或极端嗜热菌，否则即使是在温度超过 60 ℃的高温矿堆中也很难发现这类浸矿菌。也正是因为极端嗜热菌在分布上的局限性，使得这类浸矿菌在微生物冶金中的作用与地位长期得不到认识。

3.1.4 硫化矿的微生物浸出机理

硫化矿的微生物氧化本身是一个复杂的过程。通常认为，微生物氧化硫化矿主要有直接作用和间接作用两种机制。

直接作用，指的是浸出过程中，微生物在矿物表面的吸附会产生一些蛋白分泌物以及其他的代谢产物，这些蛋白分泌物及代谢产物直接作用于硫化矿，将其氧化分解。硫化矿被微生物氧化分解，析出金属离子和单质硫，单质硫被微生物进一步氧化为硫酸，硫化矿的氧化过程释放电子，微生物得电子完成一系列生长代谢过程，最终将电子传递给氧。间接作用，指的是浸出过程中，微生物将存在于浸出体系中及硫化矿物氧化过程中产生的 Fe^{2+} 氧化成 Fe^{3+}，高氧化态的 Fe^{3+} 将硫化矿进一步氧化，硫化矿氧化析出金属离子及 Fe^{2+}，微生物又将 Fe^{2+} 氧化为 Fe^{3+}，如此循环，在有氧的条件下，硫化矿中的硫伴随其氧化过程沿着不同的路径被氧化为硫酸。以黄铁矿为例，直接作用机理和间接作用机理的反应过程可表示如下。

（1）直接作用：

$$FeS_2 + 3.5O_2 + H_2O \xrightarrow{细菌} Fe^{2+} + 2H^+ + 2SO_4^{2-} \tag{3-1}$$

$$FeS_2 + 3.75O_2 + 0.5H_2O \xrightarrow{细菌} Fe^{3+} + H^+ + 2SO_4^{2-} \tag{3-2}$$

（2）间接作用：

$$FeS_2 + 14Fe^{3+} + 8H_2O \longrightarrow 15Fe^{2+} + 16H^+ + 2SO_4^{2-} \tag{3-3}$$

$$2Fe^{2+} + 0.5O_2 + 2H^+ \xrightarrow{细菌} 2Fe^{3+} + H_2O \tag{3-4}$$

近年来，随着矿物的结构与性质日渐清晰，硫化矿浸出过程中的电化学机理研究也取得了一系列进展，微生物浸出的直接作用机制开始受到研究者的质疑，他们认为矿物的氧化分解过程只存在化学作用，微生物吸附在矿物表面只是为了把这种化学作用集中在矿物表面的微环境内。Tributsch 提出用“接触”浸出代替“直接”浸出。Crundwell 通过进一步总结，得到三种浸出机理：（1）间接作用，细菌将浸出体系中 Fe^{2+} 氧化为 Fe^{3+}，Fe^{3+} 继续氧化矿物；（2）间接接触作用，细菌吸附在矿物表面，在胞外多聚物中将 Fe^{2+} 氧化为 Fe^{3+}，Fe^{3+} 再继续氧化矿物；（3）直接接触作用，细菌吸附在矿物表面，产生胞外多聚物和酶类物质，直接氧化矿物，不需要 Fe^{3+}。直接接触与间接接触的区别在于浸出反应有无 Fe^{3+} 参与，而细菌是否吸附到矿物表面是接触作用机制与非接触作用机制的不同之处，如图 3-1 所示。

根据硫化矿浸出反应中间产物的不同，间接作用又可分为硫代硫酸盐机理和聚硫化物机理。

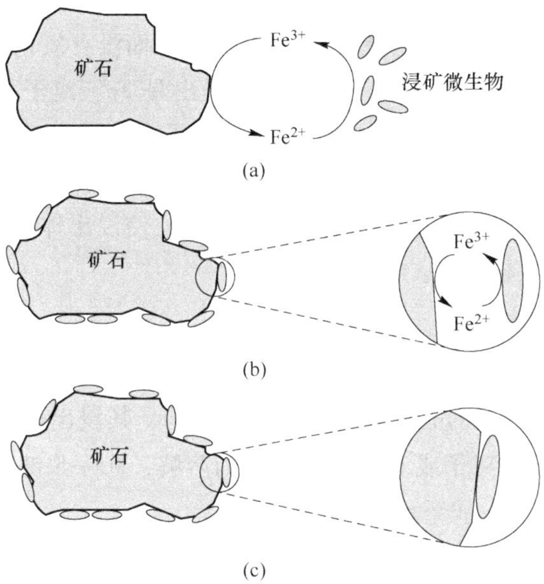

图 3-1　硫化矿生物氧化机制

（a）间接作用；（b）间接接触作用；（c）直接接触作用

3.1.4.1　硫代硫酸盐机理

根据分子轨道理论和动力学计算，黄铁矿（FeS_2）、辉钼矿（MoS_2）和硫钨矿（WS_2）只能被 Fe^{3+} 离子而不是 O_2 分子的氧化作用而浸蚀分解。因此，以黄铁矿为例，黄铁矿被 Fe^{3+} 离子氧化的具体过程是：三价铁六水合物首先将黄铁矿中的硫氧化，从而浸蚀破坏晶格中的 Fe—S 化学键，分解产物是硫代硫酸盐和亚铁六水合物；然后硫代硫酸盐依次被循环氧化分解为连四硫酸盐、双磺-单磺酸、连三硫酸盐和硫代硫酸盐。在整个氧化过程中产生少量的中间产物元素硫和连五硫酸盐。因为黄铁矿浸出的重要中间产物是硫代硫酸盐，所以其浸出机理被称为硫代硫酸盐机理。黄铁矿的硫代硫酸盐浸出机理示意图如图 3-2 所示。

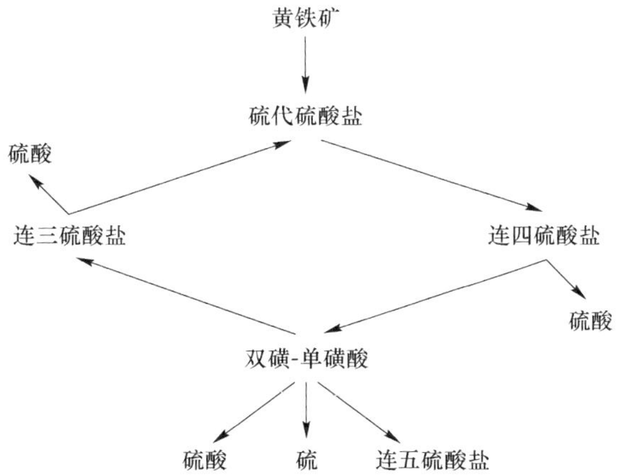

图 3-2　黄铁矿的硫代硫酸盐浸出机理示意图

试验研究表明，具有氧化亚铁能力的细菌如氧化亚铁硫杆菌、氧化亚铁钩端螺旋菌和嗜酸嗜热的硫化裂片菌等能够促进黄铁矿的氧化溶解，而没有氧化亚铁能力的细菌如氧化硫硫杆菌不能浸出黄铁矿。这也说明了黄铁矿的浸出是 Fe^{3+} 离子氧化的浸出过程，具有氧化亚铁能力的细菌能够将 Fe^{2+} 离子氧化成 Fe^{3+} 离子，使浸出反应得以继续进行。在黄铁矿的细菌浸出体系中，具有硫氧化能力的细菌如氧化硫硫杆菌也可能参与了中间硫化合物的分解反应，将元素硫或中间硫化合物氧化成硫酸，使浸出体系的 pH 值降低，为嗜酸的浸矿细菌提供适宜的生长环境。

3.1.4.2 聚硫化物机理

闪锌矿（ZnS）、黄铜矿（CuFeS）、方铅矿（PbS）、方硫锰矿（MnS_2）、雌黄（As_2S_3）和雄黄（As_4S_4）等的晶体结构有异于黄铁矿，其浸出过程也与黄铁矿有异。在酸性条件下这类矿物被 H^+ 离子或 Fe^{3+} 离子作用而溶解，Me—S 键直接破坏，然后发生一系列反应：

$$MS + 2H^+ \longrightarrow M^{2+} + H_2S,$$

$$H_2S + Fe^{3+} \longrightarrow H_2S^{*+} + Fe^{2+} \tag{3-5}$$

$$MS + Fe^{3+} + 2H^+ \longrightarrow M^{2+} + H_2S^{*+} + Fe^{2+} \tag{3-6}$$

$$H_2S^{*+} + H_2O \longrightarrow H_3O^+ + HS^* \tag{3-7}$$

$$2HS^* \longrightarrow HS_2^- + H^+ \tag{3-8}$$

$$HS_2^- + HS^* \longrightarrow HS_2^* + HS^- \tag{3-9}$$

$$HS_9^- \longrightarrow HS^- + S_8 \tag{3-10}$$

反应过程中，HS_2^* 或 HS^* 由于链式反应形成聚硫化物，在酸性溶液中聚硫化物分解产生元素 S。在黄铁矿、辉钼矿的氧化浸出产物中发现 90% 以上是硫酸盐，而闪锌矿等其他矿物的氧化浸出产物中 90% 以上是元素 S。元素 S 在具有硫氧化能力的细菌作用下被氧化成硫酸，这可以解释为什么没有亚铁氧化能力的氧化硫硫杆菌仍可以浸出闪锌矿等一些矿物。

硫化矿细菌浸出的硫代硫酸盐机理和聚硫化物机理可用图 3-3 表示。在硫代硫酸盐机理中，*A. ferrooxidans*（*A. f*），*L. ferrooxidans* 菌将 Fe^{2+} 离子氧化成 Fe^{3+} 离子，Fe^{3+} 离子对矿物有浸出作用；反应中间产物硫代硫酸盐发生链式反应分解成硫酸，这个过程没有细菌作用也可以完成，但有细菌存在时，具有氧化元素硫能力的 *A. ferrooxidans*、*A. thiooxidans*（*A. t*）等细菌也可能参与了分解反应。在聚硫化物机理中，铁离子的氧化过程与硫代硫酸盐机理相同，但浸出反应的中间产物是聚硫化物，硫离子发生链式反应生成 8 位环状元素硫，这个过程可有也可没有 *A. ferrooxidans*、*A. thiooxidans* 菌参与；元素硫最后被 *A. ferrooxidans*、*A. thiooxidans* 等具有氧化硫能力的细菌氧化成硫酸，产生的氢离子对矿物也有浸出作用。

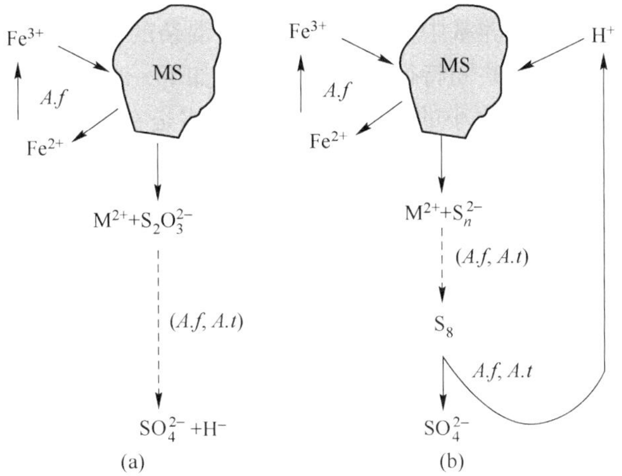

图 3-3 微生物浸出金属硫化物的机理

（a）硫代硫酸盐机理；（b）聚硫化物机理

3.2 处理含锰矿石的微生物

3.2.1 氧化锰的微生物

锰氧化微生物是一类能够将可溶性的二价锰催化氧化为分子式为 MnO_x（x 为 1 ~ 2 范围的某个值）的不可溶的锰氧化物的微生物。这种不可溶的锰氧化物在这类微生物的细胞外能够形成明显的棕色或黑色沉淀。在自然界中存在着许多种对锰有氧化作用的微生物，它们广泛分布在海洋、湖泊和土壤中。

3.2.1.1 锰氧化微生物的分类

锰氧化微生物主要有普通生丝微菌、共生生金菌、锰土微菌以及假单胞杆菌属、节杆菌属、肠杆菌属、球衣菌属、诺卡氏菌属、微球菌属和链霉菌属中的一些细菌。

A 共生生金菌

共生生金菌是生金菌属的一种。这属细菌的细胞呈球形，直径为 0.5 ~ 1.5 μm，没有硬的细胞壁。它们直接萌发或者反复出芽突起形成一团圆形“基体”，这些基体的萌发导致形成一个到几个柔曲的具有尖细末端的丝状体。在固定或染色标本中，这种丝状体或细丝的直径为 0.02 ~ 0.25 μm，且可以形成一个串珠状的外表。这属微生物在有锰的条件下生长时，细胞表现出高度反光性。

在有可氧化的锰存在的条件下，生金菌属的细菌呈淡褐色到黑色。这种颜色首先出现在菌落中心，然后锰的氧化物沉淀到细丝上，由底部向顶部增加丝的宽度，形成浓密的裂叶状群体。对这属细菌进行光学显微镜观察和染色之前，必须用草酸（0.2% ~ 1.0%）或 EDTA 或二钠盐（1% ~ 2%）处理，以除去金属沉淀。它们的细胞用石炭酸龙胆紫染色时，效果良好，但用石炭酸红藓素、次甲基蓝、水溶的或乙酸溶的龙胆紫或结晶紫染色时，效果较差。

生金菌属的细菌是异养微生物。在人工培养基中有活的真菌存在时能增进它们的生长。它们的纯培养物在人工培养基中生长缓慢，而在混杂的微生物群系中生长较好。共生生金菌除具有上述生金菌属的共同特征之外，还具有如下一些独有特征：

（1）共生生金菌的细丝不含小的基体，其繁殖方式是在细丝顶端或侧部形成单个芽。芽的直径约为0.5 μm，且已显出锰的沉淀。

（2）共生生金菌能在真菌和细菌存在的条件下生长；在不加氮源和磷源的含有锰的醋酸盐（0.1 g/L）的水琼脂（2%）上生长良好；真菌菌落同其间的共生生金菌的定形群体表现为同心圆。这种细菌在含有2%淀粉或1%~2%阿拉伯树胶加新制备的锰的碳酸盐、pH值为6.2的液体培养基中生长缓慢，但长势良好。经直接菌落计数发现，锰盐的氧化与共生生金菌的生长是成比例的。

（3）共生生金菌广泛分布在湖泊和土壤中。这种菌嗜温、好氧，最适宜生长的pH值为6~8。

B 普通生丝微菌

普通生丝微菌是生丝微菌属的一种。这种菌的细胞尺寸为（0.1~1.0）μm×（1~3）μm，菌体呈末端尖细的杆状、卵形或豆状，形成长短不等的单极生或两极生的丝状生长物。染色后测量，直径为0.3~0.4 μm。菌丝无分隔，但可表现为真正分枝。这种菌的细胞用石炭酸品红染色，效果良好，但用水溶性苯胺染料时仅微弱着色。

普通生丝微菌在菌丝顶端出芽繁殖。成熟的芽体能运动，并常常附着到物体表面或其他细菌上形成丝，附着后立即失去运动能力。采用液体培养基培养普通生丝微菌时，培养液从不浑浊，生长物呈环形或膜状；在老的培养物中，它们沉淀到容器底部。在固体培养基上培养时，即使经过长期培养，普通生丝微菌的菌落还是比较微小；它的颗粒状菌落表面闪光，而且可呈皱褶或同心环，反射光线；随着菌龄增长，菌落颜色由污白色变为浅褐色。

普通生丝微菌是化能异养型微生物，其生长过程中需要CO_2。这种细菌微嗜碳，即能在不加碳的无机盐培养基中生长。用浓度为2 g/L的甲酸盐、醋酸盐、丙酸盐、异丁酸盐、戊酸盐、乳酸盐、琥珀酸盐或甘露醇溶液培养时，这种细菌生长良好。同时，普通生丝微菌还能以NH_4^+、NO_3^-或NO_2^-作为氮源而生长良好。

普通生丝微菌是好氧微生物，嗜中性或稍微偏碱性的培养基，最适宜的生长温度为25~30 ℃。广泛分布在一切陆地土壤中，特别是有硝化作用潜能的土壤中。

C 锰土微菌

锰土微菌是土微菌属的一种。这属细菌的细胞呈球形、卵形、杆状、梨形或豆状，宽0.4~2 μm，着色不均。它们主要在直径为0.15~0.3 μm的细胞延伸物（菌丝）的顶端出芽繁殖，其子代细胞可仍旧附着在它们的母细胞菌丝上，也可以作为单鞭毛的“游动者”分开。体积长大后，成熟的游动细胞从其表面长出一根到许多根菌丝。

锰土微菌的母细胞为球形或卵形，直径约为0.4 μm，带有1~4根或4根以上菌丝，并且在菌丝顶端还长有单个球形或卵形的芽。锰土微菌的菌丝宽度大都在0.2 μm以下，常常分叉，且长度不等。锰土微菌在含有富烯酸和有机化合物的琼脂培养基上培养时，菌落较小，并且呈黑色。

锰土微菌是化能异养型微生物，属中温性细菌，微好氧。这种细菌同样是广泛分布在土壤中。

D 假单胞菌属

假单胞菌属是假单胞菌科中的一个属。该属微生物（杆菌）呈直的或弯的，大小一般为（0.5～1.0）μm×（1.5～4.0）μm，以极生鞭毛运动，长有单鞭毛或多鞭毛，但不产生鞘或突起物。

假单胞菌属的细菌大都是化能异养型微生物，进行呼吸代谢，永不发酵。有些假单胞菌是兼性化能自养型微生物，能利用 H_2 或 CO 作为能源。假单胞菌属的细菌普遍以分子氧作为电子受体，其中一部分具有反硝化功能，可利用硝酸盐作为另一个电子受体。大都是严格好氧菌，绝大部分不需要生长素，只要有一个简单的有机化合物作为唯一的碳源和能源，就可以在无机培养基中生长。已通过鉴定的假单胞菌属中的所有种都可以把乙酸盐作为主要营养物。这个属的许多成员都能利用多种有机化合物作为唯一的或主要的碳源来生长。

对于假单胞菌属的大多数种来说，最适宜的生长温度为 30 ℃左右，所有的种都可以在中性或弱碱性（pH＝7.0～8.5）环境中生长。大多数种不能在 pH≤6 的环境中生长。

E 节杆菌属

节杆菌属的细菌有一个突出的特点，即在复杂培养基中，它们的细胞在生长过程中经历一个形状上的显著变化。在对数生长期，杆状菌体变得较短，最终为稳定期的球状细胞所代替。该属细菌的球形细胞或者由每次连续分裂的杆菌逐渐缩短而成，或者由大杆状细胞的多节分裂所形成。

节杆菌属的细菌是化能异养型微生物，进行呼吸代谢，从不进行发酵代谢。严格好氧，分子氧是它们的最终电子受体。最适宜的生长温度为 20～30 ℃，在中性或稍偏碱性的环境中生长最佳。

3.2.1.2 微生物对锰氧化过程的催化机理

锰氧化微生物氧化 Mn^{2+} 是通过直接作用或间接作用实现的。

（1）微生物对锰氧化的直接作用主要表现为：酶的直接催化作用和细胞的各种衍生物增强锰的自氧化能力。锰氧化微生物通过生成的锰氧化酶将低价 Mn(Ⅱ) 催化氧化为高价态 Mn。某些细菌在生长过程中产生的代谢产物能在胞内或胞外吸附、富集 Mn^{2+}，促进锰的自氧化。在某些情况下，死亡的菌体和细胞萃取物能结合 Mn^{2+}，降低氧化活化能来促进 Mn 的自氧化。

（2）锰氧化微生物的间接氧化作用主要表现为：在锰氧化微生物繁殖生长过程中，其新陈代谢作用改变了环境的 Eh 或 pH 值，促进 Mn^{2+} 氧化。细菌通过消耗或者产生 O_2 以及代谢产物改变微环境的 Eh，如某些光合细菌消耗 CO_2 产生 O_2 从而引起 Mn 价态的改变。细菌产生的碱性代谢产物会提高环境的 pH 值，促进锰氧化物的形成。在许多培养环境中，因为氨基酸脱氨基作用和氨的聚集，局部 pH 值也会发生改变。

3.2.2 还原锰的微生物

锰还原微生物是一类能够将不溶的四价锰还原为易溶的二价锰的微生物。

3.2.2.1 还原锰的微生物种类

研究资料表明，革兰氏阳性菌和革兰氏阴性菌中许多属细菌都是还原锰的细菌，特别是环状芽孢杆菌、蜡状芽孢杆菌以及毕赤酵母属中的一些细菌，对锰的还原作用更加明显。

环状芽孢杆菌和蜡状芽孢杆菌是芽孢杆菌属中的两个种。芽孢杆菌属的细菌，菌体呈直的或接近直的杆状，菌体大小为（0.3～2.2）μm×（1.2～7.0）μm，多数能运动，其鞭毛典型侧生。另外，该属细菌都形成抗热内生孢子，而且在一个孢子囊细胞中仅有一个孢子。该属细菌即使是暴露在空气中，也不妨碍孢子的形成。

芽孢杆菌属中的细菌绝大部分是革兰氏阳性菌，且都是化能异养型微生物，可以利用多种底物进行严格的呼吸代谢、严格的发酵代谢或呼吸和发酵两者兼有的代谢。在呼吸代谢中，最终的电子受体是 O_2，仅有少数种的细菌可以利用硝酸盐代替氧。该属细菌为严格好氧或兼性厌氧微生物，其中的大多数种能产生接触酶。

环状芽孢杆菌除具有上述属中细菌都具有的共性以外，在这种细菌的某些菌株中，孢子端生或次端生，假若菌体短，则在纺锤体胞囊的中央产生孢子，而且许多菌株的游离孢子的表面存留着色深的物质。

蜡状芽孢杆菌除具有属中细菌的共同特征之外，这个种的细菌在葡萄糖琼脂上早期生长的细胞中含有成分都是聚 β-羟基丁酸盐（PHB）的脂肪球颗粒，而且其细胞内含物中有异染粒。在这种菌的菌体中，从孢子囊中释放出来的孢子被一个宽大的外壁包裹着，萌发时孢子壳迅速溶解，随即生出营养体。这种菌的杆状菌体有成链的趋势，链的稳定性决定菌落的形态，因而不同的菌株菌落形态变化很大。

3.2.2.2 微生物对锰还原过程的催化机理

微生物对锰还原过程的催化机理同样包括直接作用和间接作用两个方面。

（1）微生物对锰还原过程的直接催化机制一般认为是，这些还原锰的微生物具有由 MnO_2 诱导的锰还原酶，可催化锰的还原反应。这些锰还原酶活性物已在相关细菌的细胞提取物中得到了证实。此外，研究还发现，那些具有锰还原酶活性物的细胞不论有没有 O_2 存在，都同样能有效地催化锰的还原反应。

（2）微生物对锰还原过程的间接催化机制是指，由于微生物通过异养代谢消耗 O_2 并且产生大量的酸，使环境的 Eh 和 pH 值降低，随着 Eh 和 pH 值的降低，锰将在氧、氮之后，铁、硫之前被还原。

3.3 分解难溶磷酸盐的微生物

人们通过对一些微生物肥料的作用机制、含磷矿石以及稀土矿的微生物浸出技术的试验研究过程中，发现有许多微生物能明显促进难溶磷酸盐的分解过程。

3.3.1 分解难溶磷酸盐的微生物种类

对难溶磷酸盐分解过程有明显促进作用的微生物主要包括枯草芽孢杆菌、生尘芽孢杆菌以及节杆菌属、土壤杆菌属、青霉菌属和曲霉菌属的一些微生物。节杆菌属的微生物如前所述，这里不再重复。下面就其他一些主要种、属的微生物做些介绍。

3.3.1.1 枯草芽孢杆菌

枯草芽孢杆菌是芽孢杆菌属中的一个种，除具有芽孢杆菌属细菌所共有的生长特性外，还具有如下独特的生长特性：

（1）枯草芽孢杆菌的菌体呈杆状，但很少成链，且染色均匀。内生孢子大小为 0.8 μm×（1.5～1.8）μm，游离孢子的表面着色较弱。在琼脂培养基上培养时，菌落呈圆形或不规则形，菌落表面色暗、不透明且可以起皱，也可变为奶油色或褐色，菌落的形状随培养基成分的改变而呈现出很大的差异。在液体培养基中培养时，色暗、轻度浑浊或不浑浊。

（2）枯草芽孢杆菌主要以呼吸代谢产生能量，以分子氧作为最终电子受体。它们在含有葡萄糖的复杂培养基中可以进行厌氧代谢，但其生长和发酵都比较弱，有氧存在时则生长旺盛。它们的主要代谢产物是 2,3-丁三醇、乙酰甲基甲醇和 CO_2。

3.3.1.2 生尘芽孢杆菌

生尘芽孢杆菌作为芽孢杆菌属的一种细菌，还具有以下一些特性：在琼脂培养基上的生长物没有色素或者是淡黄色到红色，生长物薄而不扩展，当加入葡萄糖时生长物增厚。在葡萄糖培养基中呈中等厌氧生长。

生尘芽孢杆菌的最低营养要求是氨基酸和维生素的混合物。它们产生的生长物接触酶与培养基有关。例如，在营养琼脂上的生长物接触酶为阴性，而在 J-培养基上的生长物接触酶则为阳性。

3.3.1.3 土壤杆菌属

土壤杆菌属是根瘤菌科中的一个属，是不产生芽孢的杆状细菌。细胞尺寸为 0.8 μm×（1.5～3.0）μm，以 1～4 根周生鞭毛运动，假如鞭毛仅为 1 根，则侧生比极生更为常见。这个属的细菌常有纤毛，革兰氏染色呈阴性。在含碳水化合物的培养基上的生长物常常有丰富的胞外多糖黏液，菌液无色，且大多数菌株生成的菌落呈粗糙型，即使某些菌落呈光滑型，也会随着菌龄的增加而逐渐变成有条纹的菌落。

土壤杆菌属的细菌是化能异养型微生物，进行呼吸代谢，以分子氧作为最终电子受体。利用多种简单碳水化合物、有机酸或氨基酸作为能源，不利用纤维素、淀粉、琼脂或几丁质。土壤杆菌属通常在含有少量有机氮化合物的合成培养基表面产生酸性反应，但在含有蛋白胨或其他一些富含氨基酸的培养基中，上述酸性反应可能被释放出的碱性物质中和。

土壤杆菌属的细菌是好氧微生物，但也能生长在氧分压较低的植物组织中。最适宜生长温度为 25～30 ℃，生长的 pH 值范围为 4.3～12.0，最适宜的 pH 值范围为 6.0～9.0。

3.3.2 微生物分解难溶磷酸盐的机理

微生物的溶磷机理复杂多样，因菌株的不同而有所不同，有时甚至多种机理同时存在，归纳起来主要有以下几点：

（1）有机酸的分泌。微生物的溶磷机理一般认为是由于微生物在生长代谢过程中能够分泌有机酸，这些有机酸一方面能够使溶液 pH 值降低，使磷酸三钙、磷酸铝、磷酸铁等难溶性磷酸盐在酸性条件下溶解；另一方面，这些有机酸能与铝、铁、钙、镁等金属离子发生络合或螯合作用，从而将与之结合的磷酸根释放出来。

（2）H^+ 的释放。有研究表明，溶磷微生物培养基 pH 值的下降，不仅与溶磷微生物分泌有机酸有关，还可能是由于呼吸作用和同化 NH_4^+ 时释放的 H^+ 造成的。在 NH_4^+-N 为氮源时，由于溶磷细菌细胞同化 NH_4^+ 会释放出 H^+，可促进微生物对难溶磷酸盐的溶解；而当以 NO_3^--N 为氮源时，溶磷细菌吸收利用 NO_3^- 会释放出 OH^-，反而不利于溶磷细菌对难溶性磷酸盐的溶解。

（3）微生物通过呼吸作用释放出大量 CO_2，CO_2 溶于水变为碳酸，使溶液 pH 值降低，导致难溶磷酸盐的溶解。

（4）某些细菌能释放 H_2S，它可与磷酸铁作用产生磷酸亚铁和可溶性正磷酸盐离子，从而促进土壤中磷的释放。

（5）微生物分解植物残体，产生胡敏酸、富里酸、腐殖酸，这些酸能与难溶性磷酸盐中的钙、铁或铝螯合，促进土壤中磷酸三钙、磷酸铁和磷酸铝的溶解，使土壤无效态磷转化为有效态磷。

3.4 浸出贵金属的产氰微生物

产氰微生物在生长代谢过程中能够产生 CN^-，CN^- 能与金等贵金属形成稳定的配合物，使得矿石中或者废旧电子器件中的贵金属单质以离子状态进入溶液。目前已经报道过的可以用于浸出贵金属的产氰微生物主要有紫色色杆菌、荧光假单胞杆菌、铜绿假单胞杆菌等。

3.4.1 产氰微生物的种类

3.4.1.1 紫色色杆菌

紫色色杆菌是微生物法回收废弃线路板中贵金属最常用的微生物，也是近年来微生物法浸金研究最多的微生物。紫色色杆菌是一种革兰氏阴性菌，兼性厌氧，发现于热带和亚热带地区的几个大洲的土壤和水中，一般情况下对人没有致病性，但在某些条件下可能会使人和动物得败血症。该细菌能够利用自身的氧化酶和还原酶，将多种有机物进行分解产生自身生长所需的能量，使其在有氧和无氧条件下都能生存。

紫色色杆菌自身还有六种 HCN 合成酶，在代谢中利用甘氨酸产生氰化物的能力更高，而其他产氰微生物大都缺少其中一种或多种酶。除有机成分外，将一些适宜浓度的金属盐添加到培养基中，可以加强产生氰化物酶的催化作用，进而增强紫色色杆菌产生氰化物的能力。

由于紫色色杆菌主要生存在热带和亚热带地区，是一种在温带地区很罕见的革兰氏阴性菌，它对生存条件的特殊需求限定了它在回收贵金属的应用范围。

3.4.1.2 荧光假单胞杆菌

荧光假单胞杆菌属于假单胞菌属，细胞为直的杆菌，大小为（0.7～0.8）μm×（2.3～2.8）μm，不产芽孢，革兰氏阴性，有数根极生鞭毛，运动。需氧，进行严格的呼吸代谢，以氧为最终电子受体。能以硝酸盐为替代的电子受体进行厌氧呼吸。化能异养，不需要有机生长因子。

荧光假单胞杆菌广泛分布在自然界，如土壤、水、植物及动物活动环境中。菌种来源丰富，对环境适应能力较强，该菌生化能力活跃，可降解许多人工合成化合物，常被用于环境保护。另外，荧光假单胞杆菌具有防止植物病虫害的生物防治功效，作为植物根系的促生细菌，因此荧光假单胞杆菌的生物危害程度低于紫色色杆菌。氰化物作为荧光假单胞杆菌的次生代谢产物产生，在初级代谢中没有任何作用，但氰化物具有一定的生态作用，荧光假单胞杆菌可以耐受自身产生的氰化物。氰化物耐受末端氧化酶 CioAB 存在于荧光假单胞杆菌中，该酶可以使荧光假单胞杆菌在产生氰化物时进行有氧呼吸。虽然产生氰化物的能力不及紫色色杆菌，但是荧光假单胞菌生长繁殖能力较强，具有回收贵金属的工业应用的优势。荧光假单胞菌在浸出电子废弃物中金的实验中显示，其在浸金能力方面要比紫色色杆菌高，这可能是因为荧光假单胞菌具有远高于紫色色杆菌的生长效率、较强的环境适应性及金属耐受性，而且具有比紫色色杆菌更好的浸出动力学。

3.4.2 产氰微生物的浸金机理

利用微生物的产氰作用从废弃电子器件或矿石中提取贵金属，实际上是利用氰化法浸金的原理将贵金属资源提取出来，是“间接浸金”。在处理过程中，贵金属不像有机物那样被微生物矿化，而是被微生物氧化或还原，转化为其他氧化还原态，或与微生物的有机代谢产物形成配合物。

甘氨酸是产氰微生物合成氢氰酸的底物，在氨基酸脱氢酶和氨基酸氧化酶的作用下，经过氧化脱羧反应合成氢氰酸。

$$NH_2CH_2COOH \xrightarrow[-H_2O]{O_2} NH_2COCOOH \xrightarrow{-H_2O} CNCOOH \longrightarrow HCN + CO_2 \qquad (3\text{-}11)$$

产氰微生物对 O_2 浓度较敏感，在高溶解氧条件下，通过氰化物加氧酶将所产氢氰酸重新分解利用。

$$H^+ + HCN + NADH + O_2 \longrightarrow CO_2 + NH_3 + NAD^+ \qquad (3\text{-}12)$$

氢氰酸能降低贵金属的氧化电位，与其形成可溶性的无机配合物。

$$4Au + 8CN^- + O_2 + 2H_2O \longrightarrow 4Au(CN)_2^- + 4OH^- \qquad (3\text{-}13)$$

$$4Ag + 8CN^- + O_2 + 2H_2O \longrightarrow 4Ag(CN)_2^- + 4OH^- \qquad (3\text{-}14)$$

3.5 用于铝土矿脱硅的硅酸盐细菌

我国铝土矿资源独特，以一水硬铝石为主，矿石中硅、铁等杂质含量高。硅是影响氧化铝生产的最有害杂质，在溶出过程中活性 SiO_2、Na_2O 与 Al_2O_3 结合生成不溶性固相物质而进入赤泥，造成碱和铝的损失。因此开展铝土矿预脱硅工艺研究，开创出一条新的途径，必将使我国的资源得到充分利用，大大降低我国氧化铝生产的成本，这对占据国际市场具有重要意义。

铝土矿生物方法脱硅，主要是利用某些微生物及其代谢产物与铝土矿发生吸附、溶解、氧化、还原等作用去除铝土矿中的硅酸盐。这些微生物主要有胶质芽孢杆菌、环状芽孢杆菌、多黏芽孢杆菌及黑曲霉菌等，其生长过程中需要硅，一般都属于异养型微生物，需要提供物质作为碳源和能源。通常用来脱硅的硅酸盐细菌属于胶质芽孢杆菌或环状芽孢杆菌。

3.5.1 硅酸盐细菌的特征

硅酸盐细菌是典型的兼性好氧的化能异养微生物，适宜生长温度为25～30 ℃，最适pH值为7.0～7.2，能利用葡萄糖、淀粉等多种碳源。该菌能够利用磷灰石中的磷和对铝土矿进行脱硅，还有研究者发现这类细菌能够分泌植物生长刺激素等多种酶，增强作物对一些病害的抵抗力。我国各地分离的硅酸盐细菌在形态上差异不大，皆为大荚膜杆菌。菌体为长杆状，大小为（4～7）μm×（1～1.2）μm，荚膜很厚，椭圆形。该菌在含氮的查贝克琼脂和无氮的阿须贝琼脂上的菌落形态是光亮的，圆形、凸起，无色半透明。在无氮培养基上菌落更为浓稠而有弹性，在无氮的液体培养基上形成黏稠的菌液，不产生荚膜。

荚膜的产生、大小和层次与培养基中营养成分密切相关。营养元素丰富时，该菌不能形成明显的大荚膜，而是只有一层薄的黏液层，或是形成菌胶团；缺乏营养元素时，特别是缺乏氮素或可溶性磷时，该菌易形成肥厚的荚膜；在营养元素缺乏而培养时间较长时，该菌的荚膜不仅厚而且层次也增多，肥大荚膜是鉴别该菌的主要形态特征。同时发现，菌龄较长的菌体发生畸形变化，荚膜内的杆菌伸长，逐渐弯曲成弧形、C形，甚至S形的畸形菌体。

3.5.2 硅酸盐细菌生物脱硅机理

硅酸盐细菌能分解硅酸盐矿物，释放其中的硅、磷、钾等元素，但目前对其分解机理的说法不一，主要包括：代谢产物中的有机酸、胞外聚合物的酸解与络合作用，细菌生长代谢的氧化还原作用，细菌与矿物形成集合体等。

（1）有机酸。浸矿微生物在含有矿物的培养基中生长，培养基的pH值往往会发生很大的变化。在浸矿过程中pH值降低的主要原因是微生物的代谢产生有机酸等酸性物质。当pH值相同时，有机酸溶解硅酸盐矿物的能力比无机酸要强，原因是有机酸靠其酸解与络合作用同时溶解硅酸盐矿物，而无机酸主要靠酸解作用。例如，硅酸盐中的硅铁等元素可以和有机酸中的羟基和羧基形成配合物，加速硅酸盐矿物中这些元素的溶解。

（2）胞外多糖。胞外多糖能够与二氧化硅形成配合物从而吸附二氧化硅，在浸矿溶液中大量的二氧化硅与多糖形成配合物，导致游离的二氧化硅浓度下降，打破了矿物中硅元素溶解的动态平衡，促进矿物中硅向溶液中释放。另外，胞外多糖对铝土矿具有一定的生物浮选作用，在此作用下铝土矿中石英等微粒被释放到溶液中去，而一水硬铝石则沉淀形成精矿。

（3）氧化还原作用。微生物在呼吸过程中通过大量的氧化还原反应获取能量，吸收可以自己利用的营养元素以及电子受体和供体，完成自身的生长代谢过程，大部分的电子受体是可溶的，但也有些不可溶的受体如矿物中的铁。在缺乏可以被自己直接利用营养元素的贫瘠的环境中，找不到能被直接利用的电子受体，在这种环境中微生物为了生存就不得不利用硅酸盐矿物中的元素。一些微生物通过氧化还原反应使得矿物中的某些不可溶金属离子的价态发生改变，这些改变了价态的金属离子与细菌的一些代谢产物如有机酸，胞外多糖等发生络合反应，形成可以被细菌直接利用的可溶性产物。在氧化还原作用下，矿物中的不可溶的金属离子被氧化还原成可溶的营养元素释放到溶液中去，从而导致矿物的晶体结构发生改变，最终导致矿物被溶解。

（4）细菌-矿物复合体。在浸矿过程中大部分浸矿细菌代谢生成胞外多糖等黏性产物，这让细菌和细菌之间、细菌与矿物之间更容易结合，当这些细菌在这些黏性物质的作用下不断堆积在矿物表面，经过一定时间，矿物表面就形成了生物膜，矿物与细菌之间就形成了难以分开的复合体。生物膜以及复合体的形成让细菌与矿物颗粒的接触更加紧密，这有利于矿物中各种不溶性金属离子释放到周围环境中去，加速矿物的溶解。细菌-矿物复合体使得在矿物表面形成更有利于细菌生长代谢的微环境，并利用其吸附，获取矿物中的营养元素为微生物的生长繁殖所利用。在这个微环境中细菌的代谢产物可以融入矿石晶格的孔隙中直接与矿物发生相互作用。

（5）协同作用。铝土矿的生物脱硅不是单一的作用效果，它是一个生命过程，在浸矿过程可以分为几个阶段，在某些阶段是某一类代谢产物或某几类代谢产物对矿物的分解起关键作用，在其他阶段有可能是吸附在矿物表面的细菌通过自身生长代谢对矿物的分解起作用。

3.6 产氨微生物

随着铜矿资源日益紧张，低品位铜矿的开发与利用越来越受到关注，微生物浸出以其成本低、操作简单，低能耗、绿色环保等优点被广泛用于低品位铜矿的处理过程中。但由于脉石耗酸量大、浸出体系 pH 值波动大不利于微生物生长、酸浸结垢阻碍浸出等问题，使得传统嗜酸微生物处理低品位高碱性脉石铜矿的效果不佳。利用碱性产氨菌可有效避免以上问题，其浸出环境为碱性，浸出过程中脉石不参与反应，可有效处理低品位高碱性脉石铜矿。

3.6.1 产氨微生物的生长特性

目前用于氧化铜矿浸出的产氨微生物主要有 *Providencia* sp.（普罗威登斯菌属）。北京科技大学从内蒙古乌山铜钼矿土壤样品中分离纯化出一株碱性细菌，命名为 *Providencia* sp. Jat-1。该菌可在尿素培养基中生长，分解尿素产氨，使培养液 pH 值上升为碱性，并在碱性条件下保持活性。

该菌菌体呈短杆状，长为 1 ~ 3 μm，直径为 0.3 ~ 0.6 μm；革兰氏阴性，菌体外部形态为直杆状，培养液内呈松散状排列。菌落为乳白色，圆形，直径为 1 ~ 2 mm，边缘光滑。该细菌为异养型细菌，生长需要培养基提供碳源和氮源，可利用有机碳源作为生长及代谢的能源，而不可利用无机碳源，最佳碳源为柠檬酸钠，最佳浓度为 10 g/L；尿素为细菌生长的氮源，最佳浓度为 20 g/L，细菌生长过程中可将尿素分解产生氨。该菌的最适生长条件为：温度 30 ℃，pH = 8。兼性厌氧，有氧条件下生长更好。

3.6.2 产氨微生物的浸铜机理

碱性细菌的浸铜机理一般认为是细菌的代谢产物（脲酶）分解尿素产生氨，氨溶于水形成氨溶液（浸出剂），并在有助浸剂（铵盐）的条件下与铜矿石颗粒发生络合反应，其反应方程式如下：

$$(NH_2)_2CO + H_2O \xrightarrow{\text{脲酶}} 2NH_3 + CO_2 \tag{3-15}$$

$$NH_3 + H_2O \longrightarrow NH_4OH \tag{3-16}$$

$$CuO + 2NH_4OH + (NH_4)_2CO_3 \longrightarrow Cu(NH_3)_4CO_3 + 3H_2O \tag{3-17}$$

$$Cu_2S + 6NH_4OH + (NH_4)_2SO_4 + \frac{5}{2}O_2 \longrightarrow 2Cu(NH_3)_4SO_4 + 7H_2O \tag{3-18}$$

3.7 浸矿微生物的采集和分离培养

由于目前硫化矿的微生物浸出应用最为成熟，因此在这一部分以处理硫化矿的微生物为例，简要介绍浸矿微生物的采集和分离培养。浸矿微生物分布很广，土壤、水体和空气中都可能存在，对于处理硫化矿的浸矿微生物而言，它们相对比较集中的地方是金属硫化矿和煤矿等酸性矿坑水。

3.7.1 氧化亚铁硫杆菌的采集和分离培养

取50～250 mL细口玻瓶，洗净并配好胶塞，用牛皮纸包好瓶口，灭菌20 min，冷却后即可用作细菌采集瓶，带采集瓶到矿山取酸性矿坑水。如矿坑水的pH值为酸性并呈红棕色，则很可能存在氧化亚铁硫杆菌。取样时首先将牛皮纸取下，用一只手拔去瓶塞，另一只手持瓶接取或舀取水样，水样不能装满，须留一定空间存空气，取好样后立即盖好瓶塞并用牛皮纸包好瓶口，带回实验室。

在实验室将配好的培养基用蒸汽灭菌15 min，然后在无菌操作条件下将培养基分装于数个洗净并灭菌的100 mL三角瓶中，每瓶装25 mL培养基，然后用洗净干燥的吸液管取1～5 mL矿坑水样加到各三角瓶中，用灭过菌的封口膜封好口，放在20～35 ℃恒温条件下静置或振荡培养7～10 d。由于细菌生长，三角瓶中培养基的颜色由浅绿变为红棕色，并渐渐在瓶底出现黄钾铁矾沉淀，选择变化最快、颜色最深的三角瓶，从瓶中取1 mL培养液，接种到装有新培养基的三角瓶中同样培养，至少10次，每转移一次接种量逐渐减少，最后只需1～2滴即可，而所培养的细菌越来越活跃，只需培养3～5 d就可以把培养基中的Fe^{2+}氧化为Fe^{3+}。在转移培养中，借助培养基的高酸度，可杀死淘汰掉一些不耐酸的杂菌，又由于培养基中的高浓度Fe^{2+}，只有能氧化亚铁的细菌才能生长繁殖，其他不具此功能的细菌被淘汰掉，而氧化亚铁硫杆菌则得到初步分离且越来越活跃。可用如下方法对所培养的氧化亚铁硫杆菌初步检查和鉴定。

（1）肉眼观察。如有该菌生长，培养基中的Fe^{2+}氧化成Fe^{3+}，培养基的颜色由浅绿变为红棕色，最后产生高铁沉淀（黄钾铁矾）。

（2）重铬酸钾容量法测定。用重铬酸钾容量法测定培养基中亚铁氧化变成高价铁的数量，变化快的说明细菌生长旺盛，数量大。

（3）显微镜下观察。通过显微镜观察培养液中生成的细菌是否具有氧化亚铁硫杆菌的形状特点。

用上述方法得到的细菌可能是不纯的，如要分离纯菌种，要做平板分离。但一般生产中使用不需要纯菌种，但需要在专门设备中大量培养。菌种培养好后，放在4 ℃冰箱中保存，过一定时间取出来重新转移培养。如用加入硫化矿的培养基保存，可在室温条件下每4～6个月转移一次即可。

平板分离的目的是把混合的含有氧化Fe^{2+}的细菌分开，获得从单一细胞培养出来的纯菌株。方法是将固体培养基熔化倒入培养皿制成平板，然后在无菌条件下，用接种环取上述培养菌液在平板上划线，使所取菌液中的菌体细胞尽量沿划线分散开，然后将划好线的培养皿在20～35 ℃条件下恒温培养，经10 d左右就可以看到单个菌株长得很小的褐色菌落，挑选适当菌落用取样针移到装有数毫升培养基的小试管中恒温培养，一般7 d左右培养液就可变成红棕色。将此培养液重新在固体培养基上划线培养，如此反复数次分离与培养，即可获得纯菌株。

3.7.2 嗜热菌的分离

考虑到嗜热菌生长温度较高，超过琼脂的凝固温度，无法使用涂布平板法进行分离，首先需要对样品进行原位富集。一方面，水样不经稀释，直接加入富集培养基，可最大限度地保持目标菌的数量；另一方面，所采水样不经运输和保存，立即进行富集培养，尽可能保持目标菌的活性，从而大大增加富集成功的可能性。经过三次富集传代培养后（硫酸亚铁的浓度依次为5 g/L、10 g/L、20 g/L），将富集物运回实验室，室温保存不超过3 d，4 ℃下保存不超过7 d。使用梯度稀释法，在70 ℃、180 r/min条件下，将稀释度为10^{-8}及10^{-9}的富集物进行分离纯化。经4次稀释分离后得到嗜热菌的纯培养物。其中富集培养基配方为：$(NH_4)_2SO_4$ 1.5 g/L，$MgSO_4 \cdot 7H_2O$ 0.25 g/L，K_2HPO_4 0.25 g/L，KCl 0.1 g/L，酵母提取物0.1 g/L，$FeSO_4 \cdot 7H_2O$ 5～20 g/L，pH=1.8。

3.7.3 浸矿微生物的培养基

浸矿微生物常用的培养基有：Leathen培养基和Silverman培养基。

Silverman培养基的配方是：（1）溶液Ⅰ，把3.0 g的$(NH_4)_2SO_4$、0.1 g的KCl、0.5 g的K_2HPO_4、0.5 g的$MgSO_4 \cdot 7H_2O$和0.01 g的$Ca(NO_3)_2$溶于700 mL蒸馏水中。（2）溶液Ⅱ，把44.2 g的$FeSO_4 \cdot 7H_2O$溶于300 mL蒸馏水中，再加入1 mL浓度为5 mol/L的硫酸溶液。

溶液Ⅰ在0.1 MPa下灭菌，溶液Ⅱ在0.5 MPa下灭菌，使用前把两种灭过菌的溶液混合。因为这种培养基中Fe^{2+}的含量为9 g/L，所以又称为9K培养基。有时根据需要也可以配制$\frac{9}{2}$K或$\frac{9}{4}$K培养基。

Leathen培养基的配制过程为：先把0.15 g的$(NH_4)_2SO_4$、0.05 g的KCl、0.5 g的$MgSO_4 \cdot 7H_2O$、0.10 g的K_2HPO_4和0.01 g的$Ca(NO_3)_2$溶于1 L蒸馏水中，在0.1 MPa下灭菌30 min，然后再把10 mL 10%的$FeSO_4 \cdot 7H_2O$溶液加酸调至pH值为一定值，并在0.05 MPa下灭菌30 min，最后把两种溶液混合，并调节pH值备用。

用作平板分离的固体培养基，是在上述液体培养基中加入1.5%左右的琼脂或一定量的硅胶制成的。首先在加热条件下配成一定浓度的琼脂溶液，将此溶液消毒后再加入无菌$FeSO_4$等无机盐母液，用硫酸调节好酸度，冷却至常温即制成固体培养基。

3.8 浸矿微生物的菌种选育

3.8.1 选育的意义

菌种选育包括选种和育种。选种即根据微生物的特性，应用各种筛选方法从自然界和生产中选择需要的菌种；育种即进一步提高已有菌种的某种性能，使其更符合需要，一般通过诱变和杂交来实现。变异菌株中通常只有少数在某些性能方面比初始菌株有所提高，育种工作中也存在选种问题，选出的新菌种有待通过育种过程提高其性能，选种与育种有紧密联系。目前，微生物冶金中的硬件设施和工艺流程已经比较成熟，但浸矿微生物生长速度慢，只有大肠杆菌的万分之一，且在实际浸矿体系中，表面活性剂、重金属离子、卤素离子等含量超过一定浓度时，将抑制微生物生长，甚至造成微生物死亡。因此，为了充分发挥微生物浸矿方法的优势，提高其矿物浸出效果，除进一步改进工艺外，更重要的是要加强高效菌株的选育工作，改良菌种以获得能适用多种矿石，适应能力强、氧化活性高并能大规模应用的高效工程菌。

3.8.2 选育方法

3.8.2.1 驯化育种

与其他生物相比，微生物对环境有很强的适应能力，微生物的生长是其与外界环境相互作用的结果，在逐渐适应环境的变化过程中基因会发生突变，在适合生长发育的新环境下成为优势种。驯化按目的不同可分为活性驯化和抗性驯化，方法是使用目的矿物不断传代培养或增加有毒离子浓度的传代培养。

浸矿微生物在使用之前要进行驯化，使之适应于浸矿过程中可能对微生物不利的工艺条件或对于微生物具有毒害作用的物质组分。对于难处理金矿石的细菌预氧化工艺，不利于细菌生长的因素主要是矿浆的含固量和溶解的砷等物质。驯化的方法是逐渐变化不利因素强度之后对细菌进行转移培养，在驯化过程中，那些对新环境不适应的细菌受到抑制或死亡了，而那些活力较强的细菌会通过变异等途径，演变成耐受性更强的细菌而活下来，形成对新环境具有耐性的菌株。

比如，培养细菌耐砷能力的方法是：首先在装有一定体积培养基的三角瓶中加入较低浓度的砷离子，然后接种要驯化的细菌进行培养，开始时细菌不适应，要较长时间才能生长繁殖，待细菌适应此浓度砷的环境开始正常生长后，将它转移到更高浓度砷的培养基中继续培养。以此类推，每转移一次都提高砷的浓度，经过多次逐渐增大砷的浓度的转移培养，就可以获得对砷具有较强耐受力的菌株。据报道，国外有人通过驯化获得了可以耐受25 g/L 砷的菌株。一般含砷金精矿细菌氧化工艺中砷的浓度为 5 g/L 左右。难处理金精矿细菌预氧化过程中，矿浆电位都在 500 mV 以上，在此电位下，绝大部分砷被氧化为 5 价。一般而言，5 价砷的毒性比 3 价砷小得多，所以对细菌影响不大，已投入运行的各金矿细菌氧化厂，都未遇到砷对细菌造成太大影响的情况。

浸矿微生物对矿浆含固量的驯化也采用类似的方法。试验与生产实践证明，矿浆浓度对细菌的影响较大，金精矿细菌氧化作业在充气搅拌槽中进行，细菌对激烈搅动条件下的高浓度矿浆很不适应，这可能是由于搅动中的固体颗粒对细菌细胞产生摩擦，不利于细菌生长繁殖，矿浆浓度越高，越不利于细菌的生长。据报道，在已投产的各细菌氧化工厂，矿浆浓度都不超过20%。

3.8.2.2 诱变育种

诱变育种利用自然突变原理，通过使用诱变剂人为地提高生物的突变频率，并对人们所需性状的正突变个体加以选择和利用。对于浸矿微生物来说，大多突变研究仅限于为了选择一些有特性的菌株或基因工程育种的原始材料，或为该菌的分子遗传学积累知识。利用物理或化学的因素（如紫外线、亚硝基胍、微波等诱变剂）处理微生物群体，促使少数个体细胞的遗传物质（主要是DNA）的分子结构发生改变，使基因内部的碱基配对发生差错，从而引起微生物的遗传性状发生突变。根据应用的要求，可以从突变株中筛选出某些具有优良性状的菌株供科研和生产使用。

一般育种程序包括菌株的选择、菌悬液的制备、诱变处理和变异株的筛选。目前在育种实践中应用较多的诱变剂有紫外线、微波、乙基磺酸乙酯、*N*-甲基-*N'*-硝基-*N*-亚硝基胍和 *N*-甲基-*N*-亚硝基脲，后两种的诱变效果最好。在处理方法上，往往将许多诱变剂同时使用，或一种诱变剂多次重复使用。目前在这方面的报道较多，采用的诱变手段各异，但均取得较好效果。比如，徐晓军等人报道了经紫外线诱变的浸矿细菌对黄铜矿的浸出率比原始菌提高了46%以上，到达浸出终点的时间也缩短了5～10 d。

诱变育种所获得的优良菌株要应用到工业实际中去，必须是遗传稳定的突变菌株，即在菌种保存和应用过程中其突变或抵制基因突变的频率要很小，这就要求在育种过程中做一段长期的培养和观测，反复传代观测其性状稳定性；当培养稳定时，还要对保存的菌种做一定时间的复活培养，分离其未恢复突变株，淘汰其恢复突变株，并确定适当的保存方法和时间。

3.8.2.3 基因工程育种

基因工程育种是指利用基因工程方法对生产菌株进行改造而获得高产工程菌，或是通过微生物间的转基因而获得新菌种的育种方法。来源不同的氧化亚铁硫杆菌菌株对金属硫化矿物的浸出效果是不同的，说明氧化亚铁硫杆菌具有复杂的遗传特性。对氧化亚铁硫杆菌进行基因工程改良的研究已有较多报道，是今后浸矿微生物育种的一个重要方向。但目前为止，国内外所有工作都是自养菌基因工程的前期探索，其主要原因是研究这些自养菌困难程度很大，没有足够的可供筛选的带遗传标志的菌株材料；难以转化和表达外源DNA——氧化亚铁硫杆菌基因能在大肠杆菌中表达，而重组子返回来却难以在氧化亚铁硫杆菌中表达；在传代过程中易丢失其性能；可供能量的基质有限，难以固体培养。

徐海岩等人利用氧化亚铁硫杆菌抗砷工程菌 Tf 59（pSDX3）处理含砷金精矿，获得了较好的抗砷效果。赵清等人通过利用 DNA 体外重组技术，构建了含有强启动子，可在 tra 基因诱导下转移的组成型表达的抗砷质粒 pSDRA4。通过结合转移的方式将其导入专性自养极端嗜酸型喜温硫杆菌 *Acadithiobacillus caldus* 中，构建了冶金工程菌 *Acadithiobacillus caldus*（pSDRA4），重组质粒在喜温硫杆菌中具有较好的稳定性（重组质粒保留76%以上），与野生菌相比，构建的喜温硫杆菌工程菌抗砷能力明显提高，从10 mmol/L 提高到45 mmol/L。

3.8.3 浸矿微生物选育未来的研究方向

结合菌种选育在微生物冶金中的应用现状，今后可深入开展以下研究工作：

（1）复合诱变剂处理浸矿微生物的诱变育种；

（2）研究微生物选育中诱变育种的作用机理，以便更好地指导诱变操作和生产实践，更好地控制诱变条件；

（3）综合考虑菌种的筛选和培育及其他影响因素，取不同的菌株进行正交试验，实现最优控制；

（4）浸矿微生物的分子生物学领域基础性研究；

（5）基因工程育种技术构建出能大规模应用于工业的高效工程菌。

思 考 题

3-1 处理硫化矿的微生物按照生长温度可分为哪几类？

3-2 列举几种常用的浸出硫化矿的微生物。

3-3 硫化矿的微生物浸出机理是怎样的？

3-4 简单介绍氧化锰和还原锰的微生物种类，并说明催化机理。

3-5 分解难溶磷酸盐的微生物有哪些，其分解难溶磷酸盐的机理是怎样的？

3-6 简单介绍产氰微生物的种类，并说明其浸出贵金属的机理。

3-7 硅酸盐细菌有哪些特征，硅酸盐细菌脱硅的机理有哪些？

3-8 产氨微生物主要用于浸出哪一类矿石，其浸出机理是怎样的？

3-9 如何对培养的氧化亚铁硫杆菌进行初步检查和鉴定，嗜热菌如何分离？

3-10 浸矿微生物常用的培养基有几类，其组成是什么？

3-11 浸矿微生物的菌种选育方法有哪些？

3-12 结合菌种选育在微生物冶金中的应用现状，未来可开展哪些方面的研究工作？

4 微生物浸矿工艺及影响因素

4.1 微生物浸矿工艺

微生物浸矿工艺一般有微生物堆浸、微生物槽浸、微生物原位浸出和微生物搅拌浸出四种。

4.1.1 微生物堆浸

微生物堆浸一般都在地面以上进行。首先依据计划每批处理的矿石吨位，设计、建设好不透水的地基；然后将待处理的矿石（未经破碎或经过一些破碎作业）堆置在地基上，形成矿石堆，并设置喷淋管路；向矿堆中连续或间断地喷洒微生物浸出剂进行浸出，同时在地势较低的一侧建集液池收集浸出液。另外，也有利用微生物浸出剂直接在矿山附近形成的废矿堆上或尾矿堆上进行浸出。

微生物堆浸工艺的流程如图 4-1 所示。这种工艺的特点是工艺简单，每批处理的矿石量可根据实际情况随意调整、浸出时间长、浸出率往往偏低。

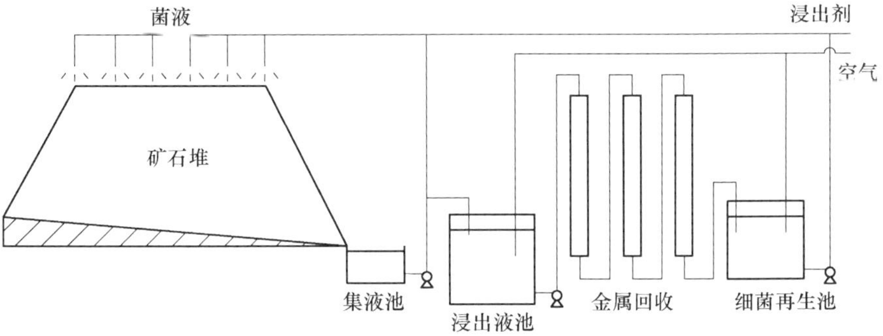

图 4-1　矿石微生物堆浸流程示意图

对于大吨位贫矿石和废矿石的堆浸，每堆矿石可达数万吨甚至数百万吨。如此大量的矿石，一般不经过破碎，矿石最大粒度可以达数百毫米甚至上千毫米。由于矿石粒度大，浸出时间一般为几个月，有时甚至需要几年才能完成浸出作业。这种浸出工艺的生产成本比较低，广泛用于处理大吨位的贫矿、废矿和尾矿。

对于品位比较高的矿石，若要求有较高的浸出率并能在较短时间完成金属回收时，通常是将矿石破碎到 5 ~ 50 mm，再进行微生物堆浸处理。在这种情况下，浸出周期一般为数十天到数百天。

微生物堆浸作业要控制的参数主要有温度、酸度、细菌营养和充气条件等，但在露天堆浸条件下的细菌氧化作业，对细菌生长与氧化条件的控制不像搅拌浸出作业那样严格有效。在野外条件下，矿石堆内温度难以人为控制，因为矿堆内温度除受气温影响外，还受矿堆规模、可氧化硫化物含量、矿石粒度及溶液循环速度等条件控制。尽管如此，对于大规模矿堆内的温度，在大部分时间内可以控制在比较适合细菌生长的范围，较高的堆内温度可以产生较快的氧化速度。比如高寒地区，冬季气温在0 ℃以下，但矿石堆内温度仍可维持在20 ℃左右。

在氧化过程中，要对微生物营养条件进行控制和调节，做法是通过对循环氧化液的分析，查看各种营养元素是否足量，不足的要给予补充。矿堆内的充气条件也很重要，矿堆内的充气是通过堆中孔隙的空气对流和扩散及堆内溶液的循环流动达到的。在筑堆时应尽量使矿堆内有足够的孔隙，增加矿堆表面溶液的使用率有利于提高溶液输送气量，摆动或振动的喷洒器产生的小液滴可吸入更多空气。对于某些高硫化物含量的矿堆，有时需要强制充气，可在堆中设置通气管，将压缩空气输入堆中。

在氧化作业中，应使堆内溶液酸度控制在适合细菌生长的范围，由于大多数矿石中含有铁矿物，细菌氧化过程中铁溶入溶液中，如果酸度过低，可产生铁沉淀，影响矿石的进一步氧化及堆内空气和溶液流动。

4.1.2 微生物槽浸

槽浸是一种渗滤型浸出作业，通常在浸出池或浸出槽中进行，槽浸正是因此而得名。微生物槽浸工艺常用于处理品位较高的矿石或精矿，待处理矿石的粒度一般为 -3 mm 或 -5 mm。每一个浸出池（或槽）一次装矿石数十吨至数百吨，浸出周期为数十天到数百天。微生物槽浸的浸出率明显比微生物堆浸的高。

矿石的微生物槽浸工艺通常有两种操作方式。一种是在喷洒（连续或间断）浸出剂的同时，连续排放浸出液，不在矿层中留存多余的溶液，这种浸出方式和地面堆浸工艺非常相似。另一种是在喷洒浸出剂时，不进行排液，使浸出剂浸没矿石层，可以使浸出剂与矿石有更长的接触时间，但矿石层内的透气性不如前一种好。矿石微生物槽浸的常用设备（实底渗滤池和假底渗滤池）及流程如图 4-2 和图 4-3 所示。

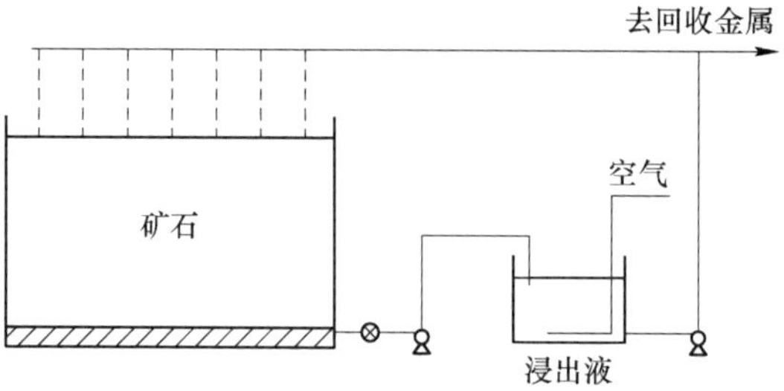

图 4-2 实底渗滤池及流程示意图

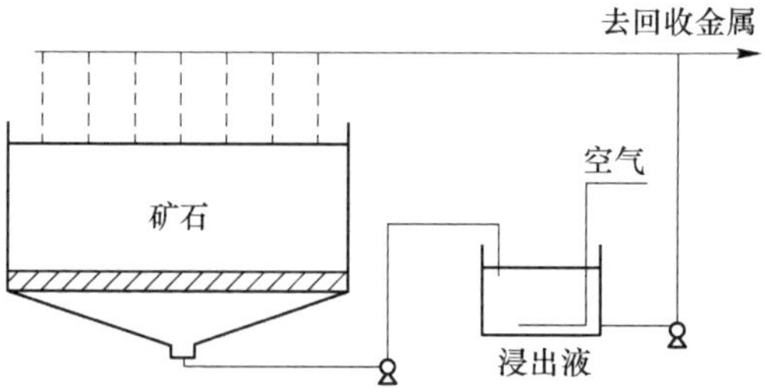

图 4-3 假底渗滤池及流程示意图

4.1.3 微生物原位浸出

微生物原位浸出工艺也叫微生物就地浸出。这种工艺是由地面钻孔至金属矿体，然后从地面将微生物浸出剂注入到矿体中，原地溶浸有用成分，最后用泵将浸出液抽回地面，回收溶解出来的目的元素。采用好氧微生物浸出时，为了使微生物在地下能正常生长并完成浸矿作用，除在浸出剂中加入足够的微生物营养物质以外，还必须通过专用钻孔向矿体内鼓入压缩空气，为微生物提供所需要的氧气。

还有一种微生物原位浸出工艺叫作原地爆破浸出，它是利用井巷工程和挤压爆破技术就地落矿筑堆，应用地下爆破方法就地破碎具有一定粒度和渗透性的矿体，利用细菌制备菌浸剂，在碎矿块上部进行喷淋浸出，达到有选择性地浸出金属的目的。浸出溶液在井下集中收集，通过集液系统将浸出液送至地面处理。

在微生物原位浸出工艺的操作过程中，要定期测定浸出液中的微生物浓度和目的元素浓度，当微生物浓度正常而目的元素浓度已低于最小经济浓度时，浸出作业即告结束。除上面介绍的微生物原位浸出操作方法以外，利用微生物对残留矿柱进行的浸出也归于此类。

4.1.4 微生物搅拌浸出

微生物搅拌浸出一般用于处理富矿或精矿。在进行浸出前，先将待处理矿石磨到 -0.074 mm 占 90% 以上。为了保证浸出矿浆中微生物具有较高的活性，矿浆中固体质量分数大都保持在 20% 以下。搅拌的作用是使矿物颗粒与浸出剂充分混合，增加矿粒与微生物的接触机会。搅拌的方式有机械搅拌和空气搅拌两种，机械搅拌比空气搅拌更容易使矿浆混合均匀。尤其是对于密度较大的矿物原料，采用机械搅拌更为必要。搅拌的另一个作用是增加矿浆中的空气含量，为微生物提供充足的氧气和二氧化碳。

此外，由于微生物浸出的反应时间较长，一般要用多个搅拌槽串联起来操作，延长矿粒在设备中的停留时间。原则上讲，搅拌速度越高，传质效果越好，矿浆中吸入的空气也越多。但由于微生物是通过吸附在矿粒表面来加快矿石的浸出速度，太激烈的搅拌有可能使微生物从矿粒上脱落，从而降低浸出速度，所以搅拌速度不能太高。一般来说，合适的搅拌速度由金属的溶解速度、氧的消耗速度和矿石的密度等因素决定。对于特定的矿石，通常需要通过试验来确定适宜的搅拌速度。

某些情况下，单纯借机械搅拌吸入空气，并不能满足微生物对氧气和二氧化碳的需求，这时就需要另外向浸出槽中通入空气或含有二氧化碳的混合气体。这种机械搅拌加通气的浸出槽是微生物搅拌浸出的主要设备形式。此外，仅靠压缩空气搅拌的微生物浸出设备，目前在生产中也有应用，帕丘卡浸出槽和管式反应器是这类设备的两种典型代表。另外，由于微生物都有着自身的适宜生长温度，所以为了提高微生物浸矿速度，在微生物浸出设备上一般都配有加热或冷却装置。

4.2 微生物浸矿流程

一般来说，微生物浸出的工艺流程包括原料准备、浸出、固液分离、金属回收和微生物浸出剂再生等五个主要工序。

（1）原料准备工序。原料准备工序是待处理物料进行微生物浸出前的准备作业，其目的是制备出与后续浸出作业相适应的矿物原料。对于微生物堆浸和微生物槽浸工艺，该工序包括配矿、破碎、筑堆或装矿；对于微生物搅拌浸出，则包括配矿、破碎和磨碎；而微生物原位浸出工艺没有这一工序。

（2）浸出工序。浸出工序是微生物浸矿工艺流程中的核心部分，该工序包括微生物浸出剂制备、块状矿石的堆浸和渗滤浸出作业，或者磨碎矿石的搅拌浸出作业。

（3）固液分离工序。微生物堆浸、渗滤浸出或微生物原位浸出都可以直接得到送金属回收工序的澄清浸出液，然而对于微生物搅拌浸出则需要进行固液分离。实现固液分离常采用过滤方法，有时也可以通过逆流倾析和洗涤得到固体含量很低的浸出液，送金属回收工序。

（4）金属回收工序。金属回收工序是指从浸出液中回收金属的作业。常用的方法有置换沉淀法、电解沉积法、离子交换法和溶剂萃取法等。

（5）微生物浸出剂再生工序。这一工序是将回收金属以后的澄清含菌尾液送入专门的设备中，加入适量的营养物质、通入空气和二氧化碳进行一段时间的微生物培养，然后送回浸出工序循环使用，以达到降低生产成本、减少尾水排放量的目的。

图 4-4 是利用氧化亚铁硫杆菌浸出金属硫化物矿石的常用流程，在实践中可根据具体的处理对象和对金属提取的质量要求，拟定出具体的实施流程，以满足生产需要。

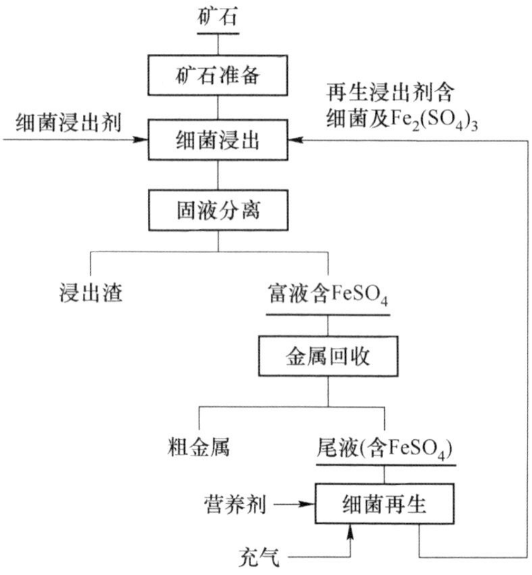

图 4-4　利用氧化亚铁硫杆菌的金属矿物浸出通用流程

4.3　微生物浸矿设备

微生物浸出工艺所使用的设备绝大部分是湿法冶金和矿物加工工程的通用设备，例如破碎设备、磨矿设备、浓缩与过滤设备、金属回收设备等，在此不对它们一一叙述。下面仅就微生物浸矿工艺的专用设备作介绍。

4.3.1　微生物培养设备

在工业生产中，大量培养微生物的方法有间断培养和连续培养两种。间断培养通常在带有通气装置的槽式培养器中进行，其结构如图 4-5 所示。在培养槽中装满培养基，将待培养的微生物接种进去，通入空气或空气与 CO_2 的混合气体进行培养。培养好的菌液由排出口排出，排不完的菌液可作为下一次培养的菌种，重新装入培养基进行下一次培养。

连续培养设备的形式很多，图 4-6 所示的设备结构是其中的常用形式之一。在操作过程中，连续加入培养基，培养好的含菌液由排出口连续排出。设备底部设有一出口与泵连接，将未培养好的含菌液通过泵送回培养槽继续培养。在整个培养过程中，定期测定培养液的 pH 值和氧化还原电位，以便掌握微生物的生长情况。

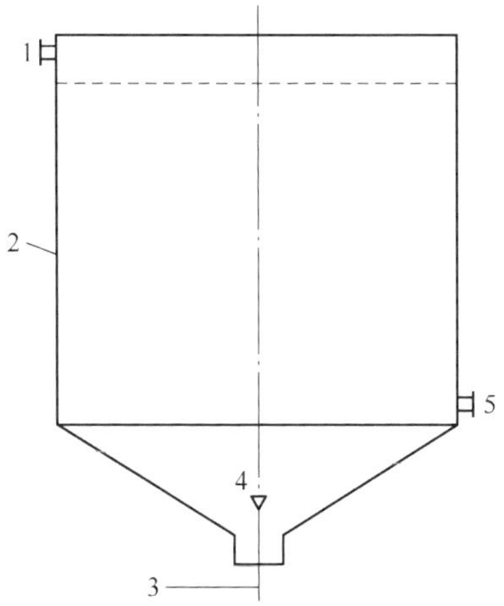

图 4-5 间断式细菌培养槽
1—料液入口；2—槽体；
3—空气入口；4—空气喷嘴；
5—菌液排出口

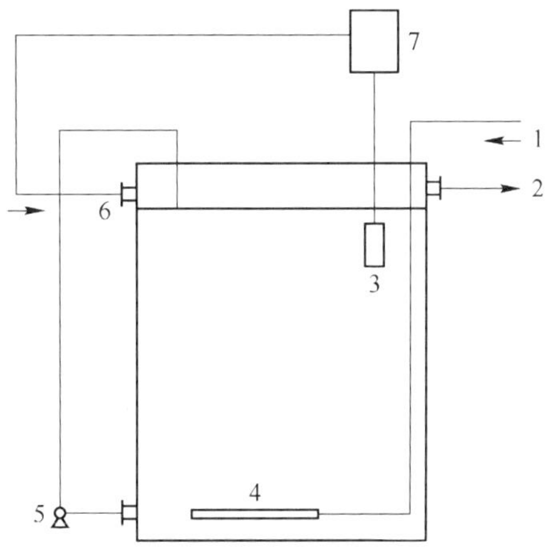

图 4-6 细菌连续培养设备示意图
1—空气入口；2—菌液出口；3—电极；
4—气体分散器；5—水泵；6—料液入口；
7—pH 值和氧化还原电位测量与控制装置

4.3.2 微生物浸出剂的连续制备与再生设备

微生物浸出剂的氧化再生设备是微生物浸矿工艺流程中不可缺少的设备，其形式也是多种多样。这里仅介绍几种在氧化亚铁硫杆菌的浸矿工艺中常用的设备形式。它们的共同特点是利用培养好的细菌或生物膜氧化再生浸出剂。此外，这些设备也可以用来大量制备微生物浸出剂。

4.3.2.1 垂直板式细菌氧化器

垂直板式细菌氧化器的基本结构如图 4-7 所示。这种设备主要是一组垂直的塑胶板（玻璃钢纤维板）安装在一个溶液槽之上，板间距离约 1.3 cm，在槽的下部设一溶液出口与泵连接，在塑胶板上方装一组喷头，用管路将喷头与泵的出水口连接，用于循环喷淋需要氧化的浸出剂。在塑胶板上附有培养好的微生物膜，当料液沿板向下流动时，被膜上细菌氧化，氧化好的浸出剂由另一出口排出，并用泵送至浸出工序。pH 值控制器和电极用于测定和控制培养液的酸碱度和氧化还原电位。

4.3.2.2 旋转盘式细菌氧化器

旋转盘式细菌氧化器的结构如图 4-8 所示。从图 4-8 中可以看出，这种设备的核心部件是一组固定在轴上的圆盘，圆盘的厚度为 1.2 cm，其材质可以是塑胶板，也可以用其他材料制成。圆盘与圆盘之间的距离一般为 1.8 cm。在圆盘的下部设一溶液槽，圆盘的

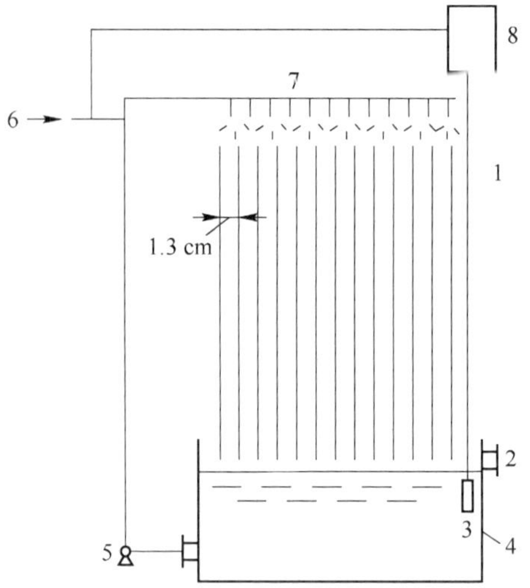

图 4-7　垂直板式细菌氧化器

1—玻璃钢纤维板；2—再生液入口；3—电极；4—溶液槽；5—泵；6—料液入口；7—喷头；8—pH 值控制器

一部分浸没在槽内液体中，圆盘上附有微生物膜，用电动机驱动轴和圆盘一起转动。调节圆盘的转动速度，使圆盘经常处于湿润状态。需要氧化的料液从槽的一侧进入，氧化好的溶液从另一侧排出。

4.3.2.3　填料塔式细菌氧化器

图 4-9 是填料塔式细菌氧化器的结构图。填料塔通常用金属或塑料制成，在塔内装有填料，填料一般是塑料或陶瓷制的拉西环。将填料不规则地装入塔内，塔的下部是一个多孔的假底，在填料上附有培养好的微生物膜。料液及循环液用泵通过喷头喷洒在填料上部，在沿填料自由流下的过程中，被细菌氧化再生。

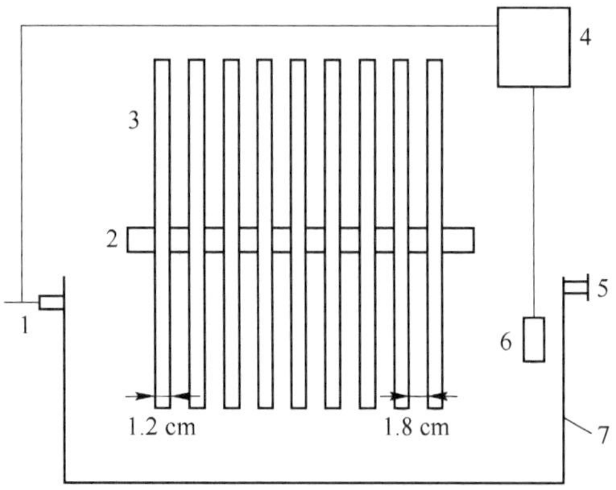

图 4-8　旋转盘式细菌氧化器

1—料液入口；2—轴；3—转盘；4—pH 值控制器；5—再生液出口；6—电极；7—溶液槽

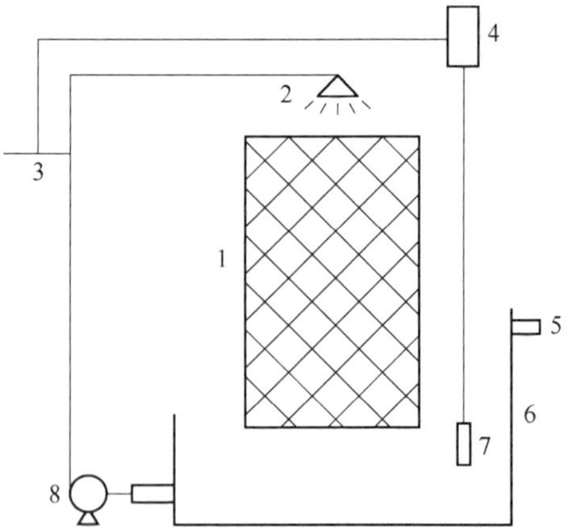

图 4-9　填料塔式细菌氧化器

1—填料；2—喷头；3—料液入口；4—pH 值控制器；5—再生液出口；6—溶液槽；7—电极；8—泵

4.3.2.4 浸没蜂窝式细菌氧化器

浸没蜂窝式细菌氧化器的结构如图 4-10 所示。浸没蜂窝式细菌氧化器的外部轮廓是一个桶状槽体，槽内装有蜂窝状填料，在填料上附有培养好的细菌膜，填料完全浸没在待氧化的溶液中，从槽的底部通入空气和二氧化碳，使溶液与气体在蜂窝状填料中混合流动。微生物将溶液中的 Fe^{2+} 氧化成 Fe^{3+}，氧化好的溶液从槽的另一侧排出。

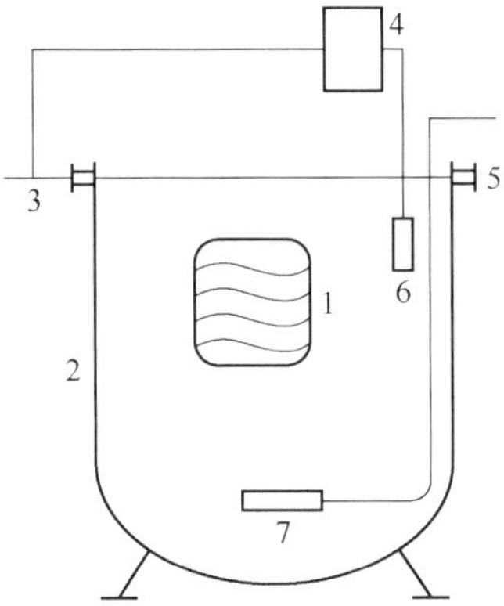

图 4-10 浸没蜂窝式细菌氧化器

1—蜂窝式填料；2—筒体；3—料液入口；4—pH 值控制器；
5—再生液出口；6—电极；7—空气分配器

4.4 浸矿用微生物的连续培养

试验研究和生产实践都表明，浸出剂中微生物的浓度和活性对矿石的浸出效果有很大影响。为了满足研究工作和工业生产的需要，常常要求在较短时间内培养出大量的微生物。如前所述，微生物的培养方式既可以是间断的，也可以是连续的，只是间断培养时，每培养一次都必须经过一段适应期，使培养周期相应延长。为了克服这一缺点，在工业生产中，一般都采用连续培养方式，使微生物在培养设备中始终处于指数生长期，从而获得最大的繁殖速度。

在微生物的连续培养过程中，为了使它们快速繁殖，必须遵循如下一些操作原则：

（1）按照试验所确定的最佳培养基配方，为微生物提供生长繁殖所需的营养物质；

（2）按照试验所确定的供气量最佳值，为微生物提供充足的氧气和二氧化碳；

（3）严格控制适合于微生物生长的环境温度和 pH 值。

当微生物处于指数生长期时，其繁殖速度可以表示为：

$$\frac{\mathrm{dlg}N}{\mathrm{d}t}=\mu=\text{常数} \tag{4-1}$$

式中，N 为微生物浓度，个/mL；t 为培养时间，h 或 d；μ 是微生物比增长率，即微生物处于指数生长期时，生长曲线的斜率。在微生物指数生长期的全部过程内进行积分，即得到连续培养条件下，微生物的培养周期：

$$T=\frac{1}{\mu}\lg\frac{N_2}{N_1} \tag{4-2}$$

式中，N_1 为入口处（即培养开始时）微生物的浓度，个/mL；N_2 为出口处（即培养结束时）微生物的浓度，个/mL。

由式（4-2）得，单位体积、单位时间的微生物产量为：

$$\frac{N_2 - N_1}{T} = \frac{\mu(N_2 - N_1)}{\lg \frac{N_2}{N_1}} \tag{4-3}$$

为了保证微生物连续培养过程稳定进行，必须严格控制培养槽的进液速度和排液速度，使排出的微生物量与微生物的繁殖量相等，从而保证培养过程始终保持动态平衡状态。如果单位时间被给入培养槽的液体体积为 q，则为了保持液量平衡，从培养槽净排出的（不包括循环量）含菌液体积必定也为 q，因而单位时间从培养槽中净排出的微生物量为 N_2q。与此同时，在体积为 V 的培养槽中，微生物的增加量为：$\left[\frac{\mu\ (N_2 - N_1)}{\lg \frac{N_2}{N_1}}\right]V$。

因此，在稳定生产状态下必有：

$$N_2q = \left[\frac{\mu(N_2 - N_1)}{\lg \frac{N_2}{N_1}}\right]V \tag{4-4}$$

所以，维持微生物连续培养过程正常进行的条件是：

$$q = \mu V\left(\frac{N_2 - N_1}{N_2 \lg \frac{N_2}{N_1}}\right) \tag{4-5}$$

4.5 微生物浸出剂的再生与循环利用

微生物浸出剂的再生过程与微生物的培养过程基本相同。在生产实践中，经常采用的操作过程是使浸出剂不断再生和循环使用。浸出剂再生的方法有两种：一种是将提取金属后的尾液经专门设备氧化再生后，送回浸出程序继续使用，浸出剂在整个流程中实现闭路循环；另一种是仅将部分尾液再生循环使用，其余部分经处理后排放。部分再生可以控制循环液中的杂质含量，避免发生恶性循环而影响矿石浸出和金属回收工序的正常运转。此外，在生产实践中，还可以将部分澄清浸出液不经过金属回收工序，直接送氧化再生作业，提高氧化还原电位后返回浸出工序，以此来维持浸出过程所要求的氧化还原电位，减少氧化剂用量。

当然，为了把循环液中的杂质含量控制在允许的范围，也可以在尾液进入再生工序之前，经过除杂作业，将尾液中的杂质沉淀除去。

4.6 微生物浸矿过程的影响因素

影响微生物浸矿过程的因素概括起来主要有九个方面，现分述如下。

4.6.1 培养基组成

一般来说，在微生物浸出过程中，金属矿物的浸出速度与浸出介质中微生物的浓度成正比。所以，欲使矿物尽快浸出，就必须使微生物保持较高的生长繁殖速度。这就要求在生产过程中必须为微生物提供足够的营养物质。

实践表明，在氧气和二氧化碳供应充足的情况下，培养基中的磷源和氮源是影响微生物浸出效果的重要因素。图 4-11 是磷酸盐浓度对微生物浸出黄铜矿的影响情况。从图 4-11 中可以看出，铜浸出速率和铜浸出率都随着磷酸盐浓度的增加而明显上升。当浓度为 15 mg/L 时，铜浸出率达最大值；而浓度为 60 mg/L 时，铜浸出速率最高。培养基中氮含量对氧化亚铁硫杆菌浸铜过程的影响情况如图 4-12 所示。从图 4-12 中可以看出，NH_4^+ 浓度为 60 mg/L 时，铜浸出速率最高，而浓度达 84 mg/L 时，铜浸出率才达到最高。综上所述，在其他营养成分供给充足的条件下，磷酸盐浓度是铜浸出速率的限制因素，而 NH_4^+ 浓度则是铜浸出率的限制因素。

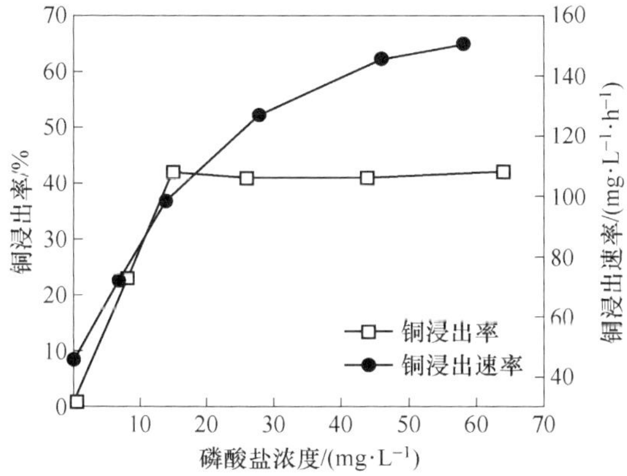

图 4-11　磷酸盐浓度对铜浸出的影响

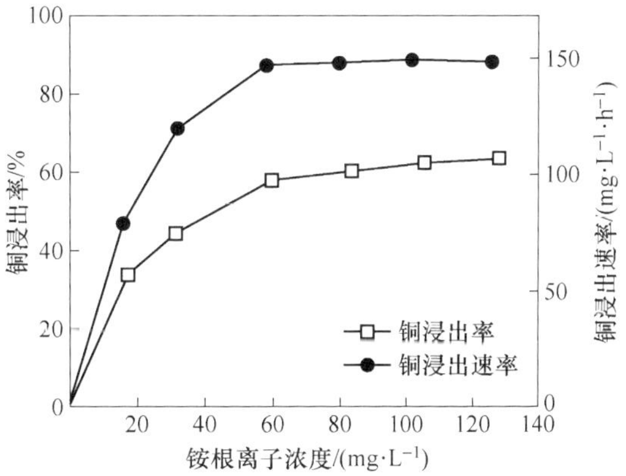

图 4-12　铵根离子浓度对铜浸出的影响

除为微生物提供充足的营养外，还必须为它们提供进行代谢活动所需要的能源。氧化亚铁硫杆菌的能源主要是 Fe^{2+} 和还原态硫，在培养微生物时，可适当加入这两种物质。但为了使微生物适应浸矿环境，通常在培养和驯化阶段，在微生物的培养基中逐渐添加待处理的矿石，以其中所含的 Fe^{2+} 和还原态硫为微生物提供能源。

4.6.2 矿浆温度

矿浆温度对微生物浸矿过程的影响，主要体现在对微生物生长繁殖过程的制约。例如，微生物浸矿生产实践中应用最多的氧化亚铁硫杆菌的最佳生长温度为 25 ~ 30 ℃，当温度低于 10 ℃时，该细菌的活力变得很弱，生长繁殖速度也很慢；当温度超过 45 ℃时，它们的生长同样会受到严重影响，甚至会导致死亡。

温度对氧化亚铁硫杆菌的生长与氧化能力的影响如表 4-1、图 4-13 和图 4-14 所示。

表 4-1　环境温度对氧化亚铁硫杆菌生长情况的影响

温度/℃	7	15	20	26	30	35	40	50
Fe^{2+} 氧化率/%	0	38	100	100	100	46	29	29
细菌浓度/(个·mL^{-1})	2.4×10^8	5.4×10^8	3.8×10^8	3.1×10^8	2.4×10^8	0	0	

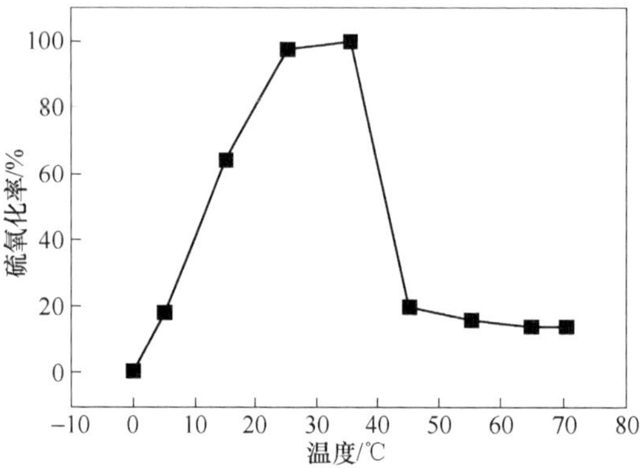

图 4-13　温度对细菌氧化硫的影响

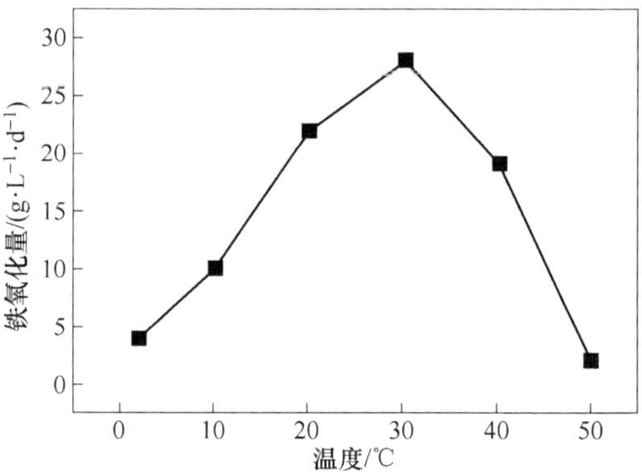

图 4-14　温度对细菌氧化铁的影响

从表 4-1、图 4-13 和图 4-14 中可以看出，最适宜微生物生长的温度，也是微生物氧化能力最强的温度。所以，在微生物浸矿过程中，为了获得最佳的浸出指标，必须保证浸出作业在所用微生物的最适宜生长温度下进行。

4.6.3　矿浆 pH 值

前已述及，环境 pH 值是影响微生物生长繁殖的重要因素。每一种微生物都有其生存的适宜 pH 值范围，当环境 pH 值超出它们的适宜生长范围时，微生物的生长繁殖将受到明显抑制，严重时会导致微生物死亡。因此，为了加快矿石的微生物浸出速度，必须将矿浆 pH 值调整至所用微生物的适宜生长范围，以保证微生物有较快的生长繁殖速度和较高的活性。

在微生物浸矿工艺中，目前应用最多的氧化亚铁硫杆菌是一种产酸又嗜酸的细菌，环境 pH 值对它的影响尤其明显。图 4-15 和图 4-16 是有关 pH 值对氧化亚铁硫杆菌生长情况的影响，其中图 4-15 的纵坐标 lg$I$ 中的 I，是用分光光度计测定含菌液浊度测得的透光率。从这些图中可以看出，矿浆的 pH 值控制在 1 ~4 比较合适。

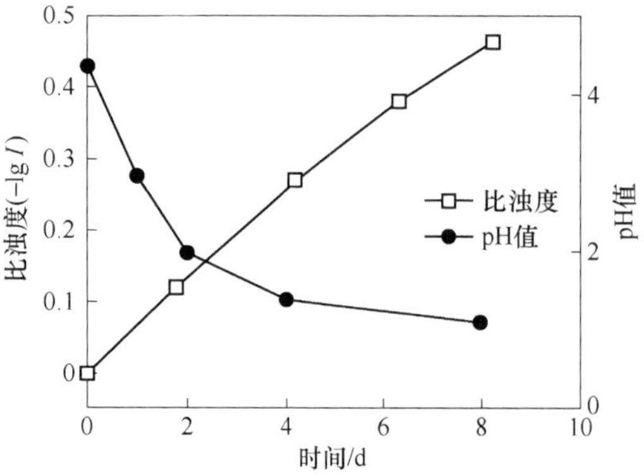

图 4-15　氧化亚铁硫杆菌在培养过程中 pH 值与比浊度之间的关系

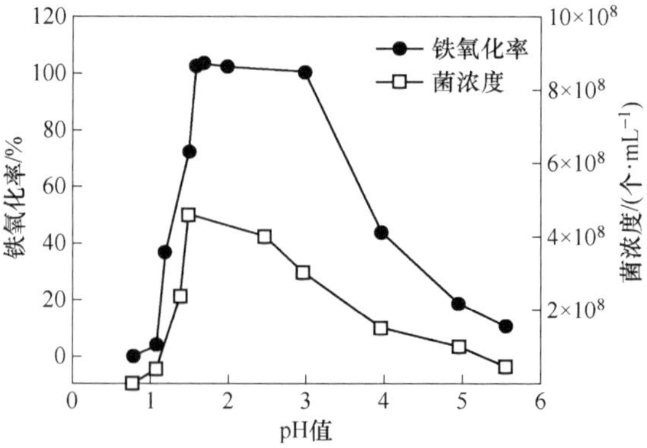

图 4-16 培养基 pH 值对细菌的影响

当然，矿浆 pH 值对微生物浸矿过程的影响，并不仅仅表现在对微生物生长的促进或抑制两个方面，它还对矿浆中的物相平衡有着决定性影响。例如，被氧化亚铁硫杆菌用作能源的 Fe^{2+} 和氧化产物 Fe^{3+} 在矿浆中的浓度与 pH 值有着密切的关系。从图 4-17 和图 4-18 中可以看出，随着 pH 值的上升，Fe^{2+} 和 Fe^{3+} 会生成不同形式的沉淀物。这样一来，因为矿浆中铁离子浓度下降，Fe^{2+} 和 Fe^{3+} 水解生成的氢氧化物和铁矾又会覆盖在矿石颗粒表面，形成比较致密的包裹层，阻碍微生物与矿石的接触，从而大大降低矿石的浸出速度。因此矿浆 pH 值是浸矿过程中的关键影响因素之一，必须放在首要考虑的位置。

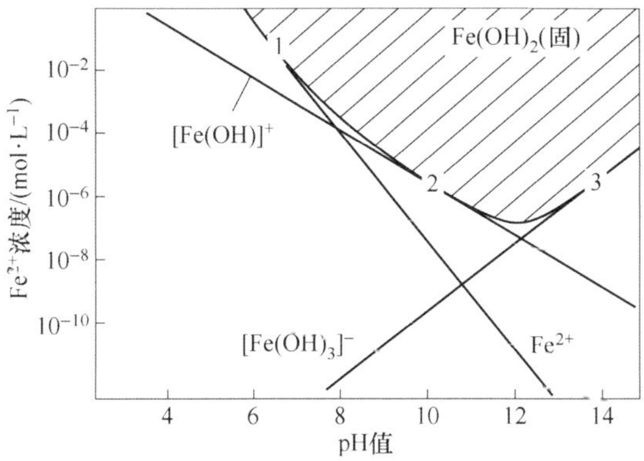

图 4-17 Fe^{2+} 浓度与 pH 值之间的关系

1—$Fe(OH)_2$(固)$\rightleftharpoons Fe^{2+} + 2OH^-$；

2—$Fe(OH)_2$(固)$\rightleftharpoons [Fe(OH)]^+ + OH^-$；

3—$Fe(OH)_2$(固)$+ OH^- \rightleftharpoons [Fe(OH)_3]^-$

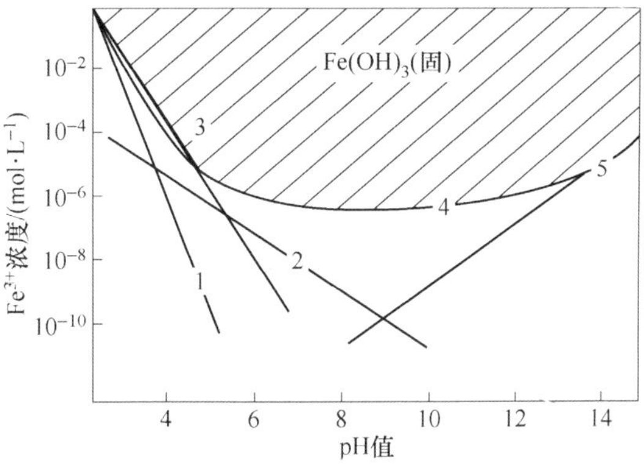

图 4-18 Fe^{3+} 浓度与 pH 值之间的关系

1—$Fe(OH)_3$(固)$\rightleftharpoons Fe^{3+} + 3OH^-$；

2—$Fe(OH)_3$(固)$\rightleftharpoons [Fe(OH)_2]^+ + OH^-$；

3—$Fe(OH)_3$(固)$+ OH^- \rightleftharpoons [Fe(OH)]^{2+} + 2OH^-$；

4—$Fe(OH)_3$(固)$\rightleftharpoons [Fe(OH)_3]$；

5—$Fe(OH)_3$(固)$+ OH^- \rightleftharpoons [Fe(OH)_4]^-$

4.6.4 金属及某些离子

如前所述，微生物的生长需要许多种微量元素。例如，钾离子影响细胞的原生质胶态和渗透性；钙离子在控制细胞渗透性的同时，还起着调节细胞内酸碱度的作用；镁和铁是细胞色素和氧化酶辅基的组成部分。因此，在微生物体内必须含有适量的金属离子。然而任何事情都有一定的限度，就微生物而言，如果金属或金属离子的含量过高，也会对它们产生不同程度的毒害作用，从而影响微生物浸矿过程的正常进行。

据统计，微生物对一些金属和离子的极限耐受浓度如表 4-2 和表 4-3 所示。

表 4-2 微生物对一些金属的极限耐受浓度

金属	Al	Ca	Mg	Mn	Mo	Cu	U
极限耐受浓度/($g·L^{-1}$)	6.3	4.9	2.4	3.3	0.16	12.0	1.0

表 4-3 微生物对一些离子的耐受浓度

金属	Cl^-	Ca^{2+}	Cu^{2+}	Ag^+	AsO_4^{3-}	NH_4^+	Cd^{2+}	Na^+
极限耐受浓度/($mol·L^{-1}$)	0.34	0.073	0.0071	0.0019	0.056	0.118	0.078	0.29

当表4-2和表4-3中的物质在矿浆中的含量超过浸矿用微生物所能耐受的极限时，将会明显降低微生物的生长速度和活性，抑制它们的氧化能力，致使微生物的浸矿效果急剧下降，图4-19所示为一个典型的例子，处理的矿样是 -0.04 mm，含 Cu 30.09% 的黄铜矿。

其他一些金属盐类对氧化亚铁硫杆菌的影响情况如表4-4所示。从表4-4中数据可以看出，F^-对氧化亚铁硫杆菌氧化能力的抑制程度最大。因此，在硫化物矿石的微生物浸出过程中，应特别注意控制浸出剂中F^-的浓度。

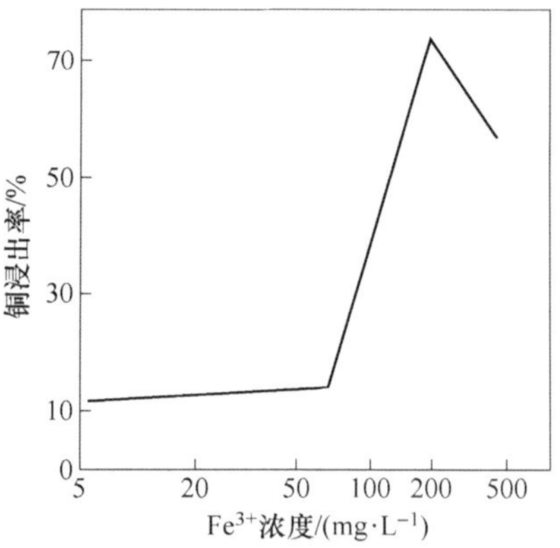

图4-19 Fe^{3+}浓度对细菌浸出铜的影响

表4-4 某些盐类对氧化亚铁硫杆菌的影响

盐类	浓度/(mol·L^{-1})	抑制氧化Fe^{2+}的能力/%	盐类	浓度/(mol·L^{-1})	抑制氧化Fe^{2+}的能力/%
NaCl	0.2	0	$MnSO_4$	1.0	0
	0.5	50	$NaNO_3$	0.35	0
	1.0	90		0.6	40
KCl	0.2	0		0.8	100
	0.5	0	NH_4NO_3	0.3	10
	1.0	90		0.8	100
Na_2SO_4	2.0	0	NaF	3×10^{-4}	0
K_2SO_4	2.0	0		1.7×10^{-3}	30
$Al_2(SO_4)_3$	1.0	0		6.7×10^{-3}	100

4.6.5 矿浆浓度

在微生物搅拌浸出工艺中，矿浆浓度对矿石浸出过程的影响主要包括以下三个方面：

（1）随着矿浆浓度的增加，矿浆中的离子浓度也随之上升，当离子浓度超过微生物的极限耐受浓度时，将会导致矿石的浸出速率明显下降。

（2）由于微生物对矿石浸出的直接催化作用是通过吸附于矿粒表面而实现的，当矿浆中固体浓度升高时，每个矿粒上附着的微生物数目必然下降，从而降低矿石的浸出速率。

（3）随着矿浆浓度的上升，搅动矿浆中矿粒之间的碰撞、摩擦程度加剧，致使吸附于矿粒表面的微生物脱落或损伤，从而导致矿石的浸出速率下降。

由于上述三个方面的原因，在微生物浸矿工艺流程中，矿浆浓度一般控制在10%~20%。当矿浆浓度超过20%时，金属浸出率明显下降。当矿浆浓度达到30%时，大多数微生物很难生存。

4.6.6 光线

一般来说，由于紫外线具有很强的杀菌作用，若将微生物放置在直射的日光下，即使它们不死亡，其活性和生长繁殖速度也会受到严重影响。经检测发现，在暴露于阳光下的培养池中，距液体表面0.6 m以内的液层中几乎观察不到微生物的氧化作用。另外，在微生物堆浸工艺中，在暴露于阳光之下的矿堆表面，微生物的浸矿作用也非常微弱。经过实际测定，得到光线对微生物浸出效果的影响情况，如图4-20所示。从图4-20中可以看出，光线对微生物浸出过程有着明显的不利影响。所以，微生物浸矿过程应尽量在避光条件下进行。

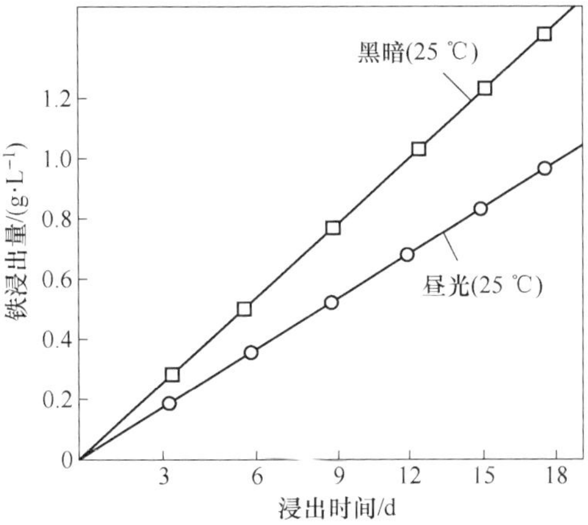

图4-20 光线对氧化亚铁硫杆菌浸出效果的影响

最近的研究表明，当微生物暴露在阳光下的时候，矿物和微生物之间的相互作用发生了显著变化，矿物和微生物的相互作用可能比我们以前认为的更复杂，特别是在阳光照射下。半导体矿物的光催化将太阳能转化为化学能，以支持和刺激非光养微生物的生长，并帮助塑造自然界中的微生物群落。

半导体矿物可被特定能量的光子（$h\nu > E_g$）激发而在其导带中产生光电子。当半导体矿物导带位置电位小于高价离子还原为低价离子或单质的标准反应电位时，矿物光电子具有足够能量调控还原该离子价态。很多学者近年来从空穴捕获剂、半导体掺杂、染料敏化等不同角度开展了大量半导体矿物光生电子的相关研究。研究表明可见光条件下照射黄铜矿能够显著提高黄铜矿生物浸出的效率。杨宝军等人又进一步探究光催化黄铜矿细菌浸出的适用性和影响，将多种光空穴捕收剂应用其中，显著提高了黄铜矿生物浸出的效率。

光究竟是促进了微生物生长还是抑制了微生物生长，对于这两种不同的观点，李伟洁给出了几点思考：首先，目前光催化的杀菌作用主要应用于水处理技术，作用对象是水中常见异养型微生物，如大肠杆菌。而*A. ferrooxidans*是化能自养型微生物，光生电子非但未损害，反而间接促进了微生物的生长代谢作用。其次，光催化产生的活性氧自由基（ROS）的存在时间非常短暂，只有直接吸附在半导体表面上的微生物才会受到其损害。最后，光强也是影响微生物的重要因素。当光照强度低于微生物可利用的最优光强时，微生物的生长效率随光强的增加而提高。但当光强超过最优值时，体系中的光电流密度可能会超过微生物胞外电子传递能力的极限，进而抑制微生物的生长代谢。同时，高光强促进ROS组分产生，进而导致微生物膜被破坏。

4.6.7 表面活性剂

由于表面活性剂能改变矿石的表面疏水性和渗透性，所以有些表面活性剂能加快微生物的浸矿速度。基于这一情况，研究者就表面活性剂对微生物浸出过程的影响进行了系统研究。结果表明，对微生物浸矿过程有促进作用的表面活性剂有如下几种：

（1）阳离子型表面活性剂，包括十二烷基三甲基氯化铵、咪唑啉阳离子季铵盐等；

（2）阴离子型表面活性剂，包括辛基磺酸钠、氨基脂肪酸衍生物等；

（3）非离子型表面活性剂，包括聚氧乙烯山梨醇酣单桂酯（吐温 20）、苯基异辛基聚氧乙烯醇、壬基苯氧基聚氧乙烯乙醇等。

几种表面活性剂对微生物浸出黄铜矿的影响情况如表 4-5 所示。由表 4-5 中数据可以看出，三种表面活性剂中吐温 20 的效果最好，其最佳使用浓度为 0.003%。研究者通过添加表面活性剂，将氧化亚铁硫杆菌浸出黄铜矿的速度由 20 mg/(L·h) 提高到 500 mg/(L·h)。

表 4-5 表面活性剂浓度对氧化亚铁硫杆菌浸出黄铜矿的影响

表面活性剂浓度/%	铜浸出率/%		
	吐温 20	聚氧乙烯山梨醇单棕榈酯	聚氧乙烯山梨醇单硬脂酸酯
0	8.3	8.3	8.3
0.0001	57.2	22.2	28.9
0.003	74.4	44.15	58.8
0.05	31.8	27.3	19.5
0.1	23.9	19.9	15.1
0.5	21.0	11.9	11.4
1.0	12.1	15.9	18.6

4.6.8 通气量

当利用好氧微生物（如氧化亚铁硫杆菌）对矿石进行浸出时，需要供给充足的氧气和二氧化碳，以保证浸出过程正常进行。一般来讲，好氧微生物正常生长时的实际耗氧量，比通常情况下水中溶解的氧要高两个数量级，所以仅靠自然溶解在水中的氧，远远不能满足微生物生长的需要。因此，在绝大部分微生物浸矿工艺中都采用直接向矿浆（或浸出剂）中充气或借助加快溶液的循环速度等手段，来改善浸出过程的供氧情况。通气对氧化亚铁硫杆菌氧化能力的影响的实际测定结果如图 4-21 所示。

从图 4-21 中可以看出，通气对好氧微生物氧化能力的影响是非常显著的。在实际浸矿过程中，通气速度一般为 0.06 ~ 0.1 m^3/min。通常情况下，空气中的 CO_2 量是可以满足微生物需要的。只有在个别情况下，为了加快微生物的繁殖速度，在供给的空气中补加 1% ~ 5% 的 CO_2。

4.6.9 催化金属离子

Cu^{2+}、Hg^{2+}、Bi^{3+}、Co^{2+}、Ag^{+} 等一些金属离子，对氧化亚铁硫杆菌浸出闪锌矿和复杂金属硫化矿精矿的效果有明显影响，如图 4-22 ~ 图 4-24 所示。从图 4-22 ~ 图 4-24 中可以看出，Ag^+对锌和铜的微生物浸出效果以及Cu^{2+}对锌的浸出效果都有明显影响。至于个别情况下，出现较长的适应期，则可以认为是起初微生物对催化离子尚不适应所致。

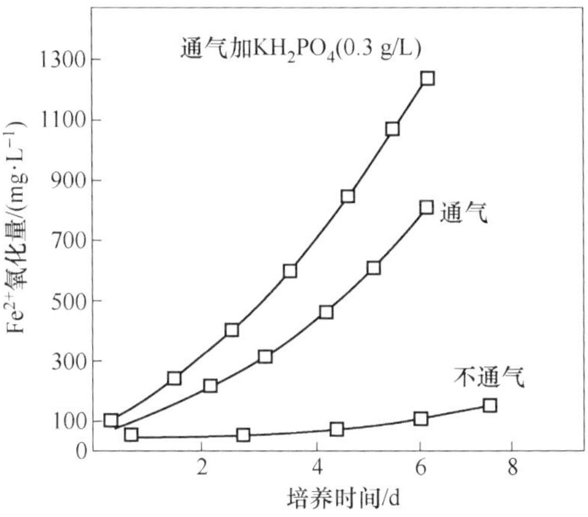

图 4-21　通气条件对氧化亚铁硫杆菌氧化 Fe^{2+} 的影响

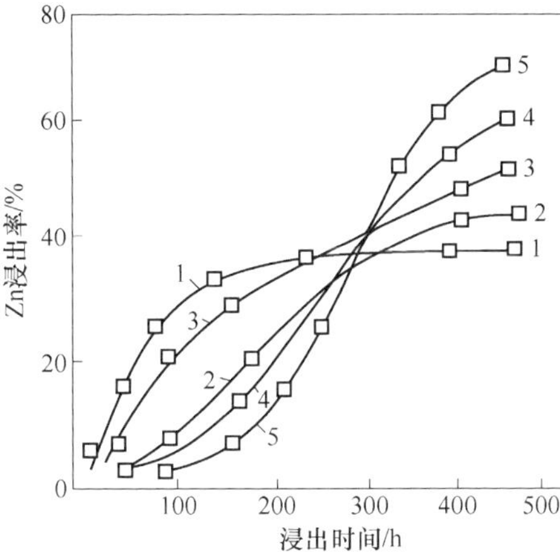

图 4-22　不同催化离子对细菌浸出闪锌矿的影响

1—未加催化剂；2—Hg^{2+}；3—Co^{2+}；4—Bi^{3+}；5—Ag^+

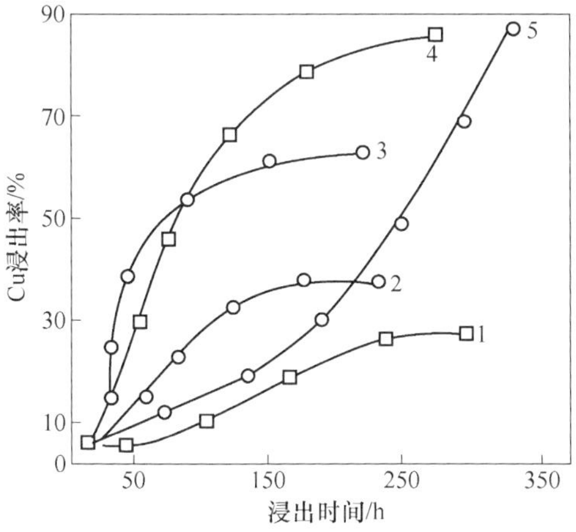

图 4-23　不同催化离子对细菌浸出铜精矿的影响

1—未加催化剂；2—Bi^{3+}；3—Co^{2+}；4—Hg^{2+}；5—Ag^+

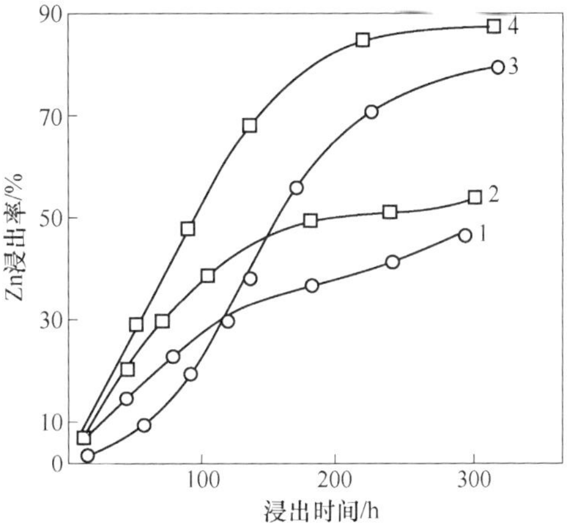

图 4-24　不同 Cu^{2+} 浓度对细菌浸出锌精矿的影响

1—未加；2—0.03 g/L；3—0.33 g/L；4—1.27 g/L

关于Ag^+对黄铜矿微生物浸出过程的催化机理，一般认为是Ag^+取代了黄铜矿晶格中的Cu^{2+}和Fe^{2+}，生成Ag_2S，其反应方程式为：

$$CuFeS_2 + 4Ag^+ \longrightarrow 2Ag_2S + Cu^{2+} + Fe^{2+} \tag{4-6}$$

被Ag^+取代下来的Fe^{2+}迅速被微生物氧化成Fe^{3+}。Fe^{3+}又与Ag_2S发生如下反应：

$$Ag_2S + 2Fe^{3+} \longrightarrow 2Ag^+ + 2Fe^{2+} + S \tag{4-7}$$

从而使催化离了Ag^+得到再生。由于Ag^+对Fe^{2+}的取代，加速了氧化亚铁硫杆菌对

Fe^{2+}的氧化速度，相当于增加了微生物的能源供应，从而大大地增加了微生物的生长繁殖速度和活性。因此，Ag^{+}可以明显改善氧化亚铁硫杆菌对黄铜矿的浸出效果。

4.7 微生物浸矿的实验室模拟研究方法

4.7.1 摇瓶试验

摇瓶试验是微生物浸出研究的第一步。从微生物学上讲，它是一种分批培养方法。这种培养方法是在反应器中一次加入培养基和矿样，然后按照一定比例接种细菌并在一定条件下进行培养，此后直到培养结束不再添加任何物料。浸出结束后放出培养液进行处理。

要确切地了解某种矿石的微生物浸出可行性，还须通过试验来确定。比较快的方法是进行摇瓶试验。用此法一般可在1~2周内得出矿石的最大浸出率、浸出速度、酸耗和产酸量等数据。由这些数据就可较快地判别某种矿石是否适合于微生物浸出。

使用摇瓶试验的最大好处是它可同时进行多个条件的试验，获得多种信息。所以摇瓶试验特别适合于条件试验和菌种选育。在实验中为避免产生矿石沉积，缩短浸出时间，提高浸出率，矿样往往磨得很细，通常磨至小于40 μm。

（1）菌种。用于浸矿的菌种一般采集于矿山的酸性矿坑水，经过富集、反复分离、纯化而得到。目前浸矿常用的菌种为氧化亚铁硫杆菌和氧化硫硫杆菌等混合菌种。

（2）摇瓶试验设备。锥形瓶和恒温生物摇床，摇床可分为水浴摇床和空气浴摇床两种，空气浴摇床常有单层和多层之分。

（3）培养基。细菌生长培养基常用9K液体培养基。培养基的组成为：$(NH_4)_2SO_4$ 3 g/L，K_2HPO_4 0.5 g/L，KCl 0.1 g/L，$MgSO_4 \cdot 7H_2O$ 0.5 g/L，$Ca(NO_3)_2$ 0.01 g/L，$FeSO_4 \cdot 7H_2O$ 44.2 g/L。用H_2SO_4调节pH值至试验所需pH值。

（4）试验方法：将矿样（原矿或精矿）根据实验要求磨至一定粒度，根据接种量取一定体积的9K液体培养基（如果矿样中含铁，培养基中可不加或少加Fe^{2+}）于250 mL或500 mL锥形瓶中，称取一定质量磨好的矿样加入到培养基中。为避免矿石中耗酸的碳酸盐矿物或者硅酸盐矿物造成pH值迅速升高，应先用硫酸调矿浆pH值，使pH值稳定在2.0左右。硫酸用量可作为矿石最高耗酸量的估计值。pH值稳定后进行接种细菌。接种完毕，用封口膜封好锥形瓶，在锥形瓶上贴好标签，记下起始参数，然后将锥形瓶置于恒温生物摇床中，在30~45 ℃，转速为90~170 r/min的条件下振荡浸出。试验过程中每隔一定时间测定浸出液pH值、ORP，取样分析浸出液中Fe^{2+}、Fe^{3+}及其他金属离子浓度，计算金属浸出率。每次取样前应补加蒸馏水以补偿水的蒸发损失。取样损失用相应pH值的无铁9K培养基补充。

为保证浸出效果的可信度，同一条件下试验至少重复两次。同时为对比无菌化学浸出效果，经灭菌锅灭菌后，有菌、无菌对比试验在相同条件下同时进行。

摇瓶试验受其条件限制，难以给出浸出动力学相关信息，也不能说明最终浸出率。

4.7.2 搅拌槽浸试验

微生物搅拌槽浸试验常用于模拟工业生产上的搅拌浸出，主要用于品位高的矿石或精矿。搅拌槽浸的工作方式分为连续式与半连续式两种，其特点是反应速度快、浸出率高、控制比较容易。搅拌槽浸的浸出设备的搅拌方式分为机械搅拌、空气搅拌和振动搅拌等，实验室常用小型搅拌槽浸设备是发酵罐和巴氏空气搅动浸出槽。浮选机也是一种很好的槽浸设备，但需做耐酸防腐处理。搅拌能使矿浆容易混合，同时也可使液气充分接触，为细菌提供充分的氧气和二氧化碳。由于微生物浸出时间长，搅拌槽浸通常由几个槽串联工作，单槽浸出情况较少。单槽浸出与摇瓶试验类似，只不过搅拌槽浸的搅拌方式优于摇瓶试验，其矿浆浓度一般高于摇瓶试验，其结果相较摇瓶试验更接近实际。搅拌槽浸的起始参数一般由摇瓶试验结果提供。

4.7.2.1 单槽浸出试验

图 4-25 为单槽浸出试验装置。细菌氧化在一个下窄上宽，容积为 2 L 的带盖玻璃槽中进行，通过无油电磁充气泵及导流管向槽中溶液提供细菌生长所需的氧气和二氧化碳，并起到搅拌作用；细菌生长温度由电热恒温水浴锅控制。

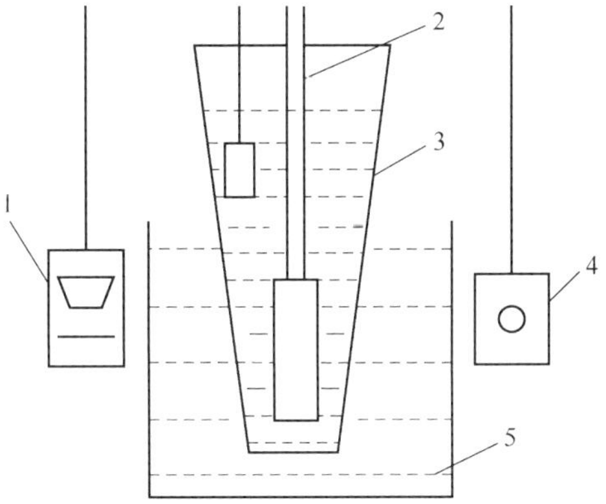

图 4-25 单槽浸出试验装置示意图

1—pH 计；2—流量计；3—浸出槽；4—空气泵；5—恒温水浴锅

4.7.2.2 连续浸出试验

连续浸出有两种工作方式，即半连续浸出和连续浸出。

（1）半连续浸出。半连续浸出也叫重复给料分批培养，即在浸出过程中定期补加新鲜培养液并定期将浸出液取出。这样做可以定期补充作用菌，并将有害代谢物排出和稀释，从而使得整个罐中的浸出参数基本保持稳定平衡。因此它是介于分批浸出与连续浸出之间的中间试验过程。

（2）连续浸出。如图 4-26 所示，连续浸出是将半连续浸出的几个重复给料浸出设备串联起来，即第一个浸出槽的出料作为第二个浸出槽的进料，而第二个浸出槽的出料作为第三个浸出槽的进料，如此进行，直至最后一槽流出所需的浸出液，形成一个连续多级的浸出过程。第一浸出槽一般作为矿样准备槽，只有当该槽参数稳定后，才能以较小的流量向第二槽给矿。也只有当第二槽参数也稳定了，才能向第三槽给矿。以此类推直至所有的浸出槽均充满矿浆。

搅拌槽浸试验的主要目的是测定矿石酸耗和浸出性能（包括金属浸出率、氧化剂对

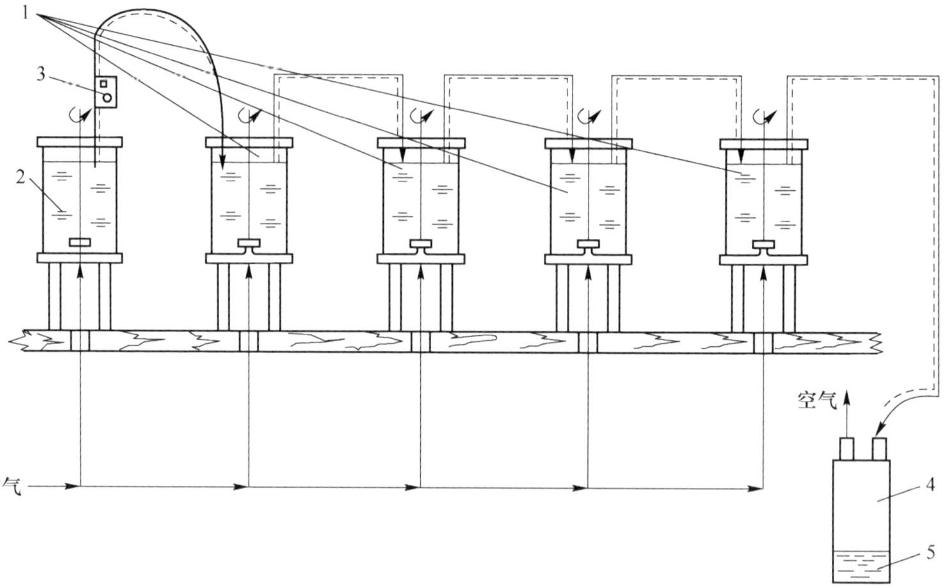

图 4-26 微生物连续浸出试验装置

1—浸出反应器；2—调浆反应器；3—给矿机；4—矿浆收集器；5—矿浆

浸出的影响、浸出时间对浸出的影响等），了解矿石浸出的一般规律，为下一步现场试验提供依据。

4.7.3 柱浸试验

柱浸试验是一种常用的模拟堆浸、地浸生产实际的实验室试验方法。浸出柱根据矿石粒度不同而采用不同的尺寸。浸出柱材质可选用有机玻璃、玻璃、陶瓷、塑料及耐酸内衬的不锈钢筒。浸出柱采用单柱或几个柱串联操作，间接循环方式进行。单柱的高度介于 150 ~ 600 cm，柱的高径比介于 3 ~ 40，装入矿石量 3 ~ 1400 kg。参照矿山现场生产设备使用情况，将矿石破碎至不同粒级，一般为 3 ~ 50 mm 粒级，有的试验前需进行制粒。矿石经小颚式破碎机破碎后，直接装入浸出柱内以滴淋方式进行浸出。装入矿石的最大块度不超过浸出柱直径的 20%。对较大浸出柱，为考察沿柱高矿石的浸出效果及测量温度等，沿柱高开有一些取样孔及测量孔。

浸出柱底部设有多孔隔板，矿石即装填在此板之上。浸出液在底部容器中收集，由可调流量蠕动泵循环。顶部浸出液喷嘴应保证布液均匀。pH 值由 pH 计测量，pH 计还可自动调节溶液酸度，或者通过计算机控制回路调节溶液蠕动泵给入酸或碱将 pH 值控制在给定值。柱浸试验装置如图 4-27 所示。

柱浸试验可获得最佳的矿样粒度、矿浆浓度、温度、pH 值、金属浸出率、浸出时间、酸碱耗量等可靠数据。因为柱浸试验的矿石粒度可与工业操作完全相同，因此柱浸试验可提供地浸、堆浸及人工堆浸的可靠模拟数据。为模拟工业生产中可能高达几十米的矿石层，可用几个浸出柱串联操作。

试验方法：取代表性矿样进行破碎，将不同粒度的试验样品装入浸出柱中，水洗或用

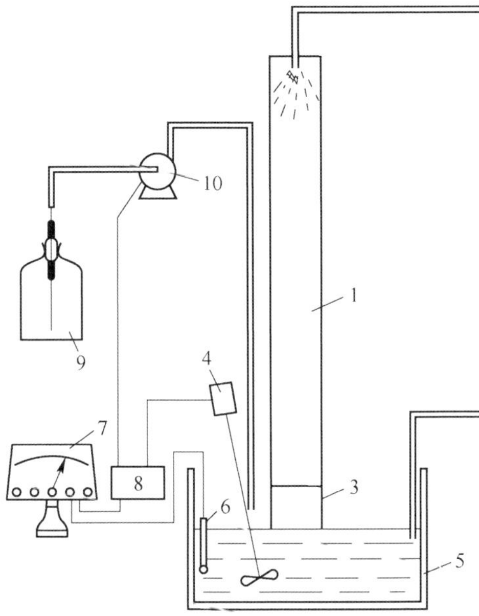

图 4-27 柱浸试验装置

1—浸出柱；2—浸出液循环蠕动泵；3—多孔隔板；4—搅拌器；5—浸出液收集容器；6—电极；7—pH 计；8—计算机控制回路；9—pH 调整容器；10—pH 调整溶液蠕动泵

2% 的稀硫酸进行酸洗，以除去矿石中的碱性物质，同时测定出初始耗酸量。待流出液 pH 值稳定在 1.6～1.8 之后，按照一定的接种量接入培养好的细菌。根据菌液量设置循环量，用小型充气泵充气，氧化过程中适时更换部分菌液。在此过程中，每 24 h 测定其 ORP、pH 值，分析浸出液中的相关参数。浸出结束后，用酸化水洗涤矿石柱，然后卸下矿石，将其烘干并取样分析。测定浸出渣中金属及其他组分含量。

柱浸的周期有时长达数年，这是柱浸试验不可避免的缺点。但实际上这正是典型的工业浸出特点，这一缺点可由其可靠的实验数据得到补偿。另外，柱浸投资费用比几百吨甚至上千吨的半工业规模堆浸低得多。但由于柱浸试验规模小，聚热效果差，加之矿石中硫化物的质量分数相对较少，这从某种程度上造成了氧化程度慢、氧化效率低的问题。

思 考 题

4-1 微生物浸矿的工业化应用工艺有哪些？

4-2 微生物浸矿流程包含哪些工序？

4-3 微生物培养设备有哪些，微生物浸出剂的连续制备与再生设备有哪些？

4-4 在微生物的连续培养过程中，为了使它们快速繁殖，必须遵循哪些操作原则？

4-5 微生物浸矿过程的影响因素有哪些？

4-6 在实验室如何模拟研究微生物浸矿过程？

5 硫化矿的微生物浸出

5.1 硫化铜矿石的微生物浸出

在铜矿业中，由于铜矿石品位逐年下降，如20世纪初，铜矿石的可采品位均在1%以上，到20世纪70年代已下降到0.3%左右，因此，有人甚至提出，有一天花岗岩也可能被当作铜资源来开采。然而，传统的选冶方法根本无法从品位极低的含铜矿石中经济地回收铜，对此微生物浸出技术则可发挥重要作用。据文献报道，采用微生物浸出技术生产铜，其基建费用和生产费用分别只有常规方法的20%～25%和40%，经济效益非常显著，铜矿石的开采边界品位可达0.01%。微生物浸铜技术工艺简单、易操作、能耗低、无污染或少污染，可处理极低品位铜矿石，已引起了世界各国的高度重视，前景十分广阔。在微生物冶金技术的工业应用领域中，微生物浸铜工艺是经济效益最佳的实例之一。

5.1.1 微生物浸铜的化学反应

在没有细菌存在的情况下，硫化铜矿物的自然溶解速率很慢。在细菌的作用下，溶解速率大大提高，可达自然溶解的1000～10000倍。与化学溶解相比，微生物浸矿也可提高浸出速率，如黄铜矿提高12倍，铜蓝和斑铜矿提高18倍。这就是人类研究和应用细菌浸出铜矿物的原因之一。

迄今为止，利用微生物技术处理的铜矿石，都是一些含有硫化铜矿物的矿石。在微生物的作用下，矿石中的一些铜硫化物矿物首先被氧化溶解，并生成一些氧化能力较强的物质，例如H_2SO_4、$Fe_2(SO_4)_3$等，它们可以氧化其他铜硫化物矿物、铜的氧化物矿物和含氧盐矿物。

微生物浸出不同类型的铜矿石时，可能发生的化学反应如下。

（1）黄铜矿（$CuFeS_2$）：

$$CuFeS_2 + 2H_2SO_4 + O_2 \xrightarrow{微生物} CuSO_4 + FeSO_4 + 2S + 2H_2O \tag{5-1}$$

$$4FeSO_4 + 2H_2SO_4 + O_2 \xrightarrow{微生物} 2Fe_2(SO_4)_3 + 2H_2O \tag{5-2}$$

$$CuFeS_2 + 2Fe_2(SO_4)_3 \longrightarrow CuSO_4 + 5FeSO_4 + 2S \tag{5-3}$$

$$2S + 3O_2 + 2H_2O \xrightarrow{微生物} 2H_2SO_4 \tag{5-4}$$

（2）斑铜矿（Cu_5FeS_4）：

$$2Cu_5FeS_4 + 17O_2 \xrightarrow{微生物} 6CuSO_4 + 2FeSO_4 + 2Cu_2O \tag{5-5}$$

$$Cu_5FeS_4 + 9O_2 + 2H_2SO_4 \xrightarrow{微生物} 5CuSO_4 + FeSO_4 + 2H_2O \tag{5-6}$$

$$Cu_5FeS_4 + 6Fe_2(SO_4)_3 \longrightarrow 5CuSO_4 + 13FeSO_4 + 4S \tag{5-7}$$

（3）铜蓝（CuS）：

$$CuS + 2O_2 \xrightarrow{微生物} CuSO_4 \tag{5-8}$$

$$CuS + Fe_2(SO_4)_3 \longrightarrow CuSO_4 + 2FeSO_4 + S \tag{5-9}$$

（4）硫砷铜矿（Cu_3AsS_4）：

$$4Cu_3AsS_4 + 10H_2O + 35O_2 \xrightarrow{微生物} 4H_3AsO_4 + 12CuSO_4 + 4H_2SO_4 \tag{5-10}$$

$$4Cu_3AsS_4 + 12Fe_2(SO_4)_3 + 6H_2O + 5O_2 \longrightarrow 4H_3AsO_4 + 16S + 12CuSO_4 + 24FeSO_4 \tag{5-11}$$

$$2H_3AsO_4 + Fe_2(SO_4)_3 \longrightarrow 2FeAsO_4 + 3H_2SO_4 \tag{5-12}$$

（5）辉铜矿（Cu_2S）：

$$2Cu_2S + 2Fe_2(SO_4)_3 + 2H_2SO_4 + O_2 \longrightarrow 4CuSO_4 + 4FeSO_4 + 2H_2O + 2S \tag{5-13}$$

$$Cu_2S + 2Fe_2(SO_4)_3 \longrightarrow 2CuSO_4 + 4FeSO_4 + S \tag{5-14}$$

（6）蓝铜矿（$Cu_3(OH)_2(CO_3)_2$）：

$$Cu_3(OH)_2(CO_3)_2 + 3H_2SO_4 \longrightarrow 3CuSO_4 + 2CO_2 + 4H_2O \tag{5-15}$$

（7）孔雀石（$Cu_2(OH)_2CO_3$）：

$$Cu_2(OH)_2CO_3 + 2H_2SO_4 \longrightarrow 2CuSO_4 + CO_2 + 3H_2O \tag{5-16}$$

（8）硅孔雀石（$CuSiO_3 \cdot 2H_2O$）：

$$CuSiO_3 \cdot 2H_2O + H_2SO_4 \longrightarrow CuSO_4 + SiO_2 + 3H_2O \tag{5-17}$$

（9）赤铜矿（Cu_2O）：

$$2Cu_2O + 4H_2SO_4 + O_2 \longrightarrow 4CuSO_4 + 4H_2O \tag{5-18}$$

$$Cu_2O + H_2SO_4 + Fe_2(SO_4)_3 \longrightarrow 2CuSO_4 + H_2O + 2FeSO_4 \tag{5-19}$$

（10）黑铜矿（CuO）：

$$CuO + H_2SO_4 \longrightarrow CuSO_4 + H_2O \tag{5-20}$$

$$3CuO + Fe_2(SO_4)_3 + 3H_2O \longrightarrow 3CuSO_4 + 2Fe(OH)_3 \tag{5-21}$$

$$4CuO + 4FeSO_4 + 6H_2O + O_2 \longrightarrow 4CuSO_4 + 4Fe(OH)_3 \tag{5-22}$$

（11）自然铜（Cu）：

$$Cu + Fe_2(SO_4)_3 \longrightarrow CuSO_4 + 2FeSO_4 \tag{5-23}$$

上述反应式中，注明有微生物催化的反应，是微生物对铜矿石浸出过程的直接催化作用，而没有注明微生物催化的反应，是以直接催化作用的产物（H_2SO_4 和 $Fe_2(SO_4)_3$）作为氧化剂的反应，是微生物对铜矿石浸出过程的间接催化作用。

5.1.2 黄铜矿的微生物浸出

黄铜矿是制造铜及其化合物的主要原生硫化铜矿，是自然界中储量最丰富、分布最广的铜矿，占铜矿储量的70%以上。黄铜矿晶体结构与闪锌矿类似，但黄铜矿的晶格常数为闪锌矿的两倍，并且黄铜矿浸出过程中矿物表面会形成缺金属硫化物层和多硫化物层，导致黄铜矿浸出率较低。由于铜的重要战略地位和黄铜矿在铜矿资源中的重要地位，黄铜矿的微生物浸出已经成为当前研究的热点和攻克的难点。

5.1.2.1 黄铜矿的微生物浸出机理

在微生物浸出过程中，黄铜矿主要被 Fe^{3+} 或 O_2 氧化溶解，如式（5-1）~式（5-4）所示。在微生物浸出过程中，O_2 在水中的溶解度低，通常是 Fe^{3+} 作为黄铜矿浸出的氧化剂，增加 Fe^{3+} 浓度可以促进黄铜矿的浸出率。然而，Fe^{2+} 和 Fe^{3+} 浓度会影响浸出液氧化还原电位，氧化还原电位的变化又会影响黄铜矿的浸出率。

研究发现，在较低氧化还原电位下（小于 450 mV vs. Ag/AgCl），黄铜矿先被还原为辉铜矿（Cu_2S）（式（5-24）），而辉铜矿更容易被 Fe^{3+} 或 O_2 氧化（式（5-25）和式（5-26）），从而可以提高黄铜矿的浸出率。

$$CuFeS_2 + 3Cu^{2+} + 3Fe^{2+} \longrightarrow 2Cu_2S + 4Fe^{3+} \tag{5-24}$$

$$Cu_2S + 4Fe^{3+} \longrightarrow 2Cu^{2+} + 4Fe^{2+} + S^0 \tag{5-25}$$

$$2Cu_2S + 8H^+ + 2O_2 \longrightarrow 4Cu^{2+} + 2S^0 + 4H_2O \tag{5-26}$$

5.1.2.2 黄铜矿微生物浸出过程中的钝化现象

经过一段时间的微生物浸出过程，黄铜矿的浸出效率显著下滑，这种现象称为“钝化现象”。黄铜矿微生物浸出面临浸出困难、浸出率低等挑战，主要根源在于其较高的晶格能。另外，在微生物浸出过程中，矿物表面易形成缺金属硫化物层和多硫化物层，这种钝化层会阻碍微生物与矿物表面的接触，从而抑制了黄铜矿的进一步溶解，导致浸出效果不佳。目前，研究者对于钝化膜的研究将其分为单质硫钝化、黄钾铁矾钝化以及多硫化物钝化。

（1）单质硫钝化。黄铜矿在氧化分解过程中所产生的一个中间产物为单质硫（S^0）。Craig 等人通过微生物浸出两种黄铜矿得出，表面形成的单质硫钝化层以下为未浸出的矿物；Dutifizac 等人通过对 Ag^+ 催化浸出的单质硫钝化层与未催化浸出的单质硫钝化层进行比较，推测单质硫阻碍了黄铜矿的浸出。理论上来说，通过添加可溶解硫的有机溶剂（如四氯化碳）可以溶解掉黄铜矿的钝化硫层。

（2）黄钾铁矾钝化。黄铜矿浸出过程中，矿物溶出的 Fe^{2+} 被铁氧化菌转化为 Fe^{3+}，导致浸出液的氧化还原电位升高，并且培养基中的 K^+、Na^+、NH_4^+、H_3O^+ 会和 Fe^{3+} 和 SO_4^{2-} 生成黄钾铁矾，生成的沉淀包裹在黄铜矿表面，另外黄钾铁矾的生成也会降低浸出液中 Fe^{3+} 的浓度，这些原因不利于矿物的继续氧化分解，阻碍了黄铜矿的微生物浸出。Sasaki 等人采用 Raman、FTIR 和 XRD 等多种表征手段，深入研究了氧化亚铁硫杆菌在浸出黄铜矿过程中矿物表面形成的钝化物，发现这一钝化物主要是黄钾铁矾，它的存在导致了黄铜矿的钝化现象。夏金兰等人通过研究黄铜矿浸出过程中矿物表面硫形态的转化过程，发现黄钾铁矾累积于矿物表面，从而导致黄铜矿钝化，阻碍了矿物的溶解。

（3）多硫化物钝化。在黄铜矿微生物浸出过程中，硫价态是多样的，所以除有单质硫钝化以及黄钾铁矾钝化外，还会有一些多硫化物作为中间产物生成和积累于矿物表面，同样会对黄铜矿微生物浸出过程产生不利影响。

5.1.2.3 黄铜矿微生物浸出过程的强化

A 金属阳离子强化浸出

Fe^{2+}、Fe^{3+} 和 Cu^{2+} 是黄铜矿微生物浸出体系中的主要离子。在浸出初期，添加较高浓度的 Fe^{3+} 可以提供适宜的氧化还原电位环境，加速黄铜矿的溶解，提高铜的浸出率，但同时也会加剧中后期黄钾铁矾的生成。在低氧化还原电位的环境中，黄铜矿可通过两步法浸出，首先 Fe^{2+} 将黄铜矿还原为辉铜矿，而后 Fe^{3+} 再将辉铜矿氧化为铜离子，且 Fe^{2+}、Fe^{3+} 能够控制浸出体系的氧化还原电位。Zhao 等人研究发现控制氧化还原电位在最佳范围（$E_H < E < E_L$）内可以促进黄铜矿的溶解，其中 E_H 取决于 Fe^{2+} 和 Cu^{2+} 的浓度，E_L 取决于 Cu^{2+} 的浓度。杨聪仁等人通过实验证明，体系中 Cu^{2+} 的加入会取代黄铜矿晶格中 Fe 的位置形成铜蓝，而加入 Fe^{2+} 和 Fe^{3+} 会使黄铜矿转变为结构简单，更容易溶解的辉铜矿。

许多研究表明 Ag^+ 能强化黄铜矿的微生物浸出过程。研究者尝试利用金属离子（Ag^+、Hg^{2+}、Co^{2+}、Bi^{3+}）来强化黄铜矿的微生物浸出过程，发现 Ag^+ 强化效果最为显著，黄铜矿浸出率提升 60%。Ag^+ 与单质硫反应生成 Ag_2S，形成疏松多孔的硫层，可以促进矿物浸出，并且 Ag^+ 抑制浸矿细菌的 Fe^{2+} 氧化酶活性，使浸出液中的 Fe^{2+} 浓度增大，从而提高铜的浸出率。

Mg^{2+} 是微生物培养基中必要的营养物质，能够通过影响细胞内 K^+ 和 Ca^{2+} 的转移，调节细胞量代谢、核酸和蛋白质的合成过程。适当地添加 Mg^{2+} 有助于促进细菌生长，但浓度过大会导致细菌与浸出液之间渗透压增大并使细菌代谢变慢。

Co^{2+}、As^{3+} 和 Ni^+ 等同样对黄铜矿微生物浸出具有一定影响，浓度过高会导致细菌失活，从而抑制黄铜矿的浸出效果。

B 表面活性剂强化

阳离子表面活性剂以及阴离子表面活性剂都有一定的杀菌作用，非离子表面活性剂的毒性较低，所以浸矿时添加的表面活性剂多为非离子表面活性剂。表面活性剂的添加会对矿石的渗透性加以改善，使金属的浸出率得以提高，并且加快浸出速率。

黄铜矿的细菌浸出体系中加入聚乙二醇（PEG），使得 *A. ferrooxidans* 菌氧化 Fe^{2+} 的能力增强，黄铜矿表面出现明显的腐蚀，证明了 PEG 的加入可以加速黄铜矿的溶解。另外，当加入纤维素时，纤维素通过硫酸水解产生可溶性糖类，它将 Fe^{3+} 还原成 Fe^{2+}，从而使得 Fe^{2+} 浓度上升，Fe^{3+} 浓度下降，导致体系的氧化还原电位降低，同时 Fe^{2+} 为铁氧化细菌提供了更为丰富的营养物质，使得细菌活性增加，促进黄铜矿的浸出，提高铜的浸出率。

C 高温菌及改良菌浸出

以无机化合物作为营养物质的微生物可根据其最适生长温度的不同，分为中温菌、中等嗜热菌和极端嗜热菌。中温菌的适宜温度为 25 ~ 40 ℃；中等嗜热菌的适宜温度为 40 ~ 60 ℃；极端嗜热菌通常为古菌，其适宜温度为 60 ~ 80 ℃。

温度是黄铜矿微生物浸出的一个重要因素，升高温度能够加快浸出反应的速率，并且高温菌在氧化硫的能力上相较于中温菌更为出色，这有助于去除浸出过程中形成的单质硫钝化层。同时有助于防止 Fe^{3+} 浓度过高，避免了黄钾铁矾的生成。整体来看，高温菌可以有效减少黄铜矿浸出过程中的钝化作用，提高铜的浸出率。

诱变菌的主要理论基础为基因突变，最常用和便捷的物理诱变方法为紫外线。研究表明通过紫外线和微波两种物理方法诱变氧化亚铁硫杆菌，诱变菌比原始菌的活性提高了 39.96%，并且相比于原始菌，采用诱变菌浸出黄铜矿，铜的浸出率提高了 20%。

D 其他强化方法

除了以上方法，研究者们还利用超声波、可见光、微波、磁场以及使黄铜矿高温相变等方法，强化黄铜矿的微生物浸出。

超声波作用能够通过改变体系压力或固体结构使溶液扰动增加，降低溶质扩散阻力，从而提高传质效率。研究发现在超声波的作用下，黄铜矿的浸出过程中，矿浆的表面张力和黏度均有所降低，同时电导率上升，溶氧量也随之增大，钝化层产生被抑制，浸矿速率得到提高。

黄铜矿具有优异的电子转移特性，可见光能够激发光电子转移，促进黄铜矿表面光催化反应的进行。光电子转移使 Fe^{2+} 氧化速率加速，Fe^{2+}/Fe^{3+} 循环速率加快，从而促进 *A. ferrooxidans* 菌的生长，浸出液的氧化还原电位及 pH 值降低，黄铜矿中铜离子溶解速率、硫氧化速率及黄钾铁矾生成速率加快。赵春晓等人发现，可见光存在条件下，铜的浸出率可增加 4.96%。将 Ag^{+} 与可见光相结合，能够降低 *A. ferrooxidans* 菌浸出体系中黄铜矿表面钝化层的电阻，加快电子转移速率，从而提高铜的浸出率。

磁场能够影响水的理化性质，导致水的氢键弯曲和磁化率改变；微波加热使水分子发生偶极弛豫，分子碰撞导致化学键变化或分子结构变化。通过微波和磁场对培养基进行处理，然后在培养基中接种氧化亚铁硫杆菌进行浸出试验，结果表明处理过的培养基能提高细菌活性，从而提高黄铜矿的浸出效率，微波和磁场联用能产生最佳浸出效果，单独处理时微波的作用效果更明显。

5.1.3　铜矿石微生物浸出的工艺流程

铜矿石的微生物浸出工艺，一般用来处理大吨位的含铜贫矿石、尾矿、废矿和小而分散矿山的铜矿石，个别情况也用来浸出富铜矿和铜精矿。所采用的浸出方式有堆浸、槽浸、原位浸出和搅拌浸出。其中堆浸和槽浸的常用流程如图 5-1 所示。当采用搅拌浸出工艺时，还必须在流程中加入磨矿作业和固液分离工序。流程中的萃取-电积作业也可以用铁粉置换工艺来代替，直接得到海绵铜。沉淀后的尾液经微生物氧化再生后，返回浸出工序。海绵铜再用火法或湿法加工，得到各种精铜产品。当然，也可以采用其他方法从浸出

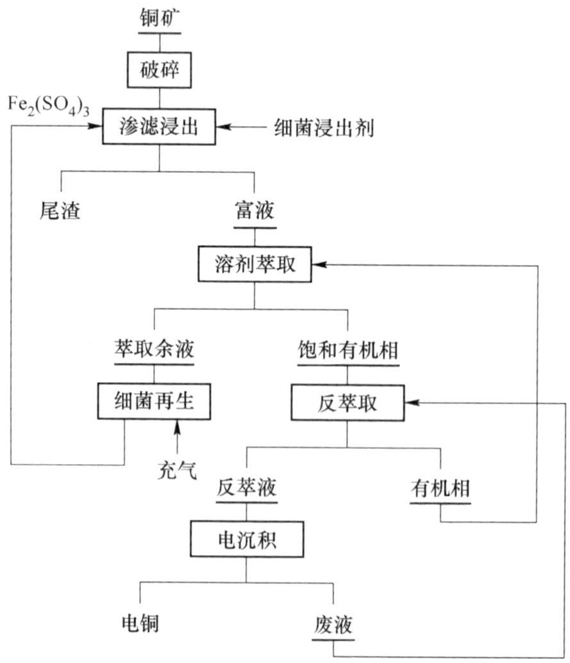

图 5-1　铜矿石的微生物渗滤浸出—萃取—电沉积流程

液中回收铜。

此外，用微生物浸出工艺还可以选择性地浸出复杂矿石或混合精矿中的部分矿物，使未浸出的矿物得到富集和纯化。图 5-2 所示的流程就是利用微生物浸出混合铜矿石，使其中的硫化铜矿物得到富集和纯化的生产工艺。利用微生物浸出含铜钼精矿的生产流程如图 5-3 所示，微生物将其中的铜浸出后，得到高品位的钼精矿。

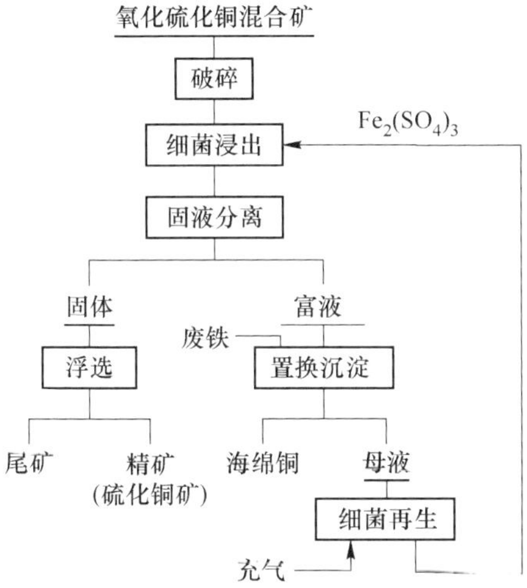

图 5-2　利用氧化亚铁硫杆菌浸出混合铜矿石的流程

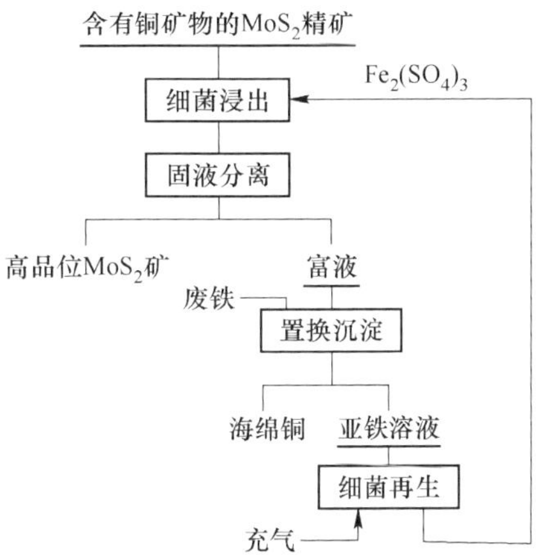

图 5-3　细菌浸出含铜硫化钼精矿的流程

5.1.4 铜萃取-电积工艺简介

从浸出过程得到的浸出液，由于浸出方法的不同，所含的铜离子浓度也不同。有些浸出方法能够获得含铜较高的富铜液（30 ~ 50 g/L），且杂质很少，可以直接进行电解沉积，生产出达到一定标准的阴极铜。从贫矿得到的贫铜浸出液，含铜仅 1 ~ 7 g/L，不能直接用于电解。过去基本上都采用铁屑置换法。这种方法虽然简单有效、投资少，但是要消耗大量的废铁，成本高，且产品不纯，还需要后续处理。随着萃取剂和萃取技术的发展，萃取-电积法已经成为从浸出液中提取铜的主要方法。

5.1.4.1 铜溶剂萃取

萃取是浸出—萃取—电积法成功的关键。正是由于萃取技术的改进才使铜的湿法提取得以发展，而且，萃取与反萃在整个流程中起到承上启下的作用。萃取剂是具有既亲油又亲金属离子的“双亲结构”分子。将浸出液与萃取剂混合接触，然后分相，便可完成萃取过程，萃取过程中铜离子与萃取剂中特定的亲铜离子结合形成萃合物溶于有机相中，负载有机相再经洗涤、反萃，便可得到富铜液。

在堆浸工艺中，最常用的萃取系统配置是 2 级萃取加 1 级反萃。这种配置很适合含铜 1 ~ 7 g/L 的浸出液，这个系统的投资低。2 级萃取加 2 级反萃适合于服务期长、含铜大于 7 g/L 的浸出液，也适合于含铜低且 pH 值低（$pH < 1.2 \sim 1.4$）的浸出液。3 级萃取加 2 级反萃适合于含铜高（ >25 g/L）、含硫酸高的浸出液。需要配置洗涤段的系统，典型做法是在 2 级萃取后加 1 级洗涤再进行 1 级反萃或 2 级萃取加 1 级洗涤再进行 2 级反萃。

萃取剂的选择应考虑以下几个方面：萃取剂的选择性好；萃取容量高；反萃容易；与水的密度差别大，黏度小，表面张力大，以便容易与水分离；化学稳定性好，在萃取与反萃过程中不发生降解；不与水相生成稳定的乳化物；萃取剂及其金属萃合物在稀释剂中的溶解性好，混合时有良好的聚集性；萃取平衡速度快；使用与储存安全，无毒或毒性很小，不易燃，不挥发；价格在允许的成本限度内。从硫酸介质中萃取铜的工业萃取剂一般为羟肟类萃取剂。目前使用的有醛肟和酮肟两种类型。

铜萃取工艺中除萃取剂以外，稀释剂也是重要的条件。为了降低萃取剂的黏度，改善有机相的分散与聚集，需要用稀释剂来溶解萃取剂。稀释剂在有机相中一般占80%以上。事实上，稀释剂不只是起简单的稀释作用，不是单纯的惰性载体。稀释剂的极性、介电常数和组成等都对萃取剂的负载能力、动力学、选择性等有影响。

铜萃取工艺中主要会产生以下问题。

（1）由于水相、有机相、外界环境和萃取操作等因素在萃取过程中会产生界面乳化和两相互相夹带的乳化现象。

（2）在光照、氧气、强酸等环境下，有机相会发生降解和污染等问题。水相的组成、性质及操作因素会影响乳化现象的产生和引起萃取剂的降解和污染，而萃取剂的降解又会产生表面活性物质，加剧乳化现象。因此，要同时控制乳化现象的发生和防止萃取剂的降解，萃取工艺才能达到理想的技术经济指标。针对乳化现象和萃取剂降解问题，可以采取以下措施进行控制：

1）采用磺化煤油，减少煤油的氧化降解；

2）添加抗氧化剂，防止萃取剂的氧化，并及时净化有机相，黏土对于有机相降解杂质有很好的吸附效果；

3）水相萃取前过滤，或使用絮凝剂除去固体悬浮物，但要注意絮凝剂用量；

4）调整水相 pH 值，防止金属离子水解产生配合物；

5）注意萃取槽周围环境及萃取槽的材质，防止有机质进入；

6）在设计萃取工艺时，要考虑优化和控制措施，且要注意调节萃取工艺参数。

5.1.4.2 铜电积

用电解的方法从富铜液中沉积金属铜是湿法生产铜的最后工序。早先，只有很少数的工厂用于从净化过的焙砂浸出液中提取铜，现今基本上都是用于从反萃液中沉积金属铜。铜电积属于不溶性阳极电解，在阳极上进行水的分解析出 O_2：

$$H_2O - 2e^- \longrightarrow 1/2\ O_2\uparrow + 2H^+ \qquad E^{\ominus}_{H_2O/O_2} = 1.23\ V$$

阴极过程与电解精炼的相同，即 Cu^{2+} 在阴极上获得电子而析出金属铜：

$$Cu^{2+} + 2e^- \longrightarrow Cu \qquad E^{\ominus}_{Cu/Cu^{2+}} = 0.34\ V$$

电极的总反应为 $Cu^{2+} + H_2O \longrightarrow Cu + 1/2O_2\uparrow + 2H^+ \qquad E^{\ominus} = -0.89\ V$

实际条件下的电极电位的计算公式为：

$$E = E^{\ominus} - \frac{RT}{2F}\ln\frac{a^2_{H^+}}{a_{Cu^{2+}}}$$

5.1.4.3 影响阴极铜质量的因素

随着工业的不断发展，市场对阴极铜质量的要求越来越高。阴极铜的质量评价标准主要有两个：阴极铜的化学成分和表面质量。国家标准对于阴极铜的化学成分和表面质量做出了详细的要求。在电积过程中，由于电解液的性质及操作条件等会对阴极铜的质量产生重大影响，主要的影响因素有以下几个方面：

（1）电积液中的杂质。电积液中的杂质主要包括溶液中的杂质离子、阳极氧化脱落物和电积液中的固体悬浮物等。经过溶剂萃取工艺，电解液中的杂质离子含量较少，基本不会影响阴极铜的质量。目前所使用的不溶阳极多为铅合金，电积过程中会氧化脱落，大部分形成阳极泥沉淀，但电积液中少量氧化物和固体悬浮物迁移并吸附在阴极表面，形成结晶中心，严重影响阴极铜的质量。

（2）夹带的有机相。在反萃过程中由于反萃液与有机相接触，反萃液中可能会夹带少量的有机相，如果夹带的有机相含量过高，会使阴极铜变色产生有机烧斑，影响阴极铜的质量。

（3）阴极过电位大小。铜电积过程受电化学作用支配，在电场中铜离子只有在阴极极化程度达到一定量时，铜才能被还原沉积在阴极。铜离子在阴极的沉积包括两个部分：晶体形成和晶体长大。随着阴极过电位增大，晶核的形成速度加快，晶核数量多，晶粒小，阴极铜致密，质量高；反之，阴极过电位减小，晶核形成速度降低，晶核数量少，晶粒粗，阴极铜质量差。因此，阴极过电位的大小对阴极铜质量有很大的影响。

5.1.5 铜矿石微生物浸出的应用实例

5.1.5.1 Quebrada Blanca 的原矿堆浸

Quebrada Blanca 矿山位于智利北部的 Alti Piano 沙漠，海拔 4400 m，是一个表生斑岩型矿床。该矿铜的平均品位为 1.41%，含铜矿物为：辉铜矿占 73.1%，铜蓝占 13.1%，黄铜矿占 13.5%（柱浸试料成分）。当地气温 -20 ~ 20 ℃，年平均气温 5 ℃。该矿用传统工艺处理在经济上不合算，决定采用堆浸—萃取—电积技术，1988 年该矿被纳入国际合作计划，由普达韦尔矿业公司（SMP）进行扩大试验研究，做出可行性研究之后，于 1991 年启动工程，1994 年 1 月开始运作，1994 年 8 月产出第一批阴极铜。该矿山每天处理硫化矿 17300 t，生产符合伦敦金属交易市场标准的铜 206 t。

矿井中开采出来的硫化矿经 3 级破碎至全部小于 9 mm，然后送入振荡器，振荡器中装有一个气固热交换器以提高矿石温度，然后将矿石与硫酸混合，混合比为每吨矿 5 ~ 7 kg 硫酸，同时加入 85 ℃的热水以保证制粒后的矿石中含 10% 的水分，最后送入旋转圆盘制粒机中制粒。从制粒机中出来的矿石温度为 22 ~ 24 ℃，由皮带运输机运至一系列的可移动式运输机，由这些运输机将矿石送至履带式传输堆矿机，堆矿机将矿石均匀堆放。

矿堆底垫为 60 mm 厚的聚乙烯薄膜。在最底层矿堆好之后，在底垫或底层矿石上每隔 2 m 放置直径 4 cm 的排液管形成网状结构。矿堆高度为 6 ~ 6.5 m，矿堆堆好之后，立即在矿堆顶部安装两个滴淋布液系统，一个在矿堆表面，另一个在表面以下 20 cm 处。滴淋速率为 0.1 ~ 0.14 L/(m^2·min)，浸出剂在进入浸出工序之前，要通过一系列热交换器加热至 28 ℃，一部分萃余液也用冷却发电厂发电机所得的热量来加热。

从输液管中所得到的负载液含铜 3.5 g/L，溶液温度为 23 ℃，流入集液装置中。矿堆下安装有一系列的输气管道并通过低压鼓风机向矿堆底部鼓入空气。往浸出液中加入营养物质以保证细菌活动所必需的铵和磷酸浓度（分别为 10 ~ 20 mg/L 和 30 ~ 40 mg/L）。矿堆顶部用深色布遮盖以减少蒸发。操作过程中还监测热量、氧气、固体和液体变化以保证正常的浸出。这个监测系统还包括现场细菌监测装置。对浸出渣的分析结果表明，铜的总回收率在 80% 以上。

每小时有 3000 m^3 温度为 20 ℃的负载液送往萃取车间，负载液含铜 3.0 ~ 3.5 g/L。萃取车间有三个并行的处理车间，均采用 2 级萃取加 1 级反萃，2 级萃取率为 93%。所用溶剂含 13.5% 的 LIX984 及少量的低芳烃含量煤油（SX12）。负载有机相汇集至负载溶剂槽中，萃余液返回浸出流程。负载有机相以含铜 35% 的贫铜废电解液 2 级反萃，使铜进入水溶液。反萃后的有机溶剂返回用于萃取。从反萃车间出来的含铜 49 g/t 的富铜液通过石榴石和无烟煤组成的加压渗滤器，以除去夹带的有机溶剂。

电积车间有 264 个钢筋混凝土制的电解槽，每个电解槽有 60 个不锈钢阴极板和 61 个 Pb-Sn-Ca 合金的阳极。电流密度为 260 A/m^2，阴极循环时间为 7 d。有 1/6 的阴极每天用 WEN-MEC 自动化剥离机剥离极板，然后重新放入电解槽。电积车间所用的水经过离子交换车间净化以降低氯离子浓度。从极板上剥离下来重 45 ~ 50 kg 的阴极铜质量达到伦敦金属交易市场标准。该矿山基建投资 3.6 亿美元，生产高质量符合伦敦金属交易市场 A 级标准的铜，平均成本为 0.50 美元/lb（1 lb = 0.454 kg）。

智利 Quebrada Blanca 厂是位于高海拔地区的细菌浸出工厂的代表，是目前世界上海拔最高的采用细菌浸出硫化铜矿的浸出工厂。加拿大 Gibraltar 是高纬度寒冷地区细菌浸出的代表。以上两个工厂的简要情况如表 5-1 所示，同时表 5-1 中列出了一般自然条件下的细菌浸出工厂——中国德兴铜矿，以供对比。

表 5-1 典型的高海拔、高纬度地区的细菌浸出厂

矿山名称		智利 Quebrada Blanca	加拿大 Gibraltar	中国德兴铜矿
生产阴极铜能力/($kt \cdot a^{-1}$)		75	6	2
投产时间		1994 年	1987 年	1997 年
环境条件	海拔高度/m	4400		约 50
	纬度		52°31′	约 28°
	最高气温/℃		夏季浸出液温度 16	39.4
	最低气温/℃	-20	-34。冰冻期 10 月至 5 月；无霜期 5 个月；冬季浸出液温度 5	-7
	年平均降雨量/mm	100		雨量充沛
矿石特点	矿物组成	以斑铜矿为主的原生矿，以辉铜矿、蓝铜为主的次生矿	硫化矿和氧化矿	废石。原生硫化矿占 66% ~ 68%，次生硫化矿占 21% ~ 29%，氧化矿占 5% ~ 10%
	储量/kt	原生矿 2.5×10^5，次生矿 89000	硫化矿 117000，氧化矿 1000	
	矿石平均品位/%	原生 0.5，次生 1.3	硫化矿 0.1 ~ 0.12，氧化矿 0.75	设计 0.1 ~ 0.25，实际 0.09
	冬季防冻措施	滴淋管埋入矿堆	滴淋管埋入矿堆	

续表 5-1

浸出	矿石破碎粒度/mm	-6 的粒级占 80%	硫化矿 60，氧化矿 10	不破碎
	矿石准备	破碎后加硫酸，滚筒制粒		
	堆场面积/m^2	1.7×10^6		喷淋面积$(7 \sim 10) \times 10^4$
	堆高/m	8 层 ×6		
	布液方式	滴淋管	滴淋管和灌浸	喷淋
	喷淋液量/$(m^3 \cdot d^{-1})$			7500
	浸出周期/d	210		
	富铜液浓度/$(g \cdot L^{-1})$	3.5	0.6 ~ 0.9	浸出液浓度 0.25 ~ 0.45
	浸出回收率/%	85		年浸出率 10%
萃取电积	萃取配置	2 级萃取 +1 级反萃，3 系列	串并联，1 级萃取/1 级萃取 +1 级反萃	2 级萃取 +1 级反萃
	电积电流密度/$(A \cdot m^{-2})$	260	320	
	电积效率/%		85	
	萃取铜回收率/%		90	

5.1.5.2 德兴铜矿的废石堆浸

江西铜业公司德兴铜矿在露采过程中剥离出含铜小于 0.25% 的废矿石，每年废石量超过 25000 kt，现已堆积几十亿吨废石，仅一个铜矿区就有 3 亿吨，其中金属含量 700 kt。剥离出的废矿石与表土、脉石一起堆在废石场，受细菌、空气和雨水的作用，每年产生数百万立方米的含铜、铁等金属离子的酸性废水，它们需要治理。经过 10 多年的试验研究，于 1997 年建成投产了 2000 t/a 阴极铜的试验厂，现已运行了 20 多年，除因废石混杂堆放、铜品位过低、未能达到设计能力外，其他主要指标大都达到了设计要求，设备运转良好，为我国硫化矿的细菌浸出-电积工厂的设计建设和生产积累了经验。

1996 年 7 月，开始对 3 号堆进行喷淋浸出，开始效果较好，约 10000 m^3 浸出液经 3 个喷淋循环，铜浓度达到 0.3 g/L 以上。但随后浸出率急剧下降，50 d 后铜浓度仅为 0.57 g/L，pH = 2.5。1997 年 5 月，1 号堆开始喷淋，初始喷淋液为该堆下的 1 号集液库中从废石堆流出的少量酸性水和雨水的混合液。混合液的 pH 值为 3 ~ 4，细菌数为 10^4 个/mL，喷淋面积为 7.0×10^4 m^2。根据 3 号堆的经验采取了如下措施：预先引入细菌，到喷淋时细菌已在堆内繁殖，加速了浸出；采用休闲式喷淋，保证了堆内有足够的氧气；边坡浸出，在透气性好、细菌作用强的边坡进行喷淋浸出。喷淋 1 个月后，浸出液含铜达 0.47 g/L，浸出铜量 56 t。后因下暴雨，库容从 1.2×10^5 m^3 增至 3.46×10^5 m^3，平均铜含量下降到 0.214 g/L；1997 年 5 月至 10 月 21 日累计浸出铜 74 t。据估算矿堆中铜的年浸出率约为 10%。

从 1998 年 5 月至今，在保持喷淋面积 1.0×10^5 m^2、喷淋液量 7500 m^3/d、每天循环 1 次的条件下，浸出液中铜浓度维持在 0.25 ~ 0.45 g/L，pH 值从 1997 年的 2.6 以上降到 2001 年的 1.9，铁浓度从 0.45 g/L 上升到 2 g/L。

废石堆浸厂有 2 个库容为 $1.0\times10^6\ m^3$ 的集液库，两库之间由装有闸门的暗涵连通，还有 $1.0\times10^6\ m^3$ 的酸性水库。对堆场采用了清浊分流的办法，使堆浸径流面积缩小。集液库从 1997 年 4 月启用以来，经受了 1998 年百年不遇的丰水年和山洪，2 个集液库只从溢洪口排出了少量的含铜小于 10 mg/L 的上清水。利用集液库中溶液含铜上稀下浓的现象，采用上部取液供喷淋，下部取液供萃取的方法，解决了由于集液库库容大而产生雨水稀释的问题。

萃取系统采用泵混式混合澄清萃取箱。混合室有效容积为 32 m^3，澄清室有效容积为 174 m^3，箱体为砖衬玻璃钢。2 级萃取，1 级反萃。主要工艺参数如表 5-2 所示。

表 5-2　德兴铜矿细菌浸出的萃取参数及指标

项　目	设计参数	生产指标	项　目	设计参数	生产指标
处理浸出液能力/($m^3\cdot h^{-1}$)	312	312	萃余液含铜/($g\cdot L^{-1}$)	0.05～1	≤0.04
混合时间/min	3	1.5（只开一个混合室）	负载有机相夹带水相		$(40\sim50)\times10^{-6}$
澄清速率/($m^3\cdot h^{-1}\cdot m^{-2}$)	3.7	3.7	反萃液夹带有机相		$<5\times10^{-6}$
萃取原液浓度/($g\cdot L^{-1}$)	≥1	0.25～0.4	萃余液夹带有机相		$<5\times10^{-6}$

负载有机相经有机相循环槽再进反萃箱，以澄清分离夹带的水相和第三相污物，降低了反萃液中铁的积累。萃余液经 18000 mm × 12000 mm × 800 mm 的池子再沉淀后，再送酸性水库，以尽量减少有机相的夹带，避免对环境的污染。采用搅拌加黏土净化处理第三相污物，使有机相的回收率达到 90%。目前日处理污物量小于 0.5 m^3。

电积系统有 30 个电解槽，每槽 32 片阴极。阴极为永久不锈钢阴极，有效尺寸为 1000 mm × 950 mm。阳极为 Pb-Ca-Sn 合金，有效尺寸为 960 mm × 900 mm × 6 mm，平均寿命 3 a。阴极铜纯度 >99.995%。为控制电解液中铁的积累，采用部分电解贫铜液开路的方法。用离子交换膜回收酸，酸回收率为 70%，铁截流率为 90%。

5.1.5.3　紫金山铜矿微生物堆浸

紫金山铜矿是中国最大的次生硫化铜矿，拥有铜平均品位为 0.43% 的矿石量 4 亿吨，铜金属储量 172 万吨（国土资储备字〔2007〕001 号）。2005 年 12 月年产 10000 t 阴极铜的地下采矿—微生物堆浸—萃取—电积工艺的工业化矿山投入运营。2006—2009 年四年间共处理平均品位 0.38% 的矿石 1390 万吨，累计生产阴极铜 3.76 万吨，吨铜平均生产成本 1.42 万元，累计利税 12 亿元，成为国内微生物堆浸技术规模化应用的典型案例。微生物堆浸工艺处理紫金山铜矿不仅生产成本低，生命周期评价表明该技术相对于传统浮选-闪速熔炼工艺在节能、节水和污染物排放等方面均显示出优越性。

与世界上大多数微生物堆浸矿山相比，紫金山铜矿微生物堆浸工程方面面临新的挑战，主要包括黄铁矿含量高引起的酸铁积累、降雨量大，以及人烟稠密的地理条件和苛刻的环保要求。根据紫金山铜矿石特性，通过合理的工程措施，在紫金山铜矿微生物堆浸系统形成了有特色的浸出体系，低 pH 值（0.8～1.0），铁浓度高（50 g/L），温度高（浸出液温度为 45～60 ℃），硫氧化菌为优势菌种，实现在铜高效浸出的同时，黄铁矿溶解受到抑制，铁在矿堆成矾，实现低成本的铁平衡；采用石灰中和法和膜技术处理酸性废水，实现外排水达标排放。

紫金山铜矿微生物堆浸入堆矿石的主要化学成分如表5-3所示，主要矿物组成如表5-4所示。

表5-3 紫金山铜矿化学组成

元素	Cu	TS	SO_3	Fe	As	CaO	MgO	Al_2O	SiO_2	K_2O	Na_2O
含量(质量分数)/%	0.35	5.16	4.18	3.5	0.021	0.032	0.14	12.22	67.19	1.58	0.11

表5-4 紫金山铜矿矿物组成

矿物	黄铁矿	蓝辉铜矿	铜蓝	硫砷铜矿	石英	地开石	明矾
含量(质量分数)/%	6.30	0.23	0.20	0.10	64.2	11.67	15.24

A 矿石破碎和筑堆

2008年以前，矿石经硐采的采矿方式采出，由20 t架线电机车牵引底侧卸式矿车（12 m^3），从坑采主平窿运至粗碎原矿仓，2009年起部分矿石采用露采方式。采出块度为 -1000 mm的矿石经两段开路破碎，破碎产品粒度为 D_{80} = -40 mm，破碎后的矿石用胶带运输机运至粉矿仓，经自卸汽车运至堆场，采用汽车+推土机筑堆。堆场底部整平后铺上1 m厚的黄土和细沙，压实后铺设PE薄膜，然后铺上网格状的塑料缓冲膜，随后开始筑堆。采用逐层叠加筑堆方式，每层堆高8~10 m。喷淋2~3个月后，再筑第2层，共筑3层，堆场面积 2×10^5 m^2。筑堆完成后用推土机对矿堆表面松堆，用喷淋泵将萃余液扬至堆场喷淋，采用鸟式和旋转喷头布成3 m管间距的网格状后进行喷淋，喷淋强度为12~16 L/(m^2·h)，采用定期喷淋和休闲的作业制度，初期7 d喷淋4 d休闲，中期7 d喷淋7 d休闲，末期2 d喷淋7 d休闲，矿堆底部无须充气。入堆矿石粒度较大，当地气候潮湿，矿石入堆前无须制粒，汽车筑堆也可保持良好的渗透性。喷淋结束后不卸堆，直接在旧堆上筑新堆，开始下一轮堆浸作业。

B 微生物浸出

2005年10月堆浸开始启动，采用稀硫酸溶液补充少量的酸性矿坑水，调节pH值小于2后喷淋矿堆，2006年3—9月陆续接入含高浓度 Fe^{3+} 的中试厂浸出液131964.5 m^3。初期浸出效率较低，2006年1—2月铜产量仅为265 t，接入中试厂富铁溶液后铜产量提高显著，铜浸出效率明显提高。

各矿堆浸出液合并进富液池（Cu^{2+}浓度≥1.5 g/L）后进行萃取作业，萃余液返回堆场循环喷淋，溶液的循环使PLS的pH值持续降低，影响萃取效率。2008年9月启用萃余液石灰中和系统，中和萃余液中自由酸。萃余液中和系统由中和搅拌槽、浓密机和底流渣浆泵送系统组成，处理规模为200 m^3/h。萃余液用石灰中和至pH值为1.2后进入浓密机，上清液返回喷淋池循环喷淋，底流用渣浆泵送至尾渣库堆存。集液系统包括富液池、喷淋池、萃余液池、防洪池和污水池，其容积分别为 5.1×10^4 m^3、5.5×10^4 m^3、6.3×10^4 m^3、8.8×10^4 m^3 和 4.1×10^4 m^3。如遇大暴雨，堆场雨水自流进防洪调节池。

紫金山铜矿中由于铜含量低，黄铁矿含量高，耗酸脉石少等特点，在铜矿物浸出的同时，在浸矿微生物作用下黄铁矿会溶解产生酸和铁，闭路循环的浸出液中铁浓度持续上升、pH值持续下降。2008年启用萃余液石灰中和系统后，总铁浓度维持在50~55 g/L，pH值稳定在0.9~1.0；黄铁矿氧化大量放热，采用永久堆场-叠层筑堆方式，有利于矿堆保温，浸出液温度全年均可维持在45～60 ℃；由于浸出液铁浓度高、pH值低、总盐分高（表5-5），远远偏离浸矿微生物的最佳生长条件，使浸出液中铁氧化菌浓度低至10^4～10^5个/mL，有利于实现低电位，实测浸出液的氧化还原电位稳定在700～740 mV（vs. SHE）。在高温、高铁浓度、低pH值和低电位下，采用永久堆场-叠层筑堆法浸出紫金山铜矿，铜的年浸出率达到80%（表5-6）。由于Fe^{3+}浓度高、矿堆内温度高（深部可能高达70 ℃以上），在矿堆内生成大量铁矾。堆浸溶液中和系统只中和自由酸而无须沉淀硫酸高铁，节省了大量石灰，实现了低成本酸铁平衡。

表5-5　浸出液典型化学成分

元　素	Cu^{2+}	Fe^{2+}	TFe	SO_4^{2-}	As	Al^{3+}	Cl^-	H_2SO_4	K^+
含量/(g·L^{-1})	3.5～4.5	11.21	50.1	164.6	0.56	8.75	49.63	22.32	1.4

表5-6　2006—2009年铜浸出率与阴极铜产量

年　份	入堆矿量/万吨	原矿品位（Cu）/%	浸渣含铜/%	铜浸出率/%	铜产量/t
2006年	208	0.42	0.087	79.30	6781
2007年	273	0.42	0.082	80.50	8007
2008年	336	0.41	0.080	80.50	10005
2009年	573	0.34	0.060	82.30	12840
合计	1390	0.38	0.073	80.80	37633

C　萃取-电积

萃取工段采用2级萃取、1级洗涤、1级反萃流程，处理能力为700 m^3/h；萃取剂为ZJ988（紫金药剂公司），稀释剂为260号煤油，萃取剂浓度为6%～10%；混合相比（O/A）为1∶1；反萃液采用电积贫液，硫酸浓度为180 g/L，Cu^{2+}浓度为35 g/L；吨铜萃取剂消耗4.5～6.0 kg，吨铜煤油消耗105 kg，吨铜硫酸耗量为250 kg；有机相定期排放絮凝物，絮凝物经三相澄清槽、离心机分离后回收有机相，有机相返回有机循环槽，三相渣用活性黏土搅拌后堆存。反萃富液经双介质过滤器过滤脱除残余有机相后进电积车间；部分萃余液经石灰中和系统中和自由酸后进贫液池返回堆浸作业。

脱除残余有机相后的反萃富液送至电积工段的电积前液贮槽，泵至板式换热器加热至45 ℃左右进入高位槽和分页槽，最后进入各电积槽。电积槽内供液采用下进上出的循环方式，电积贫液返回萃取工段。为了保持电解液中铁浓度小于5 g/L，采用定期开路一部分电积后液（50 m^3/d），通过酸渗析器除铁回收的酸送反萃作业，富铁残液返回萃取作业。铜始极片作阴极，阳极为Pb-Ca-Sn不溶阳极板；种板系统阴极为钛板，种板槽8个，种板槽生产周期1 d，同极距100 mm，生产出的铜始极片经压纹、钉耳等工序制成阴极片。铜始极片和不溶阳极板按同极距100 mm排列，电积生产周期5～7 d，经过一个阴极生产周期，产品阴极铜经洗涤、打包送成品库。

2010年新增处理能力为600 m^3/h萃取系统，新建电积槽15个；将始极片阴极换成不锈钢永久阴极，并采用自动剥板机（Auto Tech产）。目前萃取-电积系统共有135个电积槽，拥有1300 m^3/h的萃取能力，产能扩大至2.0万吨/年规模。

D 矿堆微生物种群

采用实时荧光定量 PCR 和 16S rRNA 基因克隆文库等分子生物学技术，研究了紫金山万吨级生物提铜矿山矿堆内微生物种群演替情况。在启动期（2006 年 5 月），矿堆中微生物以铁氧化细菌微螺菌属（*Leptospirillum*）为主，在矿堆微生物种群中占 74%；嗜热铁氧化菌 *Ferroplasma* 是唯一检测到的古菌，占 6%。因为启动期的浸出液由酸性矿坑水和半工业试验厂的萃余液（2006 年 3 月引入）组成，可以推测半工业试验堆场浸出液电位可高达 800 mV（vs. SHE）以上，促进了黄铁矿溶解，导致半工业试验厂前期（2001 年 1—10 月）浸出液中铁浓度持续上升，pH 值不断下降，万吨级工业矿山的启动期也有类似现象。而在稳定期（2008 年 5 月），微生物种群结构发生重大变化，铁氧化细菌受抑制，硫氧化细菌占优势。在矿堆 -3 m 深部，中等嗜热的硫氧化细菌 *A. albertensis* 和 *A. caldus* 占 70%，兼具铁硫氧化能力的 *A. ferrooxidans* 占 15%，铁氧化菌 *Leptospirillum* 只占 5%。稳定期浸出液的物理化学性质远离浸矿微生物最佳生长条件，导致浸出液中菌浓度较低，由启动期的 10^6 个/mL 降至 10^4 个/mL。

5.1.5.4 柏坊铜铀矿的微生物浸出工艺

四川省宜宾市长宁县的柏坊铜矿，属于铜铀共生矿床。矿石中铜以硫化矿物为主，铀绝大部分以 U_3O_8 的形式存在。该矿采用浮选和重选联合流程选出铜精矿，用火法冶炼生产金属铜。选别尾矿、冶炼炉渣和井下大量贫矿中仍含有数量可观的铜和铀。为了充分利用这部分矿产资源，对这些物料采用微生物浸出工艺回收铜和铀。其生产流程如图 5-4 所示。入浸物料的基本情况为：

（1）浮选尾矿，粒度为 99% -0.074 mm，含 U 0.204%、Cu 0.224%；

（2）重选尾矿，粒度为 95% -2 mm，含 U 0.0344%、Cu1.454%；

（3）矿泥，粒度为 100% -0.074 mm，含 Cu 0.624%；

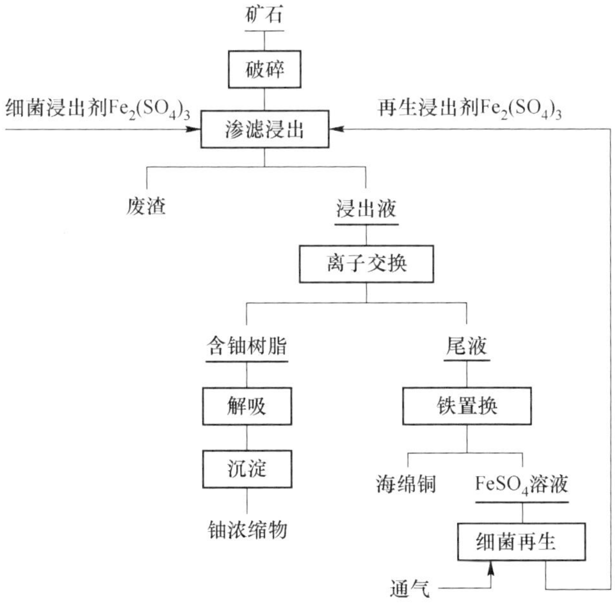

图 5-4 铜-铀矿石微生物浸出工艺流程

（4）炉渣，粒度为100% −0.15 mm，含U 0.0326%、Cu 1.557%；

（5）井下贫矿，粒度为100% −2 mm，含U 0.00759%、Cu 0.523%。

以上几种物料分别用4个渗滤池浸出，其投料顺序为：浮选尾矿、重选尾矿与矿泥（1∶1）的混合物料、炉渣与矿泥（1∶1）的混合物料、井下贫矿。

浸出过程中使用的微生物是氧化亚铁硫杆菌，菌种取自安徽省铜官山铜矿的酸性矿坑水中。首批浸出剂是用硫酸溶解废铁屑产生的$FeSO_4$溶液（Fe^{2+}的浓度为26 g/L）制备的。其制备方法是：首先将氧化亚铁硫杆菌所需要的其他营养物质加入$FeSO_4$溶液中，然后将菌种接种进去，并在常温（20～30 ℃）下充气培养1～3 d，使其中的Fe^{2+}几乎全部氧化为Fe^{3+}。以此培养液作为第一批浸出剂，给入渗滤池进行浸出。待浸出过程稳定以后，将置换沉淀铜以后的母液经细菌氧化再生后送回渗滤池。

在这一生产流程中，铀的浸出反应为：

$$U_3O_8 + Fe_2(SO_4)_3 + 2H_2SO_4 \longrightarrow 3UO_2SO_4 + 2FeSO_4 + 2H_2O \tag{5-27}$$

浸出液中的铜和铀采用离子交换法分离，回收铀以后的尾液再用废铁置换法回收铜。其生产指标如表5-7和表5-8所示。整个生产流程的金属回收率为Cu 85%～90%、U 68%～80%，每1 kg铜消耗铁1.5～2.5 kg。

表5-7　含铜物料细菌浸出结果

物料	粒度/mm	原Cu品位/%	浸出时间/d	浸出渣含Cu质量分数/%	液计浸出率/%	渣计浸出率/%
浮选尾矿	未加工	0.202	21	0.02	—	90.1
重砂矿（1∶1）	未加工	1.00	50	0.10	—	90.0
炉渣矿泥（1∶1）	炉渣 −0.074	1.557	70.75	0.23	98.74	85.2
井下贫矿	−2	0.56	31	0.08	91.22	85.7

表5-8　铁置换沉淀铜的结果

浸出液组成/(g·L⁻¹)			pH	温度/℃	时间/h	母液组成/(g·L⁻¹)			pH值	Cu置换率/%	海绵铜/%
Cu^{2+}	Fe^{2+}	Fe^{3+}				Cu^{2+}	Fe^{2+}	Fe^{3+}			
4.25	1.90	3.24	2.0	17～18	22	0.067			7.5	98.41	63.71
6.24	0.015	6.12	2.0	25～19	10	0.10	16		4.5	98.40	61.60

5.1.6 微生物浸铜技术的工业应用前景

（1）难选氧化铜矿石的开发。在世界很多地区都不同程度地埋藏着储量比较丰富的氧化铜矿石。由于这类矿石一般较硫化矿性质复杂，可选性差，且矿床分散，所以被以往的勘探工作忽视或被列为呆矿。对这类矿石即使采用联合流程或化学法处理，选矿成本也较硫化矿的高，因此，今后若干年内，微生物浸出技术将在这类矿石的开发利用上发挥重要作用。

（2）铜矿山贫矿、含铜废石中铜的回收。世界各地大小铜矿山数千个，在开采过程中已经或正在剥离的含铜废石和低于边界品位的矿石数量很大。如美国所有铜矿山采出的矿石中，有60%的废石铜品位在0.15%～0.75%；智利阿吉雷铜矿日采矿石3500 t，而剥离废石达1.2万吨；我国江西铜业公司德兴铜矿在开采过程中剔除的废石及低于边界品位的矿石达10多亿吨，铜品位为0.12%。这些废石中所含的铜是巨大的铜资源。过去这些资源并未引起重视，近年来由于高品位、易选铜矿越来越少，开发利用这些低品位铜矿资源显得特别重要，已有几十个矿山开始大规模地开发利用这些资源。未来这些资源将被充分利用，而采用微生物浸出技术处理这些铜矿资源无疑是最好的办法。

（3）低品位矿床、残存矿柱中铜的回收。一些矿山中存在一些不宜用常规方法开采的低品位铜矿石或存在开采剩余的老巷道残存矿的，可采用微生物就地浸出方法回收其中的铜。

（4）选铜尾矿、冶金渣中铜的回收。各矿山对铜矿石的选矿处理历来以浮选法为主，在选矿过程中排出大量的尾矿，这些尾矿中含有数量可观的铜，即使在选矿技术比较先进的美国，其铜浮选回收率平均值也仅为82%。采用细菌浸出技术回收浮选尾矿中的铜并综合利用这些尾矿，不仅可延长矿产资源的使用和取代年限，而且可减缓甚至解决日益严重的环境污染问题，还可节省大量用于堆存尾矿所占的场地及资金。对冶金过程中产生的含铜固体废料，也可采用微生物浸出法回收其中的铜。

（5）铜精矿的处理。铜精矿的微生物浸出试验已获成功，对传统的冶炼工艺或腐蚀性很强的化学处理工艺提出了强有力的挑战。大量研究工作表明，微生物浸出与现行的精矿处理工艺相比颇具竞争力，因此有理由相信，微生物浸出可能在不远的将来用于处理由传统浮选工艺得到的铜精矿，并最终取代传统的冶炼工艺和化学处理工艺。

5.2 难处理金矿石的微生物预氧化

5.2.1 难处理金矿石的界定

难处理金矿石，又称难浸金矿石、难选冶金矿石或顽固金矿石。就其定义而言，目前尚无准确的界定标准，这主要是因为难处理或者难选冶只是一个相对的概念，难与易主要是根据当前技术经济条件下，对黄金工业所采用的常规的、成熟的生产工艺处理该类资源的效果的一个衡量。随着黄金生产技术的不断提高，难处理金矿石的划分也会随之变动。本书中难处理金矿石是指经过传统氰化工艺金的回收率低于80%的金矿。目前全球有三分之二以上的金矿为含硫难处理金矿。我国目前已探明的难处理金矿资源有1000 t左右。根据其难处理的原因，分为三类：

（1）微细浸染型金矿。在这一类金矿中，金通常以显微或次显微甚至晶格金的形式包裹在黄铁矿、砷黄铁矿等硫化矿物中，金的嵌布粒度特别细，即使采用细磨的方法也很难解离，因而采用传统的氰化工艺直接氰化，氰化物不能到达金的表面，阻碍了金的回收，金的回收率通常低于40%。这类矿石属于极难处理金矿。

（2）碳质金矿。所谓碳质金矿，是指含有石墨、褐煤、无定形碳或高碳氢比有机物的一类金矿石。当采用氰化工艺浸金时，除金溶解进入溶液之外，金矿中的碳质物还会与溶液中的金氰配合物发生作用，产生“劫金现象”，使得已经浸出的金重新回到浸出渣中，不利于金的浸出。

（3）复杂多金属硫化矿型金矿。这一类金矿往往共生有Cu、Hg、Zn、Sb等硫化矿及其氧化矿，组成比较复杂。要想从这一类矿石中经济有效地选别出某一种硫化矿精矿，具有一定的难度。金的氰化浸出过程中，大多数的金属硫化矿物都能够与氰化物发生反应，使得氰化物和碱被大量消耗，不利于金的浸出。

难处理金矿石的微生物预氧化工艺正是为了解决上述几个问题，尤其是金被包裹的情况而提出的。

5.2.2　微生物氧化难处理金矿石的机理

用微生物对难处理金矿石进行氧化预处理，主要是在微生物的作用下，使那些包裹在金颗粒表面的金属硫化物溶解，从而使包裹的金暴露出来。因此，微生物在难处理金矿石预氧化过程中的作用，就是它们对金属硫化物矿物氧化浸出的作用。

砷黄铁矿和黄铁矿是主要的载金硫化矿，它们的氧化反应如下。

（1）黄铁矿（FeS_2）：

$$4FeS_2 + 15O_2 + 2H_2O \xrightarrow{\text{微生物}} 2Fe_2(SO_4)_3 + 2H_2SO_4 \tag{5-28}$$

$$FeS_2 + Fe_2(SO_4)_3 \longrightarrow 3FeSO_4 + 2S \tag{5-29}$$

（2）砷黄铁矿（FeAsS）：

$$4FeAsS + 5O_2 + 4H_2SO_4 + 2H_2O \xrightarrow{\text{微生物}} 4H_3AsO_3 + 4FeSO_4 + 4S \tag{5-30}$$

$$2FeAsS + 5Fe_2(SO_4)_3 + 6H_2O \longrightarrow 2H_3AsO_3 + 12FeSO_4 + 2S + 3H_2SO_4 \tag{5-31}$$

其中式（5-28）和式（5-30）是微生物对矿石的直接氧化作用，式（5-29）和式（5-31）是微生物对矿石的间接氧化作用。上述反应生成的 $FeSO_4$ 和 S 在微生物的作用下可进一步氧化。

$$4FeSO_4 + 2H_2SO_4 + O_2 \xrightarrow{\text{微生物}} 2Fe_2(SO_4)_3 + 2H_2O \tag{5-32}$$

$$2S + 3O_2 + 2H_2O \xrightarrow{\text{微生物}} 2H_2SO_4 \tag{5-33}$$

溶解产生的 As(Ⅲ)，在 Fe^{3+} 的作用下能进一步氧化生成 As(Ⅴ)，As(Ⅴ) 与 Fe^{3+} 形成砷酸铁沉淀，留在浸渣中。

$$H_3AsO_3 + Fe_2(SO_4)_3 + H_2O \longrightarrow 2FeSO_4 + H_3AsO_4 + H_2SO_4 \tag{5-34}$$

$$2H_3AsO_4 + Fe_2(SO_4)_3 \longrightarrow 2FeAsO_4\downarrow + 3H_2SO_4 \tag{5-35}$$

要使砷重新进入液相，则需要提高矿浆的 pH 值。其反应为：

$$FeAsO_4 + 3OH^- \longrightarrow Fe(OH)_3 + AsO_4^{3-} \tag{5-36}$$

砷黄铁矿微生物氧化过程模式如图 5-5 所示。

难处理金矿石经微生物氧化预处理后，包裹在硫化物矿物中的金暴露出来，经固液分离后，液相送浸出剂氧化再生工序，固相用石灰中和后送氰化浸金作业，浸出反应为：

$$4Au + 8NaCN + 2H_2O + O_2 \longrightarrow 4NaAu(CN)_2 + 4NaOH \tag{5-37}$$

$$4Ag + 8NaCN + 2H_2O + O_2 \longrightarrow 4NaAg(CN)_2 + 4NaOH \tag{5-38}$$

如果采用硫脲浸金工艺，则不必耗费碱去中和酸性矿浆，可以直接加硫脲浸出金银，反应如下：

$$Au + Fe^{3+} + 2CS(NH_2)_2 \longrightarrow Au[CS(NH_2)_2]_2^+ + Fe^{2+} \tag{5-39}$$

$$Ag + Fe^{3+} + 2CS(NH_2)_2 \longrightarrow Ag[CS(NH_2)_2]_2^+ + Fe^{2+} \tag{5-40}$$

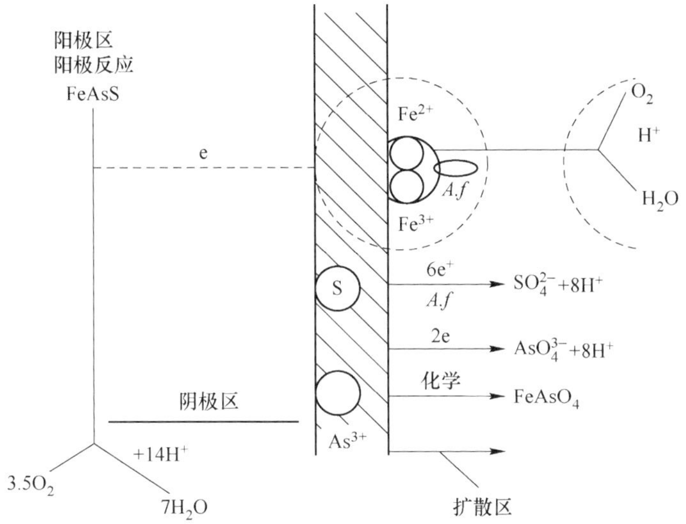

图 5-5 砷黄铁矿微生物氧化过程模式

细菌氧化产生的 Fe^{3+}，正好可以用作硫脲浸出时的氧化剂。由于硫脲用量较大，成本较高，在生产实践中采用较少。

如果难处理金矿石中含有碳质物，氰化浸出时溶解的金被矿石中的碳吸附，浸出率比较低，此时可考虑采用硫代硫酸盐浸出，因为在硫代硫酸盐介质中，矿石中的碳吸附金的能力较低，金损失较少。硫代硫酸盐浸出金的反应过程如下：

$$4Au + O_2 + 8S_2O_3^{2-} + 2H_2O \longrightarrow 4Au(S_2O_3)_2^{3-} + 4OH^- \tag{5-41}$$

Cu^{2+} 对上述反应的氧化过程有催化作用，氨的存在有利于稳定二价铜，反应如下：

$$Au + 4S_2O_3^{2-} + Cu(NH_3)_4^{2+} \longrightarrow Au(S_2O_3)_2^{3-} + 4NH_3 + Cu(S_2O_3)_2^{3-} \tag{5-42}$$

微生物氧化渣的硫代硫酸盐法浸出已经在美国卡林金矿微生物预氧化堆浸中获得了应用。

5.2.3 难处理金矿石微生物预氧化浸出的工艺流程

与常规的金矿石氰化浸出工艺相比，难处理金矿石的微生物预氧化工艺只是在氰化浸出前增加了一个微生物氧化预处理作业。对于堆浸来说，就是在堆置好的矿石堆上，先用微生物浸出剂在酸性条件下进行氧化预处理，将矿石中的部分硫化物矿物溶解。氧化作业完成后，将溶解的硫酸盐从矿石堆中清洗出去，然后用石灰将矿堆中和至流出的液体呈碱性。最后再喷洒氰化物溶液浸出金，其浸出工艺流程如图 5-6 所示。

对于含砷金精矿，所采用的工艺流程如图 5-7 所示。流程中包含了两段微生物氧化脱砷，含砷的氧化浸出液在送回氧化脱砷作业之前，通过调节 pH 值，沉淀一部分砷，以避免砷浓度过高对微生物生长造成不利影响。

利用微生物氧化工艺从含金硫化物矿石尾渣中提取金的流程如图 5-8 所示。这些尾渣可以是常规氰化浸金厂的尾渣，也可以是湿法提取其他金属的尾渣。对于这些含有黄铁矿

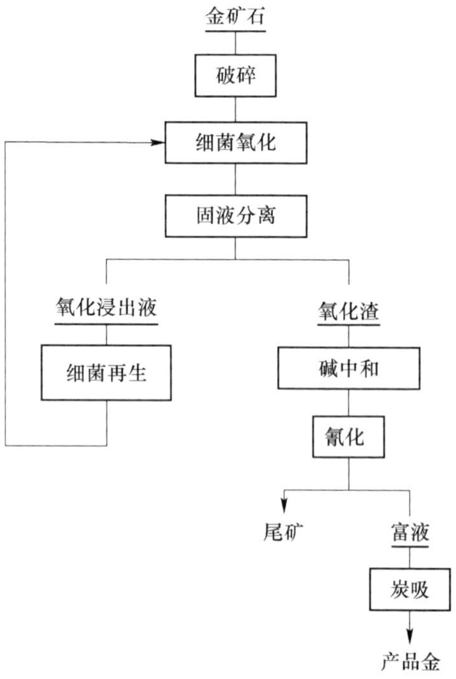

图 5-6 难处理金矿石微生物氧化堆浸工艺流程

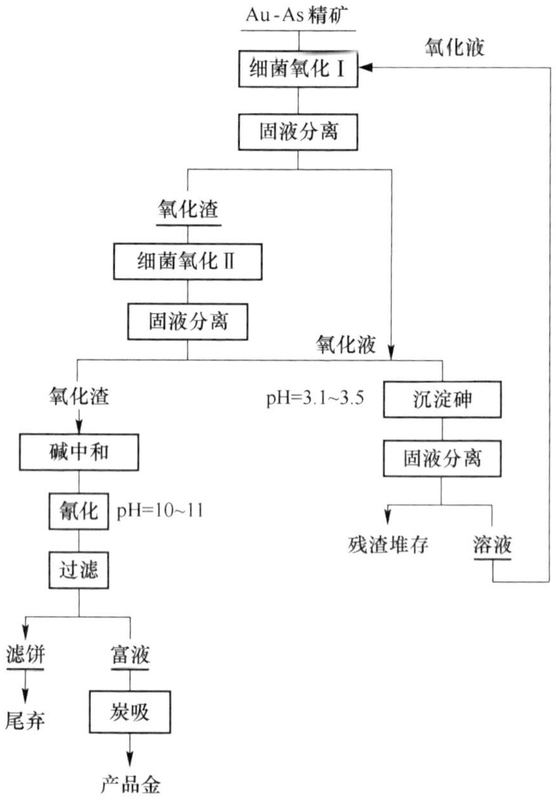

图 5-7 含砷金精矿生物氧化脱砷-氰化浸金流程

等金属硫化物矿物的尾渣，先经浮选处理，得到含金的硫化物矿石精矿，然后在酸性条件下，对此精矿进行微生物氧化处理，氧化浸出液经过一个膜过滤器，除去一部分铁后送回微生物氧化工序，氧化渣用石灰中和后，用氰化物浸出金和银。

除上述三种工艺流程外，戴维·梅克公司还根据“分离器-发生器”的工艺设计构思，提出了图 5-9 和图 5-10 所示的两种难处理金矿石的微生物氧化提金工艺流程。其中图 5-9 所示的流程适合处理含黄铁矿的金精矿，而图 5-10 所示的流程则适合处理含砷黄铁矿的金精矿。

由于微生物氧化黄铁矿比氧化砷黄铁矿困难，所以需先在调节槽中使微生物大量繁殖，微生物然后再进入浸出槽氧化黄铁矿，同时还需要严格控制浸出槽的操作条件。氧化过程完成后进行固液分离，将少量氧化浸出液送回调节槽，以便控制系统中的铁浓度。

处理含砷黄铁矿的金精矿时，先在发生器中制备含菌的高铁浸出剂，然后将此浸出剂加入调节槽，在此与砷黄铁矿混合后送入浸出槽进行氧化脱砷。为了控制含砷量，将砷黄铁矿分别加入调节槽和浸出槽。在浸出槽中，砷黄铁矿主要被 Fe^{3+} 氧化。含砷氧化浸出液不返回发生器，而是返回调节槽，由微生物氧化再生后进入浸出槽。为了控制循环液中的砷浓度，固液分离后大约排放掉 50% 的氧化浸出液。

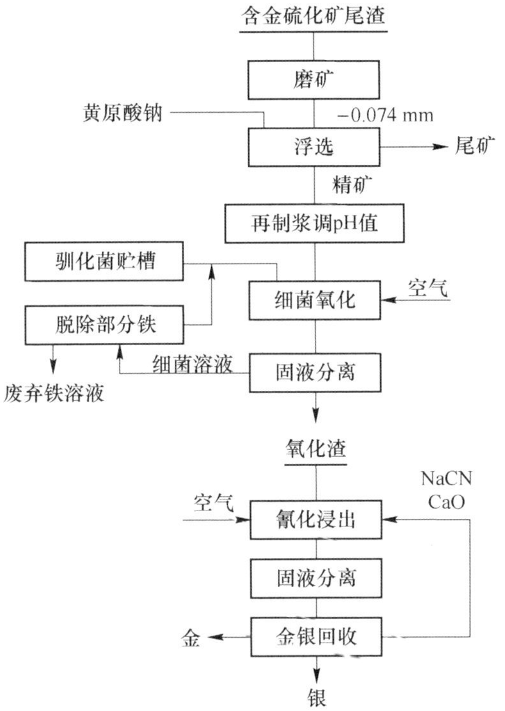

图 5-8 含金硫化物矿石尾渣微生物氧化浸金流程

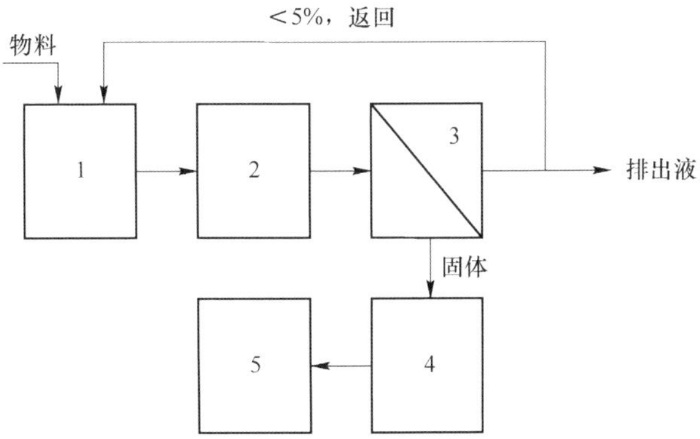

图 5-9 含黄铁矿金矿石微生物预氧化浸金流程

1—物料调节；2—浸出；3—固液分离；4—pH 值调节制浆；5—氰化浸出

5.2.4 难处理金矿石微生物氧化过程的影响因素及工艺条件控制

难处理金矿石微生物预氧化工艺过程的反应速度主要受微生物活性大小控制，所以影响微生物生长的因素，也是微生物预氧化过程的影响因素。

5.2.4.1 微生物适应性的影响

微生物对环境的适应程度是影响浸出效果的主要因素。图 5-11 是微生物的适应性与

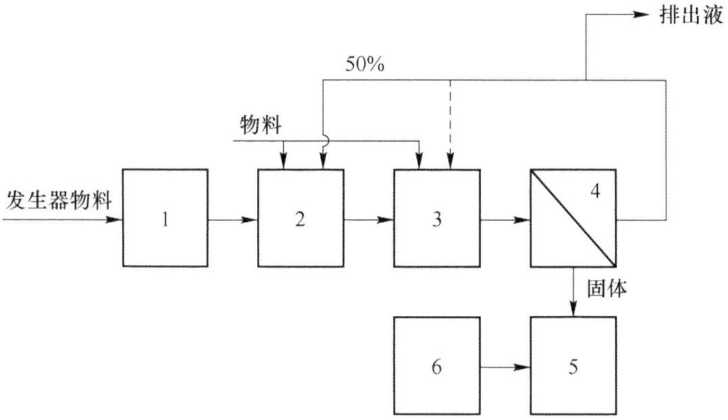

图 5-10　含砷黄铁矿金矿石微生物预氧化浸金流程
1—菌液制备；2—物料调节；3—浸出；4—固液分离；5—pH 值调节制浆；6—氰化浸出

脱砷效果之间的关系。从图 5-11 中可以看出，采用未驯化的微生物氧化砷黄铁矿时，经过 12 d，脱砷率才达到 20%，而采用已驯化的细菌，在相同时间内却能使砷的脱除率达到 60%。这说明在微生物浸出矿石之前，对微生物进行驯化是必不可少的。

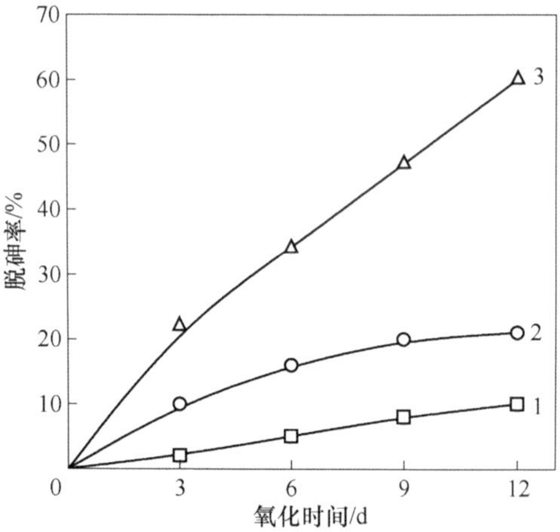

图 5-11　微生物适应程度对脱砷率的影响
1—无菌；2—未适应菌；3—适应菌

5.2.4.2　矿石中砷含量对微生物氧化脱砷的影响

矿石的矿物学性质对微生物氧化过程有重要影响，在其他条件不变时矿物学性质起主导作用，而矿物中砷含量的影响尤为显著。

图 5-12 和图 5-13 试验结果表明，矿石中砷含量越高，脱砷时微生物受到的不利影响也就越大，浸出剂中微生物细胞的数目也越少；随着氧化时间的延长，矿石中砷含量不断下降，浸出剂中的微生物细胞数目也相应逐渐增加。原矿含砷量越低，微生物的氧化脱砷率越高。因此，在氧化浸出含砷量较高的金精矿时，应适当控制金精矿的给入速度，以避免溶解砷浓度过高而影响微生物的活性。

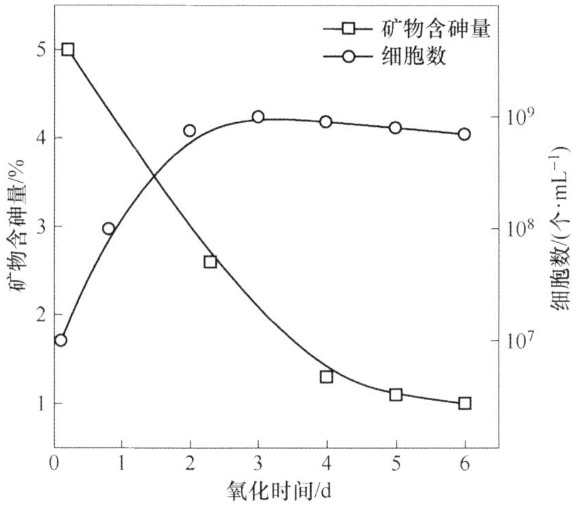

图 5-12　矿物含砷量与微生物浓度的关系

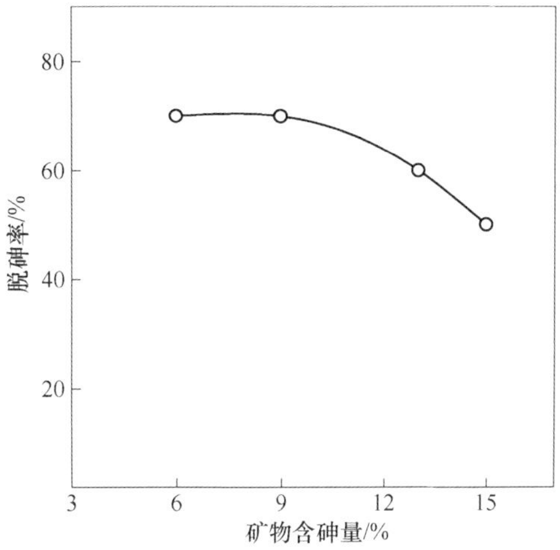

图 5-13　矿物含砷量与脱砷率之间的关系

虽然经过驯化的氧化亚铁硫杆菌可承受的最高砷浓度为 15 g/L，但是在实际操作中，一般都把砷的浓度控制在 4 g/L 以下。为了控制砷浓度，必要时可以对固液分离后的浸出液在返回浸出作业前进行沉淀降砷处理。

5.2.4.3　砷离子价态的影响

砷离子价态不同，对细菌产生的毒性作用也不同。图 5-14 所示为砷离子价态对氧化亚铁硫杆菌氧化 Fe^{2+} 的影响。从图 5-14 中可以看出，在同样砷浓度和 pH 值条件下，经过 3 d 的微生物氧化，含 As(Ⅴ) 的微生物氧化剂可以氧化近 60% 的 Fe^{2+}，而含有 As(Ⅲ) 的微生物氧化剂仅仅氧化 5% 的 Fe^{2+}。这说明 As(Ⅴ) 对氧化亚铁硫杆菌氧化能力的影响要比 As(Ⅲ) 的小得多。在细菌与 Fe^{3+} 作用下 As(Ⅲ) 浓度随时间的变化情况如图 5-15 所示。从图 5-15 中可以看出，As(Ⅲ) 在微生物浸出环境中是不稳定的，经过数天时间，大部分 As(Ⅲ) 即被氧化为 As(Ⅴ)。

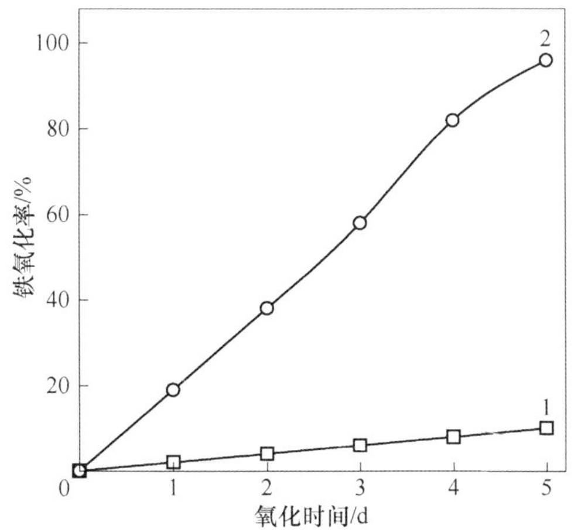

图 5-14　砷离子价态对细菌氧化 Fe^{2+} 的影响

1—As(Ⅲ)2 g/L，pH = 2.3；2—As(Ⅴ)2 g/L，pH = 2.3

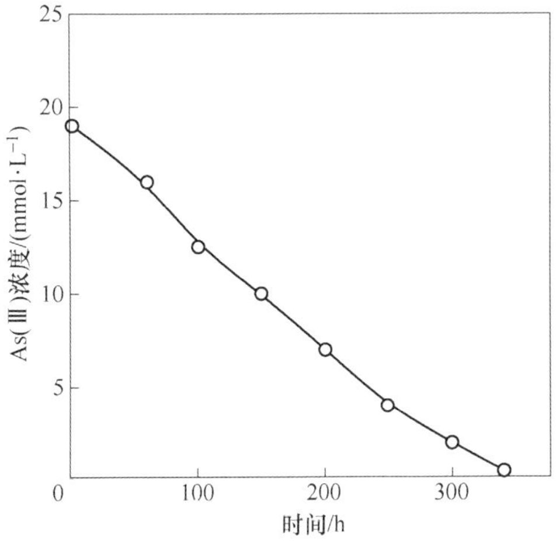

图 5-15　在细菌与 Fe^{3+} 作用下 As(Ⅲ) 浓度随时间的变化情况

5.2.4.4 pH 值的影响

图 5-16 是矿浆的 pH 值对氧化亚铁硫杆菌脱砷效果的影响。从图 5-16 中可以看出，微生物生长最活跃的 pH 值范围，也就是它们氧化破坏砷黄铁矿的最佳酸度。在实际生产中，由于微生物对硫化物矿物的氧化过程既消耗酸，也产生酸，所以，在微生物氧化浸出过程中，矿浆的 pH 值将随着矿石中硫的含量变化而波动。当矿石中含硫较高，而碱性氧化物的含量较低时，矿浆的 pH 值将随着细菌氧化过程的进行而下降。当 pH 值降至 1.0 或 1.3 以下时，为了保证氧化浸出过程正常进行，应加石灰进行调整。反之，当矿石中硫的含量较低，而碱性氧化物的含量较高时，矿浆的 pH 值则会随着氧化过程的进行而不断上升。当 pH 值超过 3 时，为了避免 Fe^{3+} 发生如下的水解反应，在矿粒表面形成铁沉淀层而影响氧化浸出效果，必须用 H_2SO_4 对矿浆的 pH 值进行及时调整。

$$Fe_2(SO_4)_3 + 6H_2O \longrightarrow Fe_2(OH)_6\downarrow + 3H_2SO_4 \quad (5\text{-}43)$$

$$Fe_2(SO_4)_3 + 2H_2O \longrightarrow 2Fe(OH)SO_4\downarrow + H_2SO_4 \quad (5\text{-}44)$$

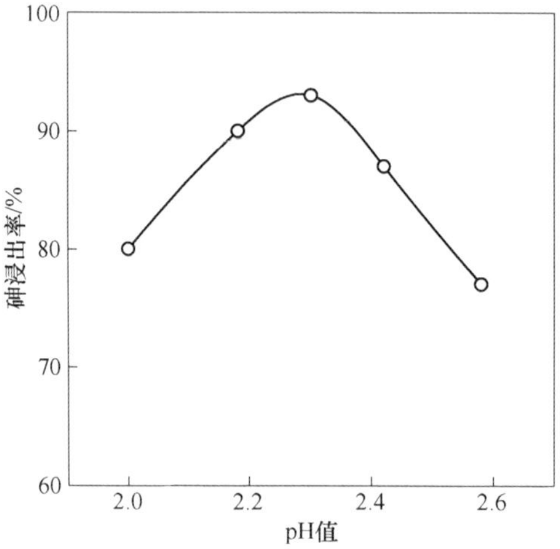

图 5-16 酸度对微生物脱砷的影响

5.2.4.5 矿石粒度的影响

从浸出动力学的角度来看，矿石的粒度越小，比表面积越大，微生物与矿石的接触机会也就越多，这既有利于微生物从矿石中吸收营养，又有利于氧化过程的进行。因此，随着矿石粒度的下降，微生物的活性和浸出速度都会明显上升。如表 5-9 所示，原精矿样，经微生物氧化 4 d，脱砷率仅为 14.1%；而经过再磨使矿样的比表面增加到 1.93 m^2/g 后，经相同的氧化时间，脱砷率提高到 78.5%。但是，矿石的粒度越细，磨矿费用就越高，所以对矿石的微生物搅拌浸出工艺来说，入浸矿石的适宜粒度需要通过技术经济分析来确定。

表 5-9 不同含砷金精矿粒度的脱砷效果

矿 样	矿物比表面/($m^2 \cdot g^{-1}$)	无菌对照脱砷率/%	细菌氧化脱砷率/%	
		浸 4 d	浸 2 d	浸 4 d
原精矿样	0.82	3.6	9.2	14.1
精矿样再磨样	1.93	42.0	60.5	78.5

5.2.4.6 矿浆浓度的影响

矿浆浓度对微生物脱砷效果的影响如图 5-17 所示。从图 5-17 中可以看出，当液固比为 50∶1 时，经过 12 d 氧化浸出，砷的浸出率可以达到 80% 以上，而当液固比为 10∶1 时，同样时间的砷浸出率仅有 30%。说明提高矿浆浓度不利于微生物氧化脱砷，这主要是因为溶解砷浓度随矿浆浓度增加而增加，溶解砷对微生物具有毒害作用；另外，因为细菌吸附在矿物颗粒表面，提高矿浆浓度将使细菌受到更多摩擦和损伤，而且细菌相对于矿物的浓度降低了。

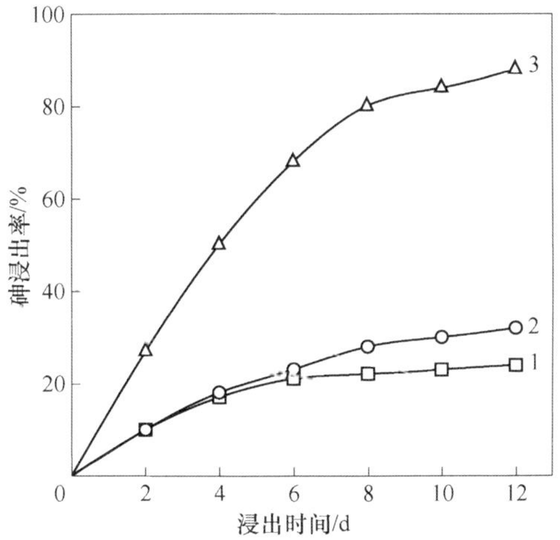

图 5-17 矿浆浓度对砷浸出率的影响

1—液固比为 2∶1；2—液固比为 10∶1；3—液固比为 50∶1

除上述影响因素之外，浸出环境温度、微生物的营养条件、通气情况等，对微生物的氧化浸出过程都有一定程度的影响。几种影响因素与微生物氧化浸出工艺的经济效益之间的关系如图 5-18 所示。图 5-18 中的几个变量对微生物浸出工艺经济效益的影响是相互制约的。因此，最佳工艺条件的选择需要通过较大规模的连续试验，并综合反应器和搅拌器的设计、热量平衡、物料平衡及工艺过程的控制等因素考虑来确定。

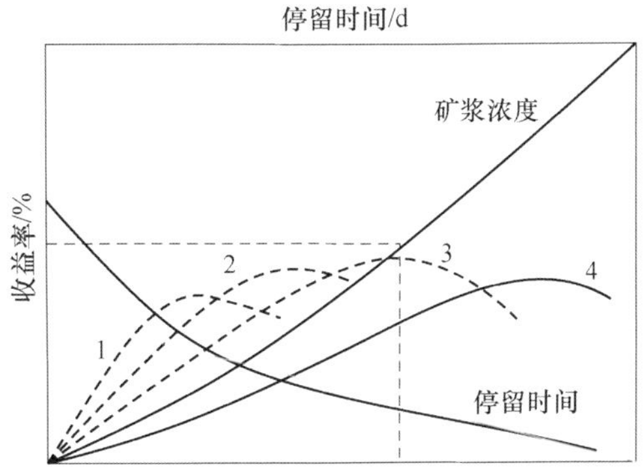

图 5-18 矿浆浓度、停留时间及充气速率对细菌氧化速率的影响

（1 ~4 充气量逐渐增大）

5.2.5 难处理金矿石微生物预氧化的典型工艺

难处理金矿石微生物预氧化最先是由法国人于1964年提出的。1977年苏联最先发表了研究结果。1977年北美开始用搅拌反应槽对难处理金矿石或金精矿进行细菌氧化浸出，并评估了其商用可能性，对于氧化槽式细菌氧化厂的投产和推广，具有奠基作用。1986年南非Genmin集团公司经过20余年努力，研究开发了Genmin BIOX工艺，在Fairview金矿建立了世界上第一座细菌氧化提金厂，实现了难处理金矿石微生物预氧化在世界上的首次工业应用。至20世纪80年代后期，微生物预氧化工艺被广泛应用于难处理金矿石领域。继南非后，巴西、美国、澳大利亚、秘鲁、加纳等国家的微生物预氧化工厂纷纷投入运营。目前世界上已有二十多座日处理能力为几十至数百吨浮选金精矿的细菌预氧化提金工厂投入生产，形成了BIOX、BacTech、Newmont与Geobiotics四大工艺。

我国难处理金矿石微生物预氧化工艺的研究始于20世纪80年代，开始进行此项研究的只有中国科学院微生物所等少数单位，随着国内对难处理金矿石开发日渐重视，从事此项研究的单位增多。1981年中国科学院微生物所在广西六岑金矿进行单槽细菌氧化金精矿脱砷的1000 kg/d级的试验；1993年核工业部北京化工冶金研究院成功完成了连续运行1个月的金矿细菌氧化台架试验；1994年地矿部陕西地勘局堆浸技术中心建成处理1000 kg/d精矿的细菌氧化中试车间，这是国内当时唯一较具规模的金精矿细菌氧化工艺的工业化尝试；1996年陕西地勘局在双王金矿进行国内首次2000 t级的细菌氧化堆浸试验取得成功。这些研究成果说明我国对难处理金矿石微生物预氧化工艺已建立起较完整的试验研究体系，具有较强的开发能力。随着国内难处理金矿石资源开发步伐加快，我国难处理金精矿微生物预氧化技术工业化进程大大加快，先后已有山东天承、烟台黄金冶炼厂、辽宁天利、哈图金矿、江西三和金业、贵州锦丰矿业等微生物预氧化提金厂投产。目前我国最大的微生物预氧化黄金冶炼厂是贵州锦丰矿业，日处理量可达790 t。

5.2.5.1 BIOX 工艺

该工艺于20世纪70年代末由南非Gencor公司下属的Genmin工艺研究所研究开发成功，目的是解决该公司所属的Fairview金矿焙烧车间的污染问题。在实验室研究的基础上，1984年在该矿建立了半工业试验厂，规模为日处理750 kg金精矿。在连续运行两年之后，由于结果令人满意，在运行中工艺指标逐步优化，所以公司决定将试验厂的规模扩大，在1986年建立了世界上第一座难处理金矿石微生物氧化工厂。工厂的生产金精矿能力为40 t/d，可处理Fairview金矿的全部浮选金精矿，所以关闭了使用几十年的焙烧炉。公司为该工艺申请了注册商标，定名为BIOX，产权属于Genmin公司。

20世纪90年代起，Genmin公司向世界各地转让生产技术，目前世界上利用该技术建立的金矿石微生物预氧化工厂有：巴西的Sao Bento矿业公司细菌氧化厂，该厂采用细菌氧化与加压氧化联合处理金精矿的工艺流程，生产精矿规模为150 t/d；澳大利亚的Harbour Lights细菌氧化厂，该厂建于1992年，处理精矿能力为40 t/d；澳大利亚的Wiluna细菌氧化厂，建于1993年，处理精矿能力为150 t/d；加纳的Ashanti细菌氧化厂，建于1994年，处理精矿能力为750 t/d。同时该公司还与英国的Lonrho公司合资在乌兹别克斯坦共和国建立了一座目前世界上规模最大的细菌氧化厂，处理金精矿能力为900～1000 t/d。2007年我国贵州锦丰矿业采用BIOX工艺建成的生产规模为790 t/d的微生物氧化厂投产。

BIOX 工艺被认为是当前世界上最先进的微生物氧化搅拌槽浸工艺。该工艺使用的细菌种类被严格保密，但普遍认为其使用了氧化亚铁螺旋菌、氧化硫硫杆菌以及氧化亚铁硫杆菌组成的混合菌种，其比例根据矿石的成分不同而有所调整。此工艺处理过程中，首先将浮选精矿再磨，然后给入两段细菌氧化槽，为了延长细菌在单槽中的停留时间，防止造成矿浆短路，确保细菌的正常繁殖，通常第一段为 3 个并联的氧化槽，第二段为 3 个串联的氧化槽，矿浆停留时间一般为 4 d。采用蛇形管冷却方式对矿浆进行冷却，使矿浆温度维持在 40 ℃以保证细菌的生存和活动，搅拌槽一般采用机械式搅拌，并通入空气以保持浸出液中有足够的 CO_2 和 O_2，同时加入硫酸或石灰调整 pH 值在细菌需要的 1.6～1.8 范围内。

5.2.5.2 BacTech 工艺

该工艺由澳大利亚 BacTech 生物公司于 1984 年开发，采用的浸矿菌种是一种耐热的混合培养菌 M4，这是 BacTech 工艺有别于 BIOX 等工艺的主要特点。M4 菌株是由英国皇家学院化学系的 Barret 博士领导的科研小组在西澳大利亚炎热的沙漠地区采集和筛选获得，是一种耐热氧化亚铁菌株，它的最适生存温度为 46 ℃，在 55 ℃的温度下可存活 3 d，从理论上来说采用该菌进行矿物氧化不需要对矿浆进行冷却。另外，M4 菌株可耐受较高盐度，很适合干旱缺乏淡水的地区使用。1994 年，澳大利亚的 Youanmi 金矿采用 BacTech 工艺建立了一座使用耐热菌 M4 的细菌氧化提金厂，处理金精矿规模为 120 t/d。尽管 M4 在 55 ℃的温度下可存活 3 d，但为了保持该菌的活性，仍然建立了在槽壁用水幕对矿浆进行冷却的系统。该工厂投产后设备运行稳定，生产指标良好。之后，BacTech 公司又培育出耐更高温度的菌株，可以在 60 ℃条件下使用，公司建立了使用该菌的规模为 1 t/d 的精矿试验厂，并分别在保加利亚、加纳和哈萨克斯坦进行半工业试验。我国的山东天承生物金业股份有限公司于 2001 年引进了该工艺，建成了生产规模为 100 t/d 的细菌氧化厂，该公司已于 2017 年停产。

BacTech 工艺氧化过程分为两段，第一段 3 个氧化槽并联，第二段 3 个氧化槽串联，目的是保证细菌在单槽内有足够的停留和繁殖时间，氧化槽中作业条件为：pH 值为 1.0～1.4，矿浆浓度为 15%～20%，平均停留时间为 3.5 d，最佳操作温度为 45～55 ℃。

5.2.5.3 Newmont 工艺

目前 BIOX 和 BacTech 工艺都是用于处理难处理浮选金精矿，未见用于处理难处理原生金矿或贫金矿的例子，原因是采用搅拌槽氧化的细菌氧化技术只能在稀矿浆下操作，因为细菌能耐受的矿浆浓度只有 15%～20%，所以从经济上考虑只能用于处理经过浮选富集的金精矿。对于难选冶的原生金矿或贫矿，在目前的金售价条件下，采用上述工艺是不合理的。为此，美国 Newmont 黄金公司开发出一种用于处理难选冶原生金矿的制粒堆浸的细菌氧化工艺，该工艺所用浸矿菌种包括氧化亚铁硫杆菌和氧化亚铁螺旋菌在内的多种嗜酸铁氧化菌。1996 年该公司在美国内华达州的卡林金矿进行了 46 kg 柱浸试验到 70.8 万吨级的一系列细菌氧化堆浸工业试验，并取得成功。利用该技术在卡林金矿处理的矿石品位为 0.6～1.2 g/t，矿石粒度为 80% 小于 19 mm，细菌氧化周期为 80～100 d，金回收率为 60%～70%，每吨矿石的加工成本为 5 美元左右。目前 Newmont 公司已将该技术用于卡林金矿难处理矿石的工业堆浸，并在 1998 年将该技术出售给了 GeoBiotics 公司。

5.2.5.4　Minbac 工艺

Minbac 工艺由南非的 Mintek 矿业公司、南非英美矿业公司和 Bateman 跨国工程公司等三家国际著名的矿业公司于 20 世纪 80 年代联合开发，采用的细菌是氧化亚铁硫杆菌及氧化亚铁微螺菌的混合培养菌。基于该工艺，在南非建了一座 1 t/d 的金精矿中间试验厂，通过开展试验研究，积累了大量的有关物料混合、充气及冷却等过程动力学参数和氧化槽结构放大参数，并详细评价了全球 50 多种难处理金矿的细菌氧化可行性。1989 年利用该技术在南非英美公司的 Vaal Reefs 金矿建立了一座日处理金精矿 20 t 的细菌氧化厂。除该厂外，还对欧洲的一个难处理金矿和塔吉克斯坦两个沉淀金矿床进行了试验研究，但目前还未见利用该工艺建立的其他工业性细菌氧化厂。

5.2.5.5　Geobiotics 工艺

美国 GeoBiotics 公司在总结 BIOX、BacTech 和 Minbac 三种工艺优点的基础上，推出了精矿覆膜堆浸微生物氧化预处理工艺（GioCoat Process），这种专利技术是为硫化矿浮选精矿和重选精矿微生物氧化预处理而设计的。

该工艺利用发酵来产生高浓度的细菌培养液，将精矿与细菌培养液混合成浓矿浆，然后喷洒在经过筛分的 5 ~ 20 mm 的支撑介质上。精矿覆膜是在支撑介质离开筑堆皮带时覆盖在支撑介质上的，厚度为 0.5 ~ 1.0 mm。所用支撑介质可以是矿山的废石、河砾石或其他符合工艺条件的岩石，低品位的难处理金矿石也可以用来作为支撑介质。在对精矿进行细菌氧化时，低品位难处理金矿石中的硫化物也同时被氧化，从而有利于回收。在支撑介质上覆盖精矿膜是为了改善氧化堆浸的操作条件。经过足够时间的细菌氧化即可卸堆，在圆筒筛上冲洗，使氧化后的精矿从支撑介质上剥离，冲洗矿浆中和后与氧化后的低品位难处理金矿石一起进入 CIL（炭浸法）系统或者经磨矿后进入 CIL 系统。

Geobiotics 工艺氧化精矿包裹层一般需要 30 ~ 90 d，硫化矿氧化率为 50% ~ 70%，金的回收率为 80% ~ 95%，它集成了搅拌浸出和原矿堆浸的优点，不但缩短了微生物氧化时间，而且大大提高了金的回收率。Geobiotics 工艺更适于处理低品位的金精矿和难氧化的黄铁矿为主要载金矿物的金矿，经济效益更为明显。该工艺已成功应用于美国 Newmont 公司难处理金矿石，并取得了很好的经济效益，在微生物浸金技术方面是一个创新和突破。

5.2.5.6　CCGRI 工艺

长春黄金研究院（CCGRI）从 1996 年开始独立承担了国家“九五”重大科技攻关课题——生物氧化提金工艺技术研发，经过 10 多年的攻关，顺利完成了从菌种采集、培养、驯化、工艺技术研究开发到成果工业化、产业化推广应用的全过程。2000 年 12 月，由北京有色冶金设计研究总院负责总体设计、长春黄金研究院提供菌种及生产操作技术，在烟台黄金冶炼厂建成我国第一座 50 t/d 采用细菌预氧化工艺处理含砷难浸金精矿的黄金冶炼厂投入生产，获得了良好的生产指标和经济效益，2001 年末，该厂生产规模已扩建到 80 t/d。2003 年 7 月，中国黄金集团公司利用 CCGRI 技术在辽宁建成了黄金行业第一个生物氧化产业化示范工程——辽宁天利 100 t/d 微生物氧化提金厂顺利投产。上述成果完全说明我国已经掌握了含砷难处理金矿微生物预氧化的工业生产技术，它在我国黄金技术发展史上是一项重大突破。CCGRI 技术为代表的国内工艺与国外工艺相比，具有以下显著的优点：

（1）在生产条件下，菌种可适应温度为38～56 ℃（国外同类菌种的一般适温范围在38～42 ℃），菌种对温度适应范围宽，跨越了中温菌和中等嗜热菌的温度范围；

（2）菌种氧化活性和砷的耐受性更强，耐受有害砷离子的质量浓度达到了22 g/L，对砷含量达到15%以上的难处理金矿石可以进行微生物氧化预处理；

（3）洗涤过程采用浓密机加过滤，更加合理，自行设计的氧化反应器能耗低，生产成本低，生产中的矿浆浓度提高到25%～27%（技术上认可的最佳浓度为20%），相对加大了工艺的处理能力。

5.2.6 难处理金矿石微生物预氧化的应用实例

5.2.6.1 Fairview细菌氧化厂

Fairview细菌氧化厂位于南非东部，属于Gencor公司所有，是世界上投入运行的第一个生产性细菌氧化法处理难处理金矿石的工厂。矿石中的金属矿物主要是黄铁矿和毒砂，其次还有少量的黄铜矿、闪锌矿、辉铜矿、方铅矿、磁黄铁矿和镍黄铁矿。金以超微细粒状态包裹于黄铁矿和毒砂中，其中50%包裹于黄铁矿之中，20%包裹于毒砂之中，30%为游离金。大部分金的粒度小于0.2 μm。用常规的氰化工艺浸出，金的浸出率只有36%。

选矿厂处理的矿石含Au 8 g/t、S 1.38%、As_2O_3 0.58%。利用浮选工艺选出的金精矿含Au 118 g/t、S 20%、As_2O_3 8%。工厂在建立细菌氧化厂之前，采用Edwards焙烧炉将精矿进行两段焙烧除去硫和砷，然后氰化浸出焙砂，金回收率为90%。该厂使用焙烧氧化生产了近34年，但由于生产费用较高及对环境污染严重，后经大量的试验研究以及焙烧、加压和细菌三种氧化方案对比，Gencor公司决定用细菌氧化工艺代替原来的焙烧氧化工艺。

Fairview金矿在小型试验的基础上，首先建立了一个日处理750 kg金精矿的中间试验厂，经过中间试验，于1986年10月建成一个处理能力为10 t/d的细菌氧化提金厂，其工艺流程如图5-19所示。试生产结束后，Fairview细菌氧化厂的处理能力提高到了15 t/d。经过几年运行，采用细菌氧化工艺使金的回收率比采用焙烧氧化工艺提高了5%。1991年Gencor公司将细菌氧化厂进一步扩建，将全部精矿用细菌氧化法处理，并关闭了焙烧车间，结果细菌氧化厂设备投资比焙烧厂投资少20%。

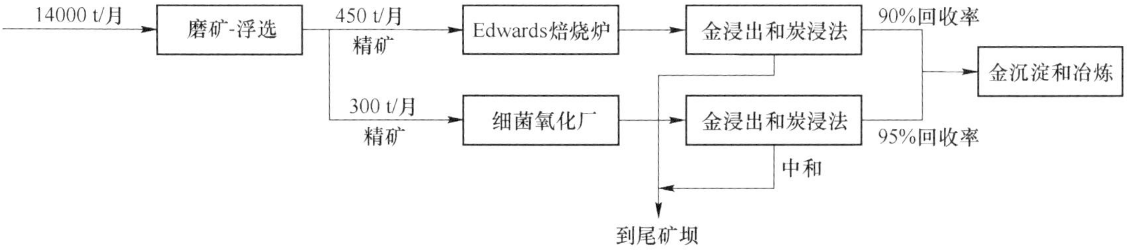

图5-19 Fairview细菌氧化厂的生产流程示意图

5.2.6.2 Youanmi金矿细菌氧化厂

Youanmi金矿位于西澳大利亚首府佩思城东北500 km的Yilgan矿区，属于澳大利亚金矿公司所有。该金矿细菌氧化厂于1994年10月建成投产，采用的是BacTech技术，是目前为止国外唯一采用此技术的金矿细菌氧化厂。Youanmi金矿是一座老矿山，自1902年就开始生产，该矿的地下原生矿一直采用焙烧及氰化法加工。1993年矿山改称Youanmi Deep矿，划定可采储量为1355百万吨品位为14.35 g/t的矿石，计划开采硫化物120000～200000 t/a，矿山可采寿命为8 a。由于存在黄铁矿及毒砂等硫化物，该矿的地下矿石属于难处理矿。矿石中的金绝大部分与毒砂连生，而毒砂中的金有98%为细粒包裹或固溶体形式存在。Youanmi Deep矿的硫化物适合于浮选，浮选精矿的硫化物近33%黄铁矿和23%毒砂，精矿金含量为60 g/t左右，浮选精矿的直接氰化金浸出率为40%～60%。Youanmi Deep矿的地下水质较差，然而在矿山周围有一些低固体溶解量（1200～2500 mg/L）的地下水。这些地下水的水量供给细菌氧化厂运转是足够的，提供给细菌氧化厂的水总固体溶解量平均为1600 mg/L，其中氯化物浓度小于600 mg/L。试验证明，这样的水质适合于当地分离提取的M4菌的生长。西澳大利亚属沙漠干旱地区，当地夏季平均气温为40～41 ℃，最高为45 ℃。这样的气候条件对于M4菌的使用也不成问题。

1994年2月，BacTech公司用该矿浮选精矿成功地进行了中间工厂连续试验，金的总回收率可达到90%～97%。采用当地分离出的中等耐热菌，操作温度可达45～47 ℃，可明显降低冷却费及操作费。按照中间工厂运行工艺参数，由Signet工程公司对Youanmi金矿细菌氧化厂进行设计与建设，1994年10月Youanmi金矿细菌氧化厂建成投产，设计浮选精矿生产能力为120 t/d。矿石经破碎后进入球磨机进行闭路球磨，磨细后的矿浆首先经过浓密处理，然后进入另一台球磨机再进一步磨细。细菌氧化工序共设6个氧化槽，均采用不锈钢制成，其中3个槽并联组成第1段氧化槽，另3个槽串联为第2、3、4段氧化槽，同时在3个并联的槽中加入细菌培养基，每个氧化槽都装有机械搅拌器，在搅拌桨下面通入空气，提供细菌生长所需要的O_2和CO_2，在氧化过程中，还需控制氧化槽的温度，因为所用的细菌为耐热菌，降低了冷却需求，只在不锈钢槽壁外进行水幕冷却即可。由末段氧化槽流出的氧化后的矿浆进入一个逆流洗涤浓密系统，在此洗涤氧化产生的酸性含砷及硫酸高铁的溶液，洗出的酸性溶液用石灰进行两步中和处理，沉淀溶液中的砷，经过洗涤和浓密的氧化渣进入炭浆浸出工序浸出金。Youanmi金矿细菌氧化厂投产后，设备运行状况良好。经过两年多的运行，达到了设计要求的工艺指标。该厂的设计指标与实际生产指标对比如表5-10所示。

表5-10 Youanmi金矿细菌氧化厂的设计与生产工艺指标对比

工艺指标	设计	生产	工艺指标	设计	生产
生产能力/($t \cdot h^{-1}$)	5（6槽）	1（1槽）	砷氧化率/%	85～95	90
停留时间/d	4	3.5	通气量/($L \cdot m^{-3} \cdot min^{-1}$)	65	65
矿浆浓度/%	15	15	O_2利用率/%	25	25
操作温度/℃	45	50			

5.2.6.3 Newmont黄金公司的低品位难处理金矿石细菌氧化堆浸

Newmont黄金公司成立于20世纪60年代初期，原名为卡林黄金公司，约90%股权为Newmont公司所有，自1965年卡林金矿投产至今，该公司已成为北美最大的黄金公司之一。卡林金矿为北美洲在20世纪发现的最大金矿带。Newmont黄金公司在率先发现了卡林金矿后，又成功地开发了大规模堆浸技术，对美国近20年来黄金工业的发展带来了深刻影响。该公司在盐湖城的选冶试验中心，在开发难处理金矿石资源技术领域处于世界领先地位，尤其是利用生物技术处理难处理金矿石的大规模堆浸技术为世界首创。

卡林金矿为硫化物碳质贫金矿，总碳含量为1.25%，硫化物硫含量为1.32%，金的品位为2.6 g/t，因此该矿石属于典型的难浸金矿石。其难浸性主要是因为微细粒金被硫化物包裹及不溶性碳的“劫金”联合作用导致。该矿石不经预处理直接采用氰化工艺浸出的效果很差，矿石中硫化物含量（1.32%）足以支持细菌生长。微生物氧化所采用的细菌是氧化亚铁硫杆菌及氧化亚铁微螺菌组成的混合菌种，培养细菌所用的培养基主要组成为 $(NH_4)_2SO_4$ 0.4 g/L、$MgSO_4 \cdot 7H_2O$ 0.4 g/L、K_2HPO_4 0.049 g/L、$FeSO_4 \cdot 7H_2O$ 33 g/L，用硫酸调节pH值到1.8~2.0。上述混合培养菌在培养基中逐渐扩大培养，制成工业堆浸用的菌液，细菌浓度为 10^8 个/mL，以0.04~0.05 L/(kg·min)的速度喷洒在运送矿石的皮带运输机上，完成细菌接种。接种细菌的矿石由皮带运输机直接堆入矿石堆浸场，矿石在落下时自动完成制粒过程，使细粒级矿石黏附于粗粒矿石上。这样既有利于细菌在矿堆中的均匀分布，又有利于矿石堆中的空气流通及溶液流动，这种细菌接种、制粒及堆矿的过程是Newmont公司所开发的独具特色的堆浸技术。接种细菌的矿石堆入场地后，在堆上安装喷淋系统，然后用酸化水循环喷淋，喷淋速度为0.2 L/(min·m^2)。在循环喷淋过程中，需补加新鲜水以补偿蒸发损失。定期测量循环溶液的pH值、Eh和铁浓度，以此作为微生物氧化进展的指标。

工业堆浸微生物氧化预处理的有效时间为120 d左右，矿石中硫化物氧化率为40%~50%。矿石堆在完成细菌氧化以后，用清水冲洗矿堆，洗出酸性高铁溶液，然后卸下洗涤过的矿堆，并用水泥及石灰制粒，再重新筑堆，为下一步浸出金做好准备。这种二次制粒倒堆的作业也是Newmont公司微生物氧化堆浸工艺的独到之处。图5-20为Newmont公司难处理金矿石细菌氧化堆浸流程图。

5.2.6.4 辽宁天利细菌氧化厂

辽宁天利金业有限责任公司（简称“辽宁天利”）微生物氧化提金厂于2003年7月19日正式投产运行，是我国自行研制、自行设计、自行建设，具有完全独立自主知识产权的第一项微生物氧化产业化示范工程。辽宁天利微生物氧化提金厂工艺流程为：磨矿分级—微生物氧化—固液分离—氰化—逆流洗涤—锌粉置换—冶炼提纯。其主要技术指标及工艺参数如表5-11和表5-12所示。

表5-11 辽宁天利微生物氧化厂主要技术指标

项　目	设计指标	生产指标	项　目	设计指标	生产指标
生产规模/(t·d^{-1})	100	150	Ag浸出率/%	53.14	89.00
金精矿Au品位/(g·t^{-1})	55	40	Au置换率/%	99.95	99.85
金精矿Ag品位/(g·t^{-1})	155	190	Ag置换率/%	99.00	99.50
氧化渣Au品位/(g·t^{-1})	77.20	52	冶炼率/%	99.50	99.50
氧化渣Ag品位/(g·t^{-1})	209.58	220	Au总回收率/%	93.00	95.00
Au浸出率/%	93.97	96.60	Ag总回收率/%	50.00	81.00

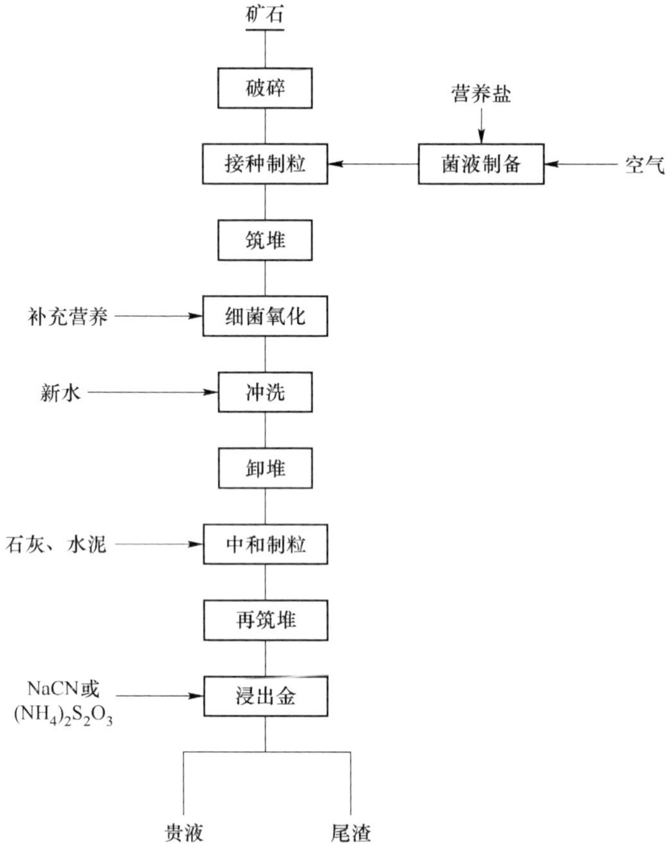

图 5-20　Newmont 公司难处理金矿石细菌氧化堆浸流程

表 5-12　辽宁天利微生物氧化厂主要技术参数

项　　目	设计工艺参数	生产工艺参数
磨矿细度(－0.038 mm 含量)/%	80	83
矿浆温度/℃	40～42	38～52
矿浆浓度/%	16	24～26
氧化时间/d	6	5.5
培养基用量/($kg \cdot t^{-1}$)	7.1	3.5
氧化钙用量/($kg \cdot t^{-1}$)	340	300
中和时间/h	7	6

辽宁天利处理的金精矿部分来自辽宁金凤矿业有限公司，其余则来自外购。采用的细菌氧化工艺的主要技术特点如下：

（1）辽宁天利地处辽宁省凤城地区，纬度较高。为了更好地适应矿石性质和季节温度变化，公司对浸矿菌种不断进行改良与优化，使菌种的适应性、氧化能力、温域范围都得到极大的提高，浸矿菌种的工作温度可以控制在38～52 ℃，跨越了中温菌和中等嗜热菌的温域区间，具有广泛的适应性。

（2）目前国外建成的微生物氧化提金厂处理的含砷难浸金精矿砷含量一般都低于5%。而在我国蕴含丰富的含砷难处理金矿石资源中砷的含量较高，特别是我国中西部地区生产的难浸金精矿中砷含量高达10%。为了提高菌种的适应性，拓宽微生物氧化提金技术的适用范围，辽宁天利重点对浸矿菌种的耐砷能力进行培养驯化。目前，浸矿菌种可以在砷离子浓度为22 g/L的条件下保持较高的活性，对于以砷黄铁矿包裹金矿物为主，砷含量达15%的难浸金精矿可以进行微生物氧化。

（3）矿浆浓度是影响微生物氧化提金工艺的重要参数，提高矿浆浓度可以节省设备投资、降低生产成本。但是，提高矿浆浓度后，均摊于矿物颗粒表面的细菌数量减少会影响氧化速度，同时矿物颗粒在搅拌过程中相互间的摩擦作用可能导致细菌脱落、活性降低。因此，微生物氧化矿浆浓度一般控制在18%～20%。辽宁天利通过对浸矿菌种改良与驯化，将矿浆浓度提高到了24%～26%，同时金精矿处理能力提高了30%以上。

（4）辽宁天利选用长春黄金研究院经多年研究开发的高效节能型生物反应器，传动功率为55 kW，仅是国外同类产品的1/3，生产过程中能耗大幅度降低。另外，生物反应器采用不同厚度的优质不锈钢板材焊接而成；换热器设计为无弯头结构，节省设备投资；同时，合理设计调整充气装置与搅拌叶轮位置关系，全面优化设计充气系统。生产实践证明，该生物反应器性能良好，搅拌均匀，温度扩散和气体弥散效果好，可完全满足生物氧化的工艺要求。供风系统选用1台节能型齿轮组装式单级高速鼓风机，装机容量仅为630 kW，风量22000 m^3/h，同时选取1台110 kW罗茨风机作为备用风机。

5.2.6.5 贵州锦丰矿业细菌氧化厂

贵州锦丰矿业原名烂泥沟金矿，所处理的矿石属于典型的“卡林型”含砷、含汞贫硫化物难浸金矿石，金主要以微细粒浸染于黄铁矿、含砷黄铁矿以及方铅矿、闪锌矿和各种硫化物中。浮选金精矿硫含量为7%～12%，砷含量为2.5%～3.5%，Hg含量为0.005%～0.01%。贵州锦丰矿业通过选矿试验对比和借鉴国内外先进黄金选冶技术发现，焙烧工艺可达到88%～89%的金回收率，但工艺过程很难控制，容易产生二次包裹，回收率不稳定，且该矿石中含有大量的汞矿物，在焙烧过程中很难有效吸收，因而容易对环境造成影响。高压氧化对设备的耐压和耐腐蚀要求很高，操作复杂，投资成本高。采用BIOX工艺，细菌氧化时间可缩短至5 d，金的浸出率可以达到95%，砷、汞等对环境有害的物质转化为相对稳定的无害盐类，经中和沉淀后堆存，沉淀物臭葱石非常稳定，毒性浸出试验各项指标均达到国际标准。因此，贵州锦丰矿业最终选择了BIOX微生物预氧化工艺，设计处理能力可达790 t/d。

（1）细菌氧化：浮选金精矿经浓密机浓缩后用泵送至2台细菌氧化给料储槽，然后用泵扬至氧化给料分配器，分成2个系列，每个系列矿浆再通过分配器分别给至4台一段反应器，4台一段反应器产品合起来一并给至4台串联的二段反应器。细菌氧化主要工艺参数为：矿浆浓度20%，温度42 ℃左右，pH值1.4～1.8，氧化时间5 d，硫和砷氧化率≥99%。生物氧化槽配置为“4-4”，每台氧化槽规格ϕ11 m×12 m，容积1200 m^3，全为不锈钢材质，叶轮为4片宽叶悬桨式单层叶轮，直径3300 mm，叶宽1000 mm，搅拌轴为ϕ450 mm厚壁无缝管，电机功率168 kW，另配备4台600 m^3/h的冷却塔。

（2）逆流洗涤：细菌氧化最终产品进行3级CCD逆流洗涤。一段洗涤浓密机溢流泵送至中和作业，底流泵送至二段洗涤浓密机进行洗涤；二段洗涤浓密机溢流作为洗水自流进一段洗涤浓密机，底流泵送至三段洗涤浓密机进行洗涤；三段洗涤浓密机溢流作为洗水自流进二段洗涤浓密机，三段洗涤浓密机底流用泵送至炭浸作业。

（3）炭浸：逆流洗涤浓密机底流及压滤机滤饼经调浆后，用矿浆泵送至6个串联的炭浸槽，从第一个炭浸槽提出的载金炭经水力输送至载金炭回收筛，筛上载金炭进酸洗解吸作业，炭浸尾矿自流进安全筛以便回收细炭，筛下尾矿自流进解毒作业。炭浸主要工艺参数为：炭浸矿浆浓度30%、浸出时间36 h、吨金精矿的NaCN耗量为12.5 kg、载金炭品位3.5 kg/t、金浸出率≥95%。

（4）酸洗、解吸、炭再生：载金炭先在酸洗柱酸洗后给入解吸柱进行解吸，解吸富液经过过滤、热交换后泵送至解吸富液储槽，脱金炭送至炭再生窑进行炭再生，再生后的炭返回炭浸作业。脱金炭金品位50～100 g/t，金解吸率≥99.5%。

（5）电积、熔炼：储槽中的解吸富液泵送至电积槽电积，电积贫液返回炭浸作业，阴极金进汞蒸馏器除汞后，再经焙烧、熔炼得最终产品合质金。金电积率≥99.5%，金总回收率≥94.5%。

5.2.6.6 黑龙江乌拉嘎黄金矿业有限公司

黑龙江乌拉嘎黄金矿业有限公司所处纬度为北纬48.5°，纬度偏高，太阳高度角较小，全年平均气温－0.6 ℃，极端最低气温－47 ℃，极端最高气温38 ℃，无霜期107 d，结冰期6个月，陆地冰层最深处2.6 m，降水量平均为635 mm，平均降水天数89 d。因此在该地的微生物氧化提金工艺，既要考虑冬季生产的保温，又要考虑夏季生产的冷却，在生产实践中会受到严峻考验。工艺矿物学和化学分析表明，该金矿中部分金以微细粒包裹体形式赋存于黄铁矿与毒砂晶格中，且含有较多干扰常规氰化浸出的元素，无法有效直接氰化提金。该公司现有浮选厂处理规模为1600 t/d。若外销金精矿，一方面由于金精矿含杂高，厂家无意收购，另一方面运距遥远，运费昂贵，大大增加了其生产成本。因此，在企业原有工艺中加入预处理工序，自行对金精矿进行预处理，实现就地产金，是完善整个工艺、降低生产成本、提高企业效益的最佳途径。

该生物预氧化厂处理的浮选金精矿含金75.5 g/t，含硫19.78%，含砷0.43%。单体裸露金占65.54%，硫化物中金占31.90%，脉石中金仅占2.56%。采用常规氰化浸出工艺，金的浸出率最高仅为65.43%。该金精矿采用微生物氧化-氰化浸出提金工艺，氧化温度38～42 ℃，pH值控制在1.2～2，矿浆浓度20%～22%，连续氧化6 d，砷氧化率73.77%、硫氧化率72.55%，氰化浸出36 h，金的氰化浸出率可达到93.2%。项目实施后实际生产能力达到120 t/d，年产金1281.77 kg，新增利税4795万元。

5.2.7 难处理金矿石微生物预氧化工艺的不足与局限性

尽管微生物预氧化有其他工艺不具有的一些优越性，但是本身也存在一些不足和局限性。该工艺最主要的缺点是氧化周期长，生产效率比较低。根据国内几家工厂近年来的生产实践，也暴露出微生物预氧化工艺的诸多缺点甚至是致命弱点，简要归纳为微生物预氧化工艺的十大弊端。

（1）从每吨精矿中提取50 g左右的黄金，而氧化原料中绝大部分铁、硫和砷质量占原料质量的一半以上，氧化后的铁、硫和砷均不能回收利用。同时若有伴生的铜、锌、镍和钴等有价金属也不能综合回收。

（2）微生物氧化反应产生大量的热，属低温热能（40 ℃左右），不仅无法充分利用，反而要消耗大量的冷却水和动力进行强制冷却，以维持微生物氧化槽的温度。

（3）微生物氧化属酸性体系，产生的氧化渣需转变为碱性体系才可进行氰化浸出提金，为此要消耗大量石灰。然而石灰的加入会产生大量的石膏，严重干扰浸出及置换作业，使氰化渣品位多在每吨 3 g 以上，虽然有 96% 左右回收率，但是并不能令人满意。

（4）微生物氧化液是含大量铁砷的硫酸盐溶液，为环保达标，需加大量石灰彻底中和沉淀。石灰单耗高达每吨矿 600 kg，此项费用约占生产成本的 1/3。

（5）微生物氧化作业必须保证充足的空气供应，每处理 1 t 精矿约需消耗 300 m^3 的空气，高压鼓风动力消耗较大，此项费用占生产成本的 15%～20%。

（6）微生物氧化反应槽需大功率的机械搅拌，仅此一项电耗即达每吨 200 kW·h，加之其他各项电耗，使生产成本中电耗占 40%～45%，使微生物预氧化成为一种高能耗的工艺。

（7）生产周期长，这是微生物氧化的生物化学过程特征决定的，从而使生产设备庞大，日处理百吨精矿的细菌氧化厂，其氧化槽的总容积达 4000 m^3，并需耐酸腐蚀的不锈钢等材料制作，增大了设备投资。

（8）目前，不少微生物预氧化厂对氧化渣采用多段逆流倾析洗涤作业，洗涤效率低，固液分离不彻底，溢流跑浑造成金的损失，底流固体夹带的液相有害成分会使氰化浸出提金的指标恶化。

（9）微生物氧化工艺主要技术经济指标稳定性差，较难调控，尤其当原料成分突然改变或当发生停电事故中断供风时，氧化槽电位在几分钟内会下降 50～80 mV，Fe^{2+} 浓度急剧升高，严重影响正常作业，而恢复则很缓慢，少则三五天，多则一两周，成为对正常生产的严重威胁。

（10）微生物氧化对原料的适应性较差，含砷不宜过高（约 7%），含硫过高也会影响处理能力，对存在石英与其他氧化物包裹的金矿石以及碳质金矿石不适用。

虽然金矿微生物预氧化工艺存在上述一些不足、局限性乃至诸多弊端，但由该工艺本身所具有的优势和已投入生产的工厂的成功运行情况看，该工艺仍不失为预处理工艺方法中很有竞争力的一种。

5.3 铀矿石的微生物浸出

随着核电对天然铀需求的增长及铀矿资源的持续开采，易于处理的高品位铀资源正在减少，低品位及难浸铀矿的开采日渐受到关注。开采这些低品位及难浸铀矿时，传统的方法存在成本高、效率低、环境污染大等不利因素。微生物冶金技术由于投资少、环境友好、工艺简单、建设周期短等优势，目前已成功应用于低品位及难处理贫铀矿的地浸与堆浸。

微生物浸出铀矿最早是葡萄牙“镭公司”在 1953 年开始进行的铀矿自然浸出研究，并在 1956 年的第二届国际和平利用原子会议上，它们发表了“铀的自然浸出”研究报告，从此微生物浸铀的研究和应用开始受到各国的重视，法国、南非、美国等世界上20多个国家相继开展了微生物浸铀的试验与工业应用。加拿大是世界上最大的铀生产国，微生物浸铀的规模最大，历史最悠久，加拿大井下细菌回收 U_3O_8 83～87.6 t/a，占世界铀生产总量的10%～20%，尤其是利用微生物浸矿从低品位铀矿石（0.01%～0.05% U_3O_8）中回收铀，所耗成本仅为其他方法的一半或更低。西班牙几乎所有的铀都是通过微生物浸出获得的，美国采用微生物回收的铀产值到1983年已经达到9000万美元。

在我国，微生物浸矿技术方面的研究是从20世纪60年代末开始的，已先后在铀、铜等金属的生产应用中取得成功。20世纪60—80年代，我国进行了700 t级贫铀矿石的细菌堆浸试验及柏坊铀铜共生矿贫矿的细菌浸出试验，柏坊铜矿将堆积在地表的含铀0.02%～0.03%的2万吨尾砂采用微生物浸出法处理，共生产铀浓缩物2 t多；1993年进行了本溪铀矿石25 t级微生物堆浸试验；1998—1999年进行了抚州铀矿某贫矿石2000 t级半工业试验；以赣州铀矿某矿石为研究对象，2000年进行了10 t级柱浸对照试验，2001年进行了4000 t级工业试验，并于2002年成功实现产业化。近年来，我国针对许多铀矿进行了微生物堆浸和地浸的深入研究，如在相山铀矿进行的微生物堆浸半工业试验，在赣州铀矿进行的原地爆破浸出试验等。

5.3.1 铀的天然存在形式

铀（U）属于锕系元素，位于元素周期表中第七周期ⅢB族，原子序数92，相对原子质量为238。铀是一种致密的、具有延展性、银白色的放射性金属。铀的化学性质活泼，在空气中易氧化，生成暗色氧化膜。铀具有+3、+4、+5、+6四种价态，其中+3价铀呈紫红色，非常不稳定，极易发生氧化反应，因此在自然界中不存在。由于+5价铀在水溶液中发生歧化反应，因此只有学术上的意义。+4价铀为蓝绿色，易被氧化，只有在还原性环境中才能稳定存在。+6价铀呈黄绿色，能稳定存在于溶液、固相或气相中，在自然界中铀主要以+4价与+6价存在。+6价铀主要以铀酰离子（UO_2^{2+}）形式存在，其离子半径极大，达到 3.2×10^{-8} cm，因此易于溶解迁移。+4价铀的半径相对较小，溶解度也较低。

铀在地壳中的每吨岩石中平均含量为4 g。铀的化合物以氧化态+6价的最稳定。主要的氧化物为 UO_2（暗棕色）、U_3O_8（暗绿色）和 UO_3（橙黄色）。铀的原生矿物如下：

（1）沥青铀矿（$k\text{UO}_2\cdot i\text{UO}_3\cdot m\text{PbO}$），铀含量为40%～76%，主要成分中 UO_2 含量为27.55%～59.3%，UO_3 含量为22.33%～52.80%，PbO含量为1.61%～17.07%。

（2）晶质铀矿（$k(\text{U}\cdot\text{Th})\text{O}_2\cdot i\text{UO}_3\cdot m\text{PbO}$），主要成分中 UO_2 含量为39.10%～48.87%，UO_3 含量为28.58%～32.40%，PbO含量为10.95%～16.42%。

（3）混合氧化物钛铀矿 UTi_2O_6。

（4）水硅铀矿 $USiO_4\cdot xH_2O$。

（5）某些含铀酰阳离子 UO_2^{2+} 的钒钾铀矿 $K_2(UO_2)_2(VO_4)_2\cdot 3H_2O$。

（6）磷钙铀矿 $Ca(UO_2)_2(PO_4)_2\cdot 10H_2O$。

（7）残余铀黑，其中含 UO_3 9.8%～40.4%，UO_2 微量，约11.7%。

（8）铀云母类矿物及铀含水氧化物。

含铀酰阳离子的矿物很容易溶解于稀硫酸中，呈氧化物（UO_2）的铀需要氧化成 UO_2^{2+} 才能溶解。

5.3.2 微生物浸铀的机理

大多数的铀矿石或多或少含有一些硫化物矿物，尤其是黄铁矿较为普遍，铀矿石的微生物浸出工艺正是基于这一事实提出来的。一般认为微生物对铀矿的溶解过程表现为间接氧化作用。在空气、水和微生物的共同作用下，微生物首先将与铀矿物共生的黄铁矿氧化，生成 H_2SO_4 和 $FeSO_4$，Fe^{2+} 进而被氧化为 Fe^{3+}。微生物浸出铀主要是利用 Fe^{3+} 和 H_2SO_4 对氧化物晶质铀矿及沥青铀矿中的 UO_2 和 U_3O_8 等进行溶解和氧化，不溶性 +4 价铀转变为可溶于酸性介质的 +6 价铀，H_2SO_4 溶解含铀酰离子的铀矿物，Fe^{3+} 将 UO_2 氧化为 UO_2^{2+}。然后再进行铀的回收。反应如下所示：

$$2S + 3O_2 + 2H_2O \xrightarrow{\text{微生物}} 2H_2SO_4 \tag{5-45}$$

$$2FeS_2 + 7O_2 + 2H_2O \xrightarrow{\text{微生物}} 2FeSO_4 + 2H_2SO_4 \tag{5-46}$$

$$4FeSO_4 + O_2 + 2H_2SO_4 \xrightarrow{\text{微生物}} 2Fe_2(SO_4)_3 + 2H_2O \tag{5-47}$$

$$UO_2 + Fe_2(SO_4)_3 \longrightarrow UO_2SO_4 + 2FeSO_4 \tag{5-48}$$

$$UO_2 + Fe_2(SO_4)_3 + 2H_2SO_4 \longrightarrow H_4[UO_2(SO_4)_3] + 2FeSO_4 \tag{5-49}$$

$$U_3O_8 + Fe_2(SO_4)_3 + 2H_2SO_4 \longrightarrow 3UO_2SO_4 + 2FeSO_4 + 2H_2O \tag{5-50}$$

$$U_3O_8 + Fe_2(SO_4)_3 + 8H_2SO_4 \longrightarrow 3H_4[UO_2(SO_4)_3] + 2FeSO_4 + 2H_2O \tag{5-51}$$

在 U(Ⅳ) ~ U(Ⅵ)体系中，标准的自由能变化和氧化还原电位分别为 861 kJ/mol 和 446 mV。在常用的浸矿菌种中，氧化亚铁硫杆菌对铀的最大耐受浓度为 $\rho(U_3O_8) = 12$ g/L，与工业生产设备中的 $\rho(U_3O_8)$ 相近。氧化亚铁钩端螺旋菌对于铀不如氧化亚铁硫杆菌敏感，但是在较低质量浓度下也能适应。

5.3.3 微生物浸铀的工艺流程

铀矿石微生物浸出工艺的基本流程如图 5-21 所示。

对于较富的铀矿石，要求的回收率比较高，多采用搅拌浸出工艺，浸出后进行固液分离或直接采用矿浆吸附工艺回收铀。提取铀以后的澄清尾液可以全部用细菌氧化再生后送回浸出工序，也可以部分再生，部分排放，以维持流程中物料平衡，防止某些有害杂质产生积累，给浸出过程带来不利影响。对于贫铀矿石、废铀矿石或小矿点采出的铀矿，常采用堆浸法或槽浸工艺，在这种情况下，可以省去流程中的细磨和固液分离工序。通过浸出直接得到浸出液，然后用离子交换法或溶剂萃取法从浸出液中回收铀。

原地浸出采铀（简称地浸采铀），是运用原地浸出的方法来进行铀矿的开采，按一定配方配制的浸出剂通过注液钻孔注入到天然埋藏条件下的可渗透岩层，使浸液在矿石孔隙或裂隙内的渗透过程中与铀及其有用成分接触并进行溶解反应，生成含铀溶液，然后将含铀溶液从抽液孔抽至地表，并输送到车间加工处理后获得铀产品。

地浸采铀适合于具有以下地质和水文地质的铀矿床：

（1）矿床属外生沉积成因的疏松砂岩型铀矿床，矿床胶结疏松，具有良好的渗透性；

（2）矿层赋存于含水层中，矿层上下有较稳定的顶底板隔水层；

（3）矿石中铀的存在形式必须适于浸出；

（4）矿体产状平缓，矿体连续，具有一定规模。

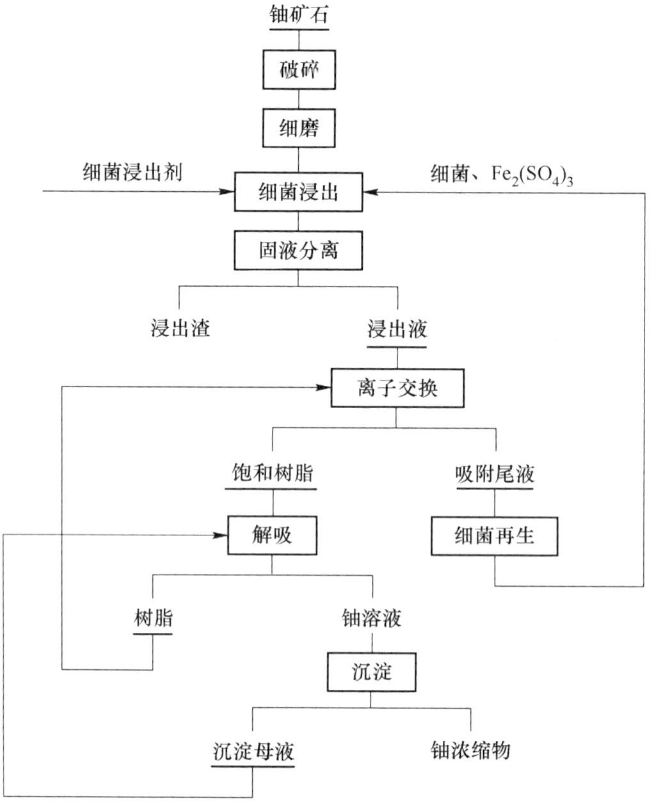

图 5-21 铀矿石微生物浸出工艺的基本流程

地浸采铀具有如下特点:

(1) 开采方法简单、工艺流程短。无须运矿、碎矿、磨矿和固液分离，大大缩短了采矿工艺流程。

(2) 矿山建设周期短、基建投资少、劳动强度低、自动化程度高。地浸采铀只需对从地下打上来的含铀溶液进行吸附、萃取、脱水即可生产出铀产品，自动化程度相对较高。

(3) 生产效率高、资源利用充分。在对矿体中的铀进行浸出的同时，还会对砂岩层中分散的铀和低品位矿段中的铀及伴生元素 Se、Sc、Mo 等进行浸出和回收。实践表明，地浸开采的总回收率一般比常规开采方法要高。

(4) 材料消耗少。

(5) 环境污染少。一是放射性粉尘污染得到彻底改善；二是尾渣和废气的污染减小到最低限度；三是由于地浸溶液是在闭路管道内循环使用，废水排放量显著减少。

5.3.4 铀矿石微生物浸出工艺的应用实例

5.3.4.1 加拿大某铀矿的微生物搅拌浸出

加拿大一铀矿的生产实践表明，在铀矿石的微生物搅拌浸出工艺中，矿浆浓度是影响微生物活性的主要因素，随着矿浆浓度的增加，微生物的活性明显下降。为了减少矿浆浓度对微生物浸出过程造成的不利影响，该矿采用逆流倾析式微生物搅拌浸出流程，如

图5-22所示。用普通浓密机作浸出设备，建立了一个微生物搅拌浸出中间试验厂。所用浓密机的规格为ϕ0.95 m×4.5 m。待处理的矿浆由第1槽加入，浸出渣由第6槽排出。浸出剂由第6槽加入，浸出液由第1槽排出，矿浆与浸出剂逆向流动。由第1槽排出的富浸出液，用离子交换法或溶剂萃取法回收铀。回收铀以后的尾液进入充气槽，经微生物氧化再生后送回浸出系统。

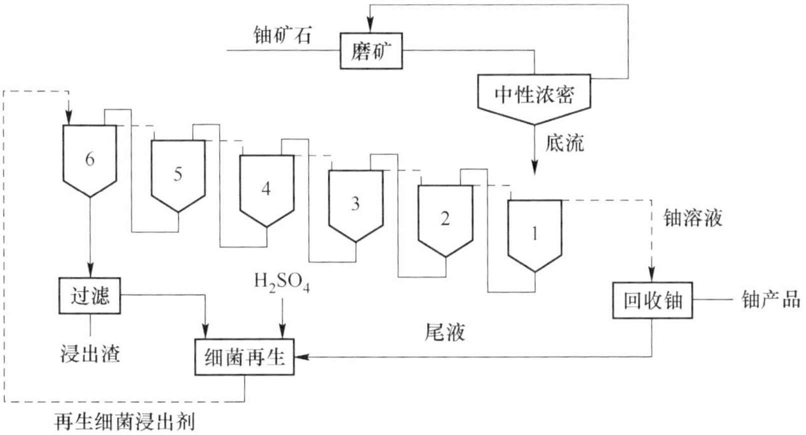

图5-22 铀矿石逆流倾析式微生物搅拌浸出流程

浸出用的矿石含U_3O_8 0.12%，粒度为-0.074 mm占65%，矿浆浓度为35%，在浓密机加热到32 ℃。浸出剂是含$Fe_2(SO_4)_3$ 6 g/L、pH=1.8的细菌氧化溶液；采用高压空气搅拌。当浸出时间为31 h时，铀浸出率为86%，当浸出时间延长到45 h时，铀的浸出率增加到90%。

5.3.4.2 赣州铀矿草桃背分矿微生物堆浸

赣州铀矿草桃背分矿是我国铀矿加工行业中最早采用堆浸技术的矿山之一。赣州铀矿目前用于堆浸的矿石，大部分产自草桃背分矿，另一部分产自该矿其他矿点，但都属于赣南地区。该矿石属于中低温热液铀矿床，矿石类型为隐爆角砾岩型、花岗岩型和安山岩型，矿石共生组合有铀-赤铁矿、铀-黄铁矿、铀-萤石、铀-方解石及铀-绿泥石等。矿石中SiO_2含量高达70%~76%，CaO在1%以下，+6价铀占比超过40%。

筑堆矿石在矿仓混合后，由皮带输送机输送至破碎机破碎至小于10 mm后，用汽车运送到堆场平移筑堆。堆场堆满矿石后，用推土机推平，再用挖掘机将压实的矿石翻松。矿堆平均铀品位为0.189%。堆浸布液采用微灌喷淋式的布液系统，该系统的布液管具有壁薄孔大的特点，喷淋后的液体在空中分散成较小的液滴而不成雾状，故喷孔不易堵塞。万一堵塞也容易疏通，并且安装更换方便，价格便宜，布液强度由主管上的控制阀门调节。在堆上按照管间距60 cm布管，每根布液管上每隔25 cm有1对孔径为1 mm的喷液孔。喷淋时，两孔喷出的液柱形成120°的夹角。在堆的个别死角还采用旋转式喷头布液，从而保证了堆表面布液均匀。

工艺参数：

(1) 淋浸剂，根据浸出液的余酸和pH值而定。余酸浓度控制在1~3 g/L，浸出剂的

H_2SO_4 浓度随时间变化。当浸出时间为 1 ~5 d 时，H_2SO_4 浓度为 30 ~50 g/L；当浸出时间为 6 ~12 d 时，H_2SO_4 浓度为 10 ~20 g/L；正常浸出期 H_2SO_4 浓度为 3 ~5 g/L。

（2）菌液，总 Fe 浓度为 3.0 ~4.5 g/L，pH =1.5 ~2.0，Eh 为 450 ~610 mV。

（3）喷淋，喷淋强度为 8 ~12 L/(m^2·h)，喷淋量为 120 ~160 m^3/d。

（4）吸附尾液，H_2SO_4 浓度为 2 ~3 g/L，Fe^{2+} 浓度为 2.0 ~3.0 g/L，总 Fe 浓度为 3.0 ~4.5 g/L，Eh 为 300 ~400 mV，pH 值为 1.0 ~1.8，铀浓度为 5 ~100 mg/L，Cl^- 浓度为 2 ~4 g/L，F^- 浓度为 0.3 ~1.8 g/L。

堆浸试验实际共喷淋 85 d，共喷淋菌液 2967 m^3，消耗工业 H_2SO_4 82 t，收集浸出液 11320 m^3。回收铀 6859 kg，尾渣品位 0.0154%，渣计浸出率 91.85%，液计浸出率 92.95%，酸耗 2.1%。

5.3.4.3 加拿大斯坦洛克铀矿的微生物原地浸出

加拿大的斯坦洛克铀矿是一座老矿山，由于多年开采，矿石的品位下降，生产成本上升。为了提高经济效益，该矿自 1964 年 10 月起，停止普通开采，改用微生物原位浸出工艺。在矿山的 1200 个开采工作面（每个工作面的平均面积为 540 m^2）上采用微生物浸出法回收矿柱和低品位矿石中的铀，采用的生产流程如图 5-23 所示。使用的微生物浸出剂是该矿的酸性矿坑水，其 pH 值为 3.0 左右。斯坦洛克铀矿采用微生物原位浸出工艺，每月生产 6800 ~7300 kg 的 U_3O_8。到 1965 年夏季，该矿的生产成本已由原来的每千克 U_3O_8 11 美元降到了 7.7 美元。

与斯坦洛克铀矿位于同一地区的米利根铀矿，也于 1964 年停止了普通开采，采用与斯坦洛克铀矿相似的微生物原地浸出工艺。经过一年多的生产，从地下采空区浸出了 57607 kg 的 U_3O_8。这一地区的旦尼生铀矿，借鉴上述两个矿山的生产经验，在正常开采铀矿石的同时，利用该矿的酸性矿坑水进行微生物原位浸出，所得浸出液中铀的浓度为 8 g/L。两种方法并用，既增加了铀的产量，又提高了铀的品位，从而使矿山的经济效益得到了明显改善。

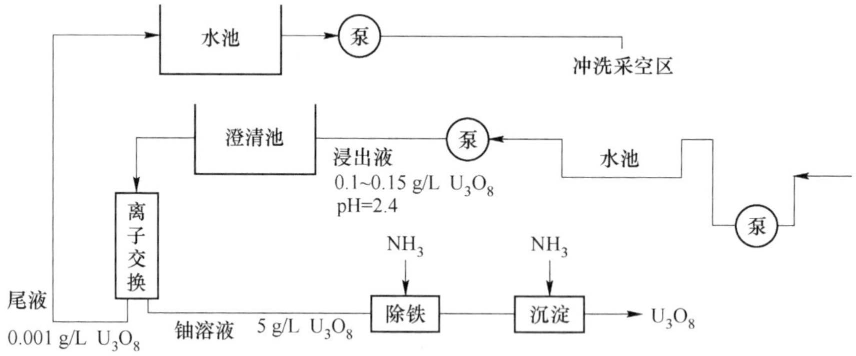

图 5-23 斯坦洛克铀矿的微生物原位浸出工艺流程

5.3.4.4 抚州铀矿的微生物渗滤浸出

抚州铀矿是我国最大铀矿冶企业之一，2004 年建成了渗滤浸出工业生产线。为了进一步降低试剂成本，缩短浸出周期，抚州铀矿联合核工业北京化工冶金研究院进行了细菌渗滤浸出扩大试验。试验用矿石取自渗滤浸出工业生产线，该矿石属于中低温热液铀矿床，主要产于花岗斑岩内，也有产于紫红色砂岩和千枚岩内，铀矿物主要是沥青铀矿。

细菌渗滤浸出扩大试验所采用的工艺流程包括细菌培养、浸出系统、离子交换吸附系统和吸附尾液氧化再生系统，如图 5-24 所示。浸出按“五柱四运行”、3 ~4 串联方式进行。每个柱串联浸出前，须先单独进行“酸预浸”（中和矿石中碱性物质），酸浸液由专门的离子交换吸附装置处理，吸附尾液调整酸度后返回酸预浸，每柱“酸预浸”结束后，吸附尾液外排。串联浸出时，第一柱采用高电位菌液作为浸出剂，前一柱的浸出液调整酸度后作为后一柱的浸出剂。当浸出液铀浓度超过 500 mg/L 时，送至菌浸吸附系统回收铀，吸附尾液进入细菌氧化再生系统进行氧化再生。当浸出液浓度小于 500 mg/L 时，和完成“酸预浸”的矿柱串联浸出，以此类推。串联浸出在一般情况下，末柱浸出液铀浓度小于 500 mg/L 时，首柱的浸出液铀浓度小于 50 mg/L，末柱和新的矿柱串联浸出，首柱浸出完成，卸矿、装入新矿后，准备“酸预浸”和下一轮的串联浸出。

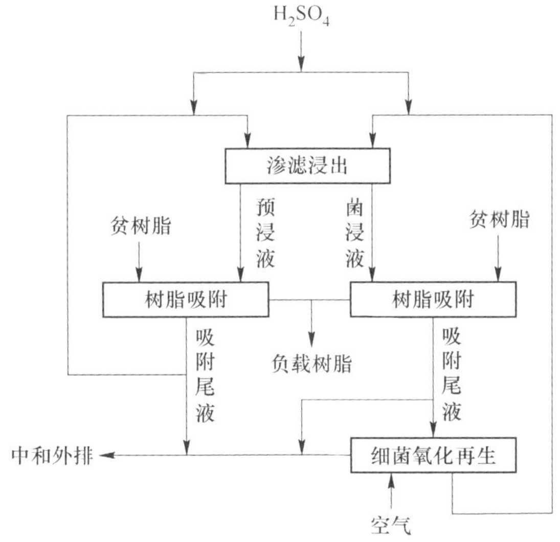

图 5-24 细菌渗滤浸出工艺流程

工艺参数：

（1）渗滤浸出工序。

1）浸出剂组成。酸预浸，1 ~10 d，H_2SO_4 浓度为 30 ~10g/L。细菌浸出，11 ~16 d，H_2SO_4 浓度为 10 ~15 g/L；17 d 后，H_2SO_4 浓度为 3 ~5 g/L。

2）进液方式。酸预浸阶段以上进液和下进液交替进行，细菌浸出阶段以上进液为主。每天进液时间为 1 ~1.5 h，浸泡时间为 16 h。

（2）离子交换吸附工序。吸附树脂型号为 201 ×7，吸附流量为 60 ~80 L/h，2 ~3 柱串联吸附，尾液铀浓度 <8 mg/L。

（3）细菌氧化再生工序。生物接触氧化槽主要用来进行细菌培养和吸附尾液的氧化再生。尾液流量为 60 ~80 L/h，空气流量为 3 ~5 m^3/h，尾液再生后 Eh >500 mV，pH = 1.8 ~2.4，总 Fe 浓度为 4 ~8 g/L。

试验结果表明：抚州铀矿石采用细菌渗滤浸出工艺浸出周期为50～60 d，浸出渣铀品位为0.0149%～0.0208%，浸出率可达91.5%～94.48%，H_2SO_4 耗量为6.17%～7.75%，和目前渗滤浸出工业生产指标相比（浸出率90%，酸耗10%～11%，浸出周期72 d），省去了氯酸钠氧化剂，铀浸出率提高3%，节省硫酸34%，浸出周期缩短26%。

5.3.5 微生物浸铀的前景及未来发展方向

5.3.5.1 微生物浸铀的前景

对于以下铀矿可采取微生物浸铀：

（1）低品位铀矿石。对开采的残留矿石或废矿石，在供给一定量水、空气条件下，通过浸矿细菌氧化矿石中黄铁矿，浸出残留矿石或废矿石中的铀。

（2）高品位、细粒级、原生铀矿石。微生物堆浸试验结果表明，与采用硫酸浸出剂淋浸矿石或矿石加软锰矿的结果相比，铀浸出率分别提高40%或4%～8%。

（3）耗酸量大、难处理、粗粒级矿石。在获得同样浸出率时，细菌法可减少用酸量35%～40%，缩短淋浸时间，其技术经济指标明显优于常规淋浸法，能有效提高铀水冶厂经济效益。

5.3.5.2 微生物浸铀的未来发展方向

尽管铀矿的微生物浸出已经取得了显著的成果，但是在实际应用中还有一些问题需要继续研究与解决：

（1）对于微生物浸铀，高性能浸矿菌种的选育尤为重要，它现在仍是嗜酸微生物在微生物冶金方面应用的瓶颈之一。我国南方地区的硬岩型铀矿石中经常有含氟矿物（如萤石），氟的溶出会对微生物的活性造成较大影响。对于多金属铀矿石，也会有其他重金属离子的溶出。另外，在微生物浸铀过程中，温度会对微生物活性产生较大影响，从而影响铀的浸出率。因此，目前仍需要加强耐重金属离子、耐寒、耐高温等高活性浸矿微生物筛选驯化及嗜酸异养微生物的选育与浸矿的应用研究。

（2）当前微生物浸铀所使用的微生物较单一，通过不同功能微生物的协同作用可以强化浸出过程，提高浸出效率。因此，需要利用功能基因芯片和高通量测序等技术研究功能菌的复配方案，人工构建或者筛选适应能力强、浸出效果好的混合菌群，并将这类高效混合菌用到铀矿的微生物浸出工业中。

（3）加深对浸矿机理的研究。铀矿物与浸铀微生物的相互作用是否存在直接作用机制还存在争论。事实上，铀矿的微生物浸出是一种在极端酸性条件下，发生在铀矿物-溶浸液（含菌溶液）界面的相互作用过程，是一个亟待加强研究的新领域。可以重点对硫酸介质中矿物界面物理化学和矿物学特征以及目标铁（硫）氧化还原菌胞外聚合物及其物理化学和生物化学特征进行研究，进而对生物浸出过程中铀矿物-溶浸液（含菌溶液）间的相互作用开展研究。这对帮助了解微生物与铀矿之间是否存在直接作用机制以及相互作用界面的物理化学、生物化学特征和矿物形貌变化规律都起到至关重要的作用。

（4）改善生物反应器制约性问题。目前，我国微生物地浸铀矿技术，主要是将有价金属回收处理后的尾液在地表氧化槽中通过微生物将 Fe^{2+} 氧化成 Fe^{3+}，获得成熟菌液再注入矿层中进行浸铀，即所谓的“两段法”微生物地浸采铀工艺。该工艺虽然可以大幅度提高浸铀效率，但菌液生产能力有限，需要较为庞大的地表微生物氧化设施，这是制约该工艺规模化工业应用的瓶颈。在矿层原位植菌进行浸铀浸出是实现微生物溶浸技术突破这一瓶颈的重要方向，该技术如果获得突破，将为微生物地浸技术在低品位砂岩型铀资源开发中大规模应用铺平道路，并具有广阔的应用前景。

5.4 银矿石的微生物浸出

银在自然界中的存在形态远比金复杂，银有较大的活性，银矿物和含银矿物共有200多种，除自然银外，还有各种银矿物，如辉银矿（Ag_2S）、螺状硫银矿（斜方晶系Ag_2S）、淡红银矿（Ag_3AsS_3）、深红银矿（Ag_3SbS_3）、脆银矿（Ag_5SbS_4）、硫砷铜银矿（$(Ag, Cu)_{16}As_2S_{11}$）、硫锑铜银矿（$(Ag, Cu)_{16}Sb_2S_{11}$）、硒银矿（Ag_3Se）、碲银矿（Ag_3Te）、角银矿（AgCl）等。单质形态的自然银较少，常见的多是其硫化矿物、氯化矿物及与铅、锌、铁、锰等元素伴生的多金属矿物，影响浮选、氰化和回收过程。含银精矿（除自然银和角银矿外）直接氰化回收率都比较低，主要是因为硫化物形态的银在氰化过程中较稳定，难以与氰根络合溶解，此反应进行十分缓慢并且是可逆的，需消耗大量的氰化物。

近年来，随着市场银价的上涨，加之易处理矿源的日渐缺乏，难处理银矿物资源开发利用成为白银工业生产的重要增长点。银矿石难处理的原因如表5-13所示。

表5-13 银矿石难处理的原因

银矿石类型	共生矿物	难处理原因
硫化物含银矿石	黄铁矿、辉银矿、方铅矿、黄铜矿、闪锌矿、自然银	银矿物粒度细小，被硫化矿包裹
含碳银矿石	自然银、碳质物	含碳，溶解的银被碳吸附
含银锰矿石	自然银、硬锰矿、软锰矿、角银矿、辉银矿、褐铁矿、针铁矿	银被锰矿物包裹
复杂银矿石	碲化物、硒化物和复杂硫化物以及银铁钒	银的碲化物、硒化物和复杂硫化物难以氰化浸出

表5-13中四类银矿中，微生物氧化预处理对硫化物含银矿石是非常有效的，而且也会造成锌、铜等有价金属的溶解，因此对这一类银矿石而言，采用微生物氧化工艺需考虑综合回收。常见的浸矿菌种对于处理银锰矿是不适用的，需要选育特殊菌种。对于第四类含银矿物用微生物氧化方法处理，情况较复杂，且效果有限，尚待研究。含碳银矿石类似于碳质金矿石，其处理目前依然是一大难题。细菌氧化对此类矿石中的碳有一定的钝化作用，虽然抑制了它的吸附活性，但是不能消除其“劫金”危害，因此常规的细菌预氧化不适用于含碳银矿石的处理。

5.4.1 银矿石微生物浸出机理

银矿石微生物浸出是针对难处理银矿石而采取的预处理工艺，这里的难处理银矿石是指不易直接氰化浸出提银的矿物，并且主要针对的是硫化矿物，微生物浸出过程根本上是硫化物在细菌催化作用下的氧化反应过程，其目的是使与银赋存形态关系密切的硫化矿物瓦解破坏，以保证后续氰化浸出提银的回收率大幅度提高。

首先，值得注意的是，与难处理金矿石不同，难处理银矿石细菌氧化时，参与反应的银矿物本身被直接氧化或间接氧化，银的存在状态将彻底改变；而难处理金矿石细菌氧化则是金以外的铁砷等元素的硫化矿物参与反应，金始终保持单质形态。简而言之，后者实质是毒砂、黄铁矿的氧化，前者则是银的硫化物的氧化，由硫化物形态转化为氧化物形态。

其次，根据我国某细菌氧化厂处理高银矿的生产实践和初步理论分析，可以推断银的硫化矿物细菌氧化机理与其他硫化矿物相似，可分为直接作用、间接作用或者直接与间接相结合作用等机理，反应产生的硫酸银，在弱酸体系中难溶解，这恰好避免了银在细菌氧化过程中的流失，可与金一样保留在氧化渣中，以便后续氰化浸出浸银。

5.4.2 从细菌氧化渣中提银

难处理银硫化矿物细菌氧化产物称为氧化渣，其物相组成以氧化物为主，可能还有少量未被彻底氧化的残余硫化矿物。如上所述，细菌氧化渣中银主要呈硫酸银形态，可以采用氰化浸出或氨浸提银，当有金同时存在时氰化浸出是通行的方法，当矿石或精矿中不含金时可考虑氨浸提银。在氰化浸出提银过程中被细菌氧化形成的硫酸银容易氰化络合溶解：

$$Ag_2SO_4 + 4NaCN \longrightarrow 2NaAg(CN)_2 + Na_2SO_4 \tag{5-52}$$

残余的其他形态的银发生如下氰化反应：

$$4Ag + 8NaCN + O_2 + 2H_2O \longrightarrow 4NaAg(CN)_2 + 4NaOH \tag{5-53}$$

$$AgCl + 2NaCN \longrightarrow NaAg(CN)_2 + NaCl \tag{5-54}$$

$$Ag_2S + 5NaCN + \frac{1}{2}O_2 + H_2O \longrightarrow 2NaAg(CN)_2 + NaSCN + 2NaOH \tag{5-55}$$

$$Ag_2S + 4NaCN \longrightarrow 2NaAg(CN)_2 + Na_2S \tag{5-56}$$

5.4.3 银矿石微生物氧化实践

目前，银矿石或精矿的细菌氧化实践尚处于研究和试生产阶段，在难处理金精矿细菌预氧化过程中，顺便配入一定比例的难于直接氰化的硫化银矿物是可行的。三种预氧化工艺金银回收率对比如表5-14所示。从表5-14中可见，就银的回收率而言，与焙烧氧化和加压氧化两种工艺相比，细菌氧化预处理工艺使银的回收率大幅提高，说明细菌氧化对某些硫化银矿石的处理具有特殊的优势。但是，如果矿石中含碳尤其是有机碳，则会使银的回收率大大降低，甚至使细菌氧化失去意义。

表5-14 三种预氧化工艺金银回收率对比 (%)

元素	焙烧氧化	加压氧化	细菌氧化
金	70	90.5	94
银	70	50	90

5.5 硫化镍矿的微生物浸出

镍具有良好的机械强度、延展性和化学稳定性，广泛应用于钢材、电镀、电池、化工等领域，已成为现代航空航天、国防等工业不可或缺的金属。随着高品位、易处理镍矿资源的日益开采，低品位难处理镍矿资源特别是复杂硫化镍矿的开发越来越受到重视。然而，传统的硫化镍矿选矿技术已经无法实现该类矿石资源的有效回收。因此开发有效、低成本的提镍技术，提高硫化镍矿资源的综合利用水平，对我国工业生产持续稳定健康发展具有重要意义。

硫化镍矿的微生物浸出研究始于20世纪70年代，Razzell等人最早进行了细菌浸出针镍矿（NiS）的试验研究，14 d的镍浸出率为70%。相对针镍矿而言，镍黄铁矿的浸出速度较快，5 d的镍浸出率可达87%。后来国内外的科研单位对硫化镍矿的微生物浸出技术开展了多方面的研究，如我国部分科研院所及高校对硫化镍矿的微生物浸出机制及工艺参数进行了大量研究，2002年，我国金川公司成功进行了低品位硫化镍矿微生物浸出半工业试验，采用氧化亚铁硫杆菌为主的混合浸矿菌株浸出金川尾矿，结果显示，镍、铜、钴浸出率分别达87.84%、84.05%和86.35%。目前，澳大利亚、芬兰、中国等国均有硫化镍矿微生物浸出工业试点工程。

5.5.1 微生物浸出硫化镍矿的机理

硫化镍矿的微生物浸出过程中，一般认为有直接作用、间接作用以及两者的复合作用存在。以镍黄铁矿为例，微生物浸出过程中发生的主要反应有：

$$4(Ni,Fe)_9S_8 + 58H_2SO_4 + 93O_2 \xrightarrow{微生物} 36NiSO_4 + 18Fe_2(SO_4)_3 + 58H_2O \quad (5\text{-}57)$$

$$(Ni,Fe)_9S_8 + 18Fe_2(SO_4)_3 \longrightarrow 9NiSO_4 + 45FeSO_4 + 8S \quad (5\text{-}58)$$

$$4FeSO_4 + O_2 + 2H_2SO_4 \xrightarrow{微生物} 2Fe_2(SO_4)_3 + 2H_2O \quad (5\text{-}59)$$

5.5.2 硫化镍矿微生物搅拌浸出应用现状

1999年，Dew等人以*Acidimicrobium* sp.、*Sulfobucillus* sp. 和*A. caldus*为主要浸矿细菌开展了针对镍精矿的微生物搅拌扩大试验，结果显示磁黄铁矿和镍黄铁矿的微生物浸出优先于黄铁矿，当采用最适温度为68 ℃、78 ℃的两种古菌时，含硫物质快速氧化，在68 ℃下微生物搅拌浸出4 d，镍的浸出率可达98%。

荷兰Mondo mineral公司在芬兰拥有两个矿山Sotkamo和Vuonos。在滑石生产过程中会产生含镍钴砷的副产品，一种为富镍浮选精矿（Ni含量：10.5%，Co含量：0.5%，Fe含量：35%，As含量：1.3%），一种为富砷浮选精矿（Ni含量：14.3%，Co含量：2.7%，Fe含量：25.3%，As含量：15.4%），采用微生物搅拌浸出的方式回收其中的有价金属，镍浸出率为95%，回收率为93%。该微生物搅拌浸出厂设计年处理精矿12000 t，产镍1000 t。

澳大利亚Cosmic Boy浮选厂隶属于Western Area公司，年处理能力为55万吨，每年产生大量浮选尾矿，它们主要为红砷镍矿和辉砷镍矿。2009年Western Area收购了

Bioheap 公司，开始尝试采用微生物浸出技术回收浮选尾矿中的镍，在矿石粒度为 -150 μm 占比 80%，矿浆浓度为 28% 的条件下，微生物搅拌浸出连续运行 76 d，镍的总回收率接近 90%。

5.5.3 硫化镍矿微生物堆浸应用现状

芬兰 Talvivaara 矿业公司在芬兰东部拥有一座低品位硫化镍矿山（Ni 含量：0.23%，Zn 含量：0.51%，Cu 含量：0.13%，Co 含量：0.02%），由于原矿品位过低，采用常规选冶方法难以实现经济利用，采用微生物浸出工艺具有经济可行性，但也面临着一些困难。矿石中硫化矿物含量占 20% 左右，但硫化矿物主体为磁黄铁矿，且磁黄铁矿在浸出过程中的反应活性明显优于镍黄铁矿等。磁黄铁矿给浸出前期造成了一定困扰，首先磁黄铁矿为耗酸矿物，其优先溶解导致浸出前期酸耗上升；其次磁黄铁矿溶解过程中伴随着硫的氧化，反应放热导致堆内温度上升，浸出 40 d，出液温度最高可达 70 ℃，影响浸矿细菌生长；此外，硫氧化产生硫酸，又极易使得浸出后期浸出液 pH 值过低。2005 年开始筑堆进行微生物浸出，原矿破碎后采用硫酸酸化至 pH = 1.8，采用双堆浸出，第一堆浸出镍、锌，浸出一年半后移至第二堆浸出铜、钴，堆内温度为 30 ~ 90 ℃，浸出液细菌浓度为 $10^5 \sim 10^8$ 个/mL，2006 年底第一堆镍、锌、钴、铜的浸出率分别达到 94%、83%、14%、3%，移堆后最终镍、锌浸出率接近 100%，钴、铜浸出率分别为 35%、22%。该堆场 2012 年共产镍 12916 t，锌 25867 t。

澳大利亚西部地区拥有丰富的硫化镍矿资源，但原矿镁含量高达 20.10%，镍仅有 0.68%。2009 年开始将微生物堆浸技术应用在镍矿的生产中。最初堆浸浸出液 pH 值为 1.8 ~ 2.5，导致酸耗过高。研究者提出可以在较高 pH 值下进行微生物堆浸。微生物堆浸试验结果表明，当 pH 值在 1.8 ~ 3.5 范围内时，镍的浸出对 pH 值不敏感。

云南墨江硫化镍钴矿属于含砷低品位镍矿床，镍平均品位为 0.5%，钴平均品位为 0.05%。北京有色金属研究总院对墨江镍矿矿石性质开展了微生物浸出实验室摇瓶小试和柱浸扩大试验。在实验室试验研究结果的基础上，又进行了单堆矿石量分别为 2000 t、4000 t、10000 t 和 20000 t 的工业试验，常温菌和中等嗜热菌混合使用，经过 12 个月的微生物浸出，镍、钴的浸出率均能达到 70% 以上。

吉林白山镍钴铜矿位于中国吉林省白山市，该矿含镍 0.18%、铜 0.169%、钴 0.058%、硫 0.52%、砷 0.07%。2007 年从该矿区酸性矿坑水中筛选到一株可在 15 ℃条件下具有较强氧化亚铁性能的菌株。北京有色金属研究总院采用微生物堆浸技术对该矿进行实验室小试和柱浸试验，矿石破碎至 -8 mm，浸出 12 个月后，镍、钴的浸出率分别达到了 71.89%、72.41%。在此基础上进行了入矿量 6 万吨的工业试验。堆长、宽、高分别为 135 m、54 m、5 m，矿石破碎至 -20 mm，浸出 16 个月，镍浸出率为 79.18%，钴浸出率为 77.25%，铜浸出率为 46.93%。

5.6 其他硫化矿的微生物浸出

5.6.1 钴矿石的微生物浸出

钴是继铜、铀、金之后，第 4 个采用微生物浸出技术实现产业化生产的金属。1999

年，法国的BRGM公司在乌干达建成投产了第一座利用微生物浸出技术浸出含钴黄铁矿并回收钴的工厂。该工厂处理的精矿为Kilembe矿山堆存30年的含钴黄铁矿精矿（钴品位1.38%），含钴黄铁矿精矿干重为110万吨，约含80%的黄铁矿，年产1000 t阴极钴。该工厂微生物浸出是在大型搅拌反应器内用氧化亚铁硫杆菌培养液进行，采用3台1350 m^3的第一段反应器和1台第二段反应器每天微生物浸出241 t钴精矿，浸出矿浆浓度为20%，最终钴的回收率为92%。回收钴的流程较为复杂，需要除铁，还需要回收铜和回收锌。

5.6.2 铅和锌矿石的微生物浸出

通常认为，硫化锌矿石的微生物浸出机理是间接作用机理。以闪锌矿为例，其氧化溶解过程通过Fe^{3+}的化学氧化作用实现，在该过程中Fe^{3+}被还原为Fe^{2+}，同时生成单质硫。反应生成的Fe^{2+}和单质硫被铁氧化菌和硫氧化菌分别氧化为Fe^{3+}和硫酸。

$$ZnS + 2Fe^{3+} \longrightarrow Zn^{2+} + S^0 + 2Fe^{2+} \tag{5-60}$$

$$2Fe^{2+} + 2H^+ + 0.5O_2 \xrightarrow{\text{微生物}} 2Fe^{3+} + H_2O \tag{5-61}$$

$$2S + 3O_2 + 2H_2O \xrightarrow{\text{微生物}} 2SO_4^{2-} + 4H^+ \tag{5-62}$$

基于这一原理，研究者进行了硫化锌矿石的微生物浸出试验。在35 ℃下用氧化亚铁硫杆菌浸出闪锌矿，10 d内锌的浸出率为20%。用中等嗜热菌和极端嗜热菌浸出含金的闪锌矿矿石，45 ℃和65 ℃条件下锌的浸出率分别是80%～87%和96%～98%。

英国Billiton公司对云南兰坪铅锌矿的浮选精矿开展了极端嗜热菌和中温嗜热菌的微生物浸出试验。结果表明，微生物浸出闪锌矿的浸出速率比其他金属硫化矿的微生物浸出速率要快得多，而且浸出率较高。用极端嗜热菌浸出12 d，锌的浸出率可达98%。根据该公司的经验，若在工业浸出反应器中进行微生物浸出，反应时间可进一步缩短为4～5 d。

因为铅和锌两种金属性质相似，所以在自然界中铅、锌总是共生，锌浸出的同时总是伴随着铅的溶解，但是铅的浸出率通常很低，这是由于铅和硫酸反应会生成硫酸铅微溶物。

铁闪锌矿是我国的一种重要锌矿资源，由于含铁量高，选矿和冶炼的难度较大。随着易选冶锌矿资源的逐渐枯竭，对铁闪锌矿的开发利用将日益增加。目前，采用传统的湿法冶金工艺难以实现铁闪锌矿中锌铁分离，在实际应用中仍存在设备要求高，生产成本大等问题。已有研究表明，铁闪锌矿相较于闪锌矿具有较快的浸出速率，而且容易实现锌的选择性浸出。又因为微生物浸出具有流程短，成本低且没有SO_2生成等优点。所以利用微生物浸出处理铁闪锌矿资源是一种值得深入研究的方法。

很多学者对微生物浸出铁闪锌矿进行了大量的基础性研究，研究了不同细菌浸出体系下pH值、矿物粒度、矿浆浓度和外加金属离子等因素对铁闪锌矿浮选精矿浸出过程的影响，并进行了无菌酸浸、原始菌和驯化菌浸出铁闪锌矿的对比试验，结果表明驯化菌体系下铁闪锌矿的浸出效果最好。不同细菌浸出体系下，对比嗜常温菌，中等嗜热菌作用下的浸出效果更好，这可能是因为该浸出体系下的pH值和温度更有利于铁闪锌矿的氧化溶解。Ban JR 等人在上述研究的基础上采用嗜铁钩端螺旋菌浸出铁闪锌矿，发现外加一定浓度范围内的 Fe^{3+} 离子，尤其是在浸出前期添加 Fe^{3+} 离子会促进矿物的溶解过程。单一菌种对铁闪锌矿的浸出效果有限，部分研究者开始关注混合菌浸出体系下铁闪锌矿的浸出过程，发现对比单一菌种，混合菌的微生物浸出过程仅用其 2/3 的浸出时间，浸出率就可以提高 10.25%，其次硫氧化菌的加入和高氧化还原电位的浸出环境都更有利于矿物表面生成的固态产物层分解，从而加速铁闪锌矿的氧化溶解。

5.6.3 钼矿石的微生物浸出

钼矿物主要有辉钼矿（MoS_2）、钼铅矿（$PbMoO_4$）和钼钨钙矿（$CaMoO_4$），目前国内外关于钼矿物微生物浸出的研究大多都是针对辉钼矿展开的。在辉钼矿微生物浸出过程中，可能发生的反应如下：

$$MoS_2 + H_2O + 1.5O_2 \xrightarrow{\text{微生物}} H_2MoO_4 + 2S^0 \tag{5-63}$$

$$4Fe^{2+} + 4H^+ + O_2 \xrightarrow{\text{微生物}} 4Fe^{3+} + 2H_2O \tag{5-64}$$

$$MoS_2 + 6Fe^{3+} + 4H_2O \longrightarrow MoO_4^{2-} + 2S^0 + 6Fe^{2+} + 8H^+ \tag{5-65}$$

目前成功的钼矿物微生物浸出工业实践很少见于文献，这是因为钼矿物微生物浸出率较低的缘故。钼矿物微生物浸出率低主要是因为钼矿物属于酸难溶性矿石，菌种对钼离子的抗性较差，浸出体系氧化还原电位值较低，而且浸出金属离子容易发生沉淀。研究表明，氧化亚铁硫杆菌对辉钼矿的氧化过程有明显的催化作用，但在没有 Fe^{3+} 存在的条件下，钼的浸出速率比较低。有研究人员在没有 Fe^{3+} 存在的条件下，用微生物对辉钼矿浸出 270 d，钼的浸出率仅有 35%~55%。然而，当矿浆中有 Fe^{3+} 存在时，微生物对钼的浸出能力却能得到大幅度提高。此外，研究还发现，有一种嗜热的硫化裂片菌对钼的氧化能力比氧化亚铁硫杆菌要强得多。

5.6.4 稀有金属矿石的微生物浸出

镓在地壳中的含量仅为 0.0015%，是典型的稀有分散金属，广泛应用于电子和半导体工业，被称为“半导体工业的新粮食”和“电子工业的脊梁”。氧化亚铁硫杆菌可以浸出闪锌矿中的镓，有菌时的浸出速率是无菌时的 2 倍。其作用为以下反应方程式：

$$Ga_2S_3 + 6O_2 \xrightarrow{\text{微生物}} Ga_2(SO_4)_3 \quad \text{（直接作用）} \tag{5-66}$$

$$Ga_2S_3 + 3Fe_2(SO_4)_3 \longrightarrow Ga_2(SO_4)_3 + 6FeSO_4 + 3S^0 \quad \text{（间接作用）} \tag{5-67}$$

铟没有独立的矿床，一般伴生在锌、铅的硫化矿中，尤其是闪锌矿内。对闪锌矿精矿中的铟进行微生物浸出试验研究，得出：在 33 ℃，pH 值为 1.8，转速为 175 r/min，矿浆浓度为 50 g/L，细菌接种量为 20% 的条件下，铟的浸出率达到了 65.48%，比无菌浸出提高了 2.5 倍。

成都理工大学提出采用微生物浸出的方法开发我国首例独立碲矿床资源的战略，并对利用金属离子、表面活性剂和磁化等手段加快细菌浸出速率进行了深入的研究。采用氧化亚铁硫杆菌浸出低品位硫化碲矿，结果表明：在矿浆浓度为 20 g/L、温度为 30 ℃条件下，经过 30 d，碲的浸出率达到 76.3%。

5.7 硫化矿微生物浸出过程中的原电池反应

金属硫化矿浸出过程实际上是电子得失的电化学氧化还原反应过程。在浸出体系中，静电位不同的两种矿物相互接触构成了原电池，静电位低的矿物作为阳极发生氧化反应，被腐蚀；静电位高的矿物作为阴极被保护。矿物电化学溶解的推动力是不同矿物静电位的差异。常见的硫化矿中，黄铁矿的静电位最高，总是以阴极形式出现，闪锌矿的静电位最低，通常作为阳极。具有中间电位的矿物（如黄铜矿、铜蓝、镍黄铁矿、方铅矿等）的电化学溶解行为取决于与之紧密接触矿物的相对电化学活性。

早在 1910 年，就有人证实了原电池效应对硫化矿浸出的影响。李宏煦等人采用混合矿粉末制备的细菌修饰粉末微电极研究了作为阳极的黄铜矿在原电池作用下浸出时的氧化机理，并运用 SEM 和 EDS 等测试手段研究了细菌存在时混合硫化矿浸出后表面性质的变化。结果表明原电池效应对黄铜矿浸出有影响，当有细菌存在而不混入黄铁矿时，30 d 后浸出率为 18%。当细菌与黄铁矿综合影响时，黄铜矿浸出率可提高到 35%。碳作为一种极为稳定的良导体，可掺入硫化矿中充当理想的阴极材料，硫化矿则充当阳极而氧化浸出。加入碳 30 d 后黄铜矿浸出率达 40%。可见碳阴极强化了原电池作用，提高了矿物浸出率。

微生物浸出铁闪锌矿、闪锌矿和人工合成硫化锌的实验表明，在细菌存在的条件下，这三种硫化矿中铁闪锌矿的溶解速率最大。与人工合成的硫化锌相比，铁闪锌矿和闪锌矿由于含有部分黄铁矿，溶解过程形成原电池效应加速了这两种矿物的溶解。在细菌浸出的过程中更多的 Fe 原子从晶格释放到溶液中氧化成 Fe^{3+} 并加速了铁闪锌矿的溶解。电化学试验发现，锌硫化矿的细菌浸出很大程度上受到矿物学性质和浸出溶液的影响，与闪锌矿和人工合成硫化锌相比，铁闪锌矿更适宜细菌浸出。

有学者对砷黄铁矿-黄铁矿原电池反应的现象进行了研究。杨洪英等人通过显微镜观察难处理金矿石中砷黄铁矿-黄铁矿矿物对的细菌氧化过程，发现砷黄铁矿极其活泼，矿物表面氧化腐蚀严重，金属光泽消失；黄铁矿氧化腐蚀不明显，表面依然具有光泽，没有太大变化。崔日成等人也做了砷黄铁矿型高砷金精矿和砷黄铁矿纯矿物的氧化对比摇瓶浸出试验，得出金精矿中黄铁矿的存在使细菌更易吸附到矿物表面，强化了细菌的直接氧化和间接氧化，加快了阳极砷黄铁矿氧化溶解，提高了金精矿的脱砷率。方芳和邓莎等人也通过试验证明了砷黄铁矿-黄铁矿原电池反应对砷黄铁矿微生物浸出过程的强化作用。

目前原电池反应在硫化矿微生物浸出过程中的强化作用已有大量研究。除硫化矿之间的原电池作用之外，含碳材料（如石墨、活性炭等）、金属氧化矿（如磁铁矿、软锰矿等）也可作为阴极材料来强化硫化矿的浸出。

思 考 题

5-1 为什么说黄铜矿在硫化矿中属于较难浸出的？

5-2 黄铜矿微生物浸出过程强化有哪些方法？

5-3 在铜的萃取-电积工艺中，萃取剂的选择应注意哪些方面？

5-4 试分析金矿石难处理的原因有哪些？
5-5 难处理金矿石细菌氧化的目的是什么？
5-6 简述矿物含砷量高低对细菌氧化脱砷的影响规律。
5-7 难处理金矿石微生物氧化过程的影响因素有哪些？
5-8 目前难处理金矿石微生物预氧化有哪些典型的工艺？
5-9 辽宁天利采用的细菌预氧化浸金工艺有哪些技术特点？
5-10 详细叙述微生物浸出铀矿石的机理。地浸采铀有哪些优点？
5-11 微生物浸出银矿石的机理是怎样的，与金矿石有何不同？
5-12 简述微生物浸出技术在其他硫化矿处理方面的应用前景。

6 微生物技术在其他矿石中的应用

6.1 锰矿石的微生物处理

锰的最重要资源为氧化锰矿，其次是硫酸锰矿、硅酸锰矿、菱锰矿、锰方解石等。我国贫锰矿占锰矿资源的90%以上。多数贫锰矿成分复杂、结构特殊。处理这类锰矿资源，微生物浸出是有效的方法。锰的化合物性质表明：二氧化锰不溶于硫酸，为了使锰矿中存在的 MnO_2 溶出，必须使 Mn(Ⅳ) 还原为 Mn(Ⅱ) 或氧化为 Mn(Ⅵ)。用于锰矿浸出的微生物已在第3章讨论，这里不作详述。

6.1.1 异养型细菌浸出锰矿

某些微生物能够将四价锰还原为易溶于水的低价锰，或者细菌产生有机酸使氧化锰转变为离子状态或金属有机配合物进入溶液。

美国的佩海斯于1958年用芽孢杆菌对内华达州和明尼苏达州含锰3%~5%的4个贫矿进行锰的浸出研究，锰的平均浸出率为97.5%。印度阿格特和迪沙帕德于1977年用分离到的芽孢杆菌属、假单胞菌属和节杆菌属的3种细菌进行了果阿锰矿（含Mn 42%）和安得拉邦锰矿（含Mn 44.6%）的摇瓶浸出试验，芽孢杆菌和假单胞菌浸出90 d，浸出率为90%；节杆菌浸出40 d，浸出率为90%。扩大到柱浸（柱高12 cm、直径5 cm），先充入水洗一级的石英砂300 g于玻璃柱中以促进渗滤，矿样放入柱中，接种1 g（湿重）节杆菌培养物，浸出14 d后，果阿锰矿的锰浸出率为85.5%，安得拉邦锰矿的锰浸出率为71.3%。试验规模扩大到槽浸，用矿量100 kg，接种节杆菌和500 L水，浸出14 d，锰浸出率为78.4%。

6.1.2 自养型细菌浸出锰矿

日本的今井和民等人从1962年开始就用氧化硫硫杆菌浸出贫二氧化锰矿（其中有部分碳酸锰），在细菌浸出液中加入硫黄粉作细菌能源基质，使锰矿石中的锰呈可溶性的硫酸锰溶浸出来，锰浸出率达97%。田野达男等人于1965年、1967年研究了添加金属硫化物对氧化硫硫杆菌浸出二氧化锰效果的影响，发现FeS和ZnS等硫化物对锰的浸出过程具有促进作用。另外，在磷锰矿、软锰矿以及大洋锰结核的微生物浸出过程中，黄铁矿的加入也能够显著提高锰的浸出率。

关于在黄铁矿存在的条件下，氧化亚铁硫杆菌等自养微生物浸出 MnO_2 的机理，一般认为是这些微生物参与黄铁矿的氧化，产生 Fe^{2+} 以及硫代硫酸盐，Fe^{2+} 和硫代硫酸盐作为还原剂还原 MnO_2，反应如下：

$$MnO_2 + 2Fe^{2+} + 4H^+ \longrightarrow Mn^{2+} + 2Fe^{3+} + 2H_2O$$

$$4MnO_2 + S_2O_3^{2-} + 6H^+ \longrightarrow 4Mn^{2+} + 3H_2O + 2SO_4^{2-}$$

6.2 微生物提取稀土元素

稀土元素（rare earth elements，REE）是大多数现代技术的重要组成部分，被视为“关键金属”，包括15种镧系元素（La、Ce、Pr、Nd、Pm、Sm、Eu、Gd、Tb、Dy、Ho、Er、Tm、Yb和Lu）以及钪（Sc）和钇（Y），被广泛应用于光学、永磁、电子、超导技术、储氢、医药、核技术、二次电池和催化领域，石油资源的紧缺促进了风能和电动汽车的发展，而该领域的发展主要依赖于稀土元素。我国稀土资源较为丰富，全球97%的稀土金属由中国生产，稀土储量约占全球总储量的36.7%。

主要稀土矿物有氟碳铈矿、独居石、白云石和磷钇矿等，目前在经营的矿山主要有中国的白云鄂博、美国的Mountain Pass、澳大利亚的Mount Weld等。稀土元素因其独特性质能够广泛参与多种微生物中化合物的代谢，因此有助于分离具有稀土采矿能力的菌株。磷酸盐溶解微生物、酵母菌和霉菌等能够促进稀土矿石中稀土元素的浸出和富集，并且能够从废弃物中提取稀土资源，一定程度上促进了稀土矿的高效利用和可持续发展。

6.2.1 微生物浸出稀土元素的作用机理

稀土元素的浸出基础在于矿石的溶解，可利用微生物自身对矿物的氧化或还原特性，将矿物中的金属溶解到溶液中，或者利用微生物的代谢产物（如柠檬酸、草酸、Fe^{3+}等）使矿物溶解，也可利用矿物中的金属络合将矿物氧化、还原使矿物溶解。微生物浸出过程通常在相对较低的温度和大气压下进行，不依赖于湿法冶金加工中常见的昂贵且侵蚀性的试剂及高温条件。异养微生物的浸出涉及几种机制，有机酸在整个过程中起主要作用，能够提供质子-稀土复合物的有机酸阴离子。因此，微生物产生有机酸的能力被认为是“微生物的特征能力”。除有机酸外，微生物产生的磷酸酶也有助于独居石的溶解，磷酸酶的存在使磷酸盐掺入生物质中，改变了独居石溶解反应从而增加了稀土元素的溶解度。微生物菌株和矿物表面的相互作用是控制矿物溶解的另一个关键因素。细胞表面聚合物能够介导细胞与矿物表面的络合，并对其进行攻击以提高稀土元素的溶解度。矿石中稀土元素的迁移率取决于微生物活性、细菌在矿物表面上的附着程度、稀土元素间的关系以及其中的生理生化过程。菌株的浸出机制主要包括接触机制、非接触机制及合作机制，如图6-1所示。在接触机制中，附着的微生物细胞将磷酸盐（PO_4^{3-}）溶解在胞外聚合物质（EPS）的基质内，使REE阳离子（REE^{3+}）游离到溶液中。同时附着细胞利用有机底物形成有机酸（OA），有机酸与REE^{3+}形成复合物，且有机酸的质子解离后，形成游离质子攻击矿石，导致PO_4^{3-}的进一步溶解，使PO_4^{3-}掺入细胞中增加了REE^{3+}溶解度。在非接触机制中，悬浮细胞产生有机酸与REE^{3+}形成REE^{3+}—OA复合物并使PO_4^{3-}渗入细胞中，增加REE^{3+}溶解度。有机酸解离出的质子攻击矿物表面，导致REE^{3+}和PO_4^{3-}的进一步溶解。在合作机制中，附着的细胞将PO_4^{3-}溶解在EPS内，REE^{3+}游离到溶液中，悬浮细胞产生有机酸与REE^{3+}形成REE^{3+}—OA复合物，有机酸解离出质子攻击矿石；或者，附着细胞可能在有机酸生产中起作用，而悬浮细胞从溶液中吸收PO_4^{3-}，增加REE^{3+}溶解度。

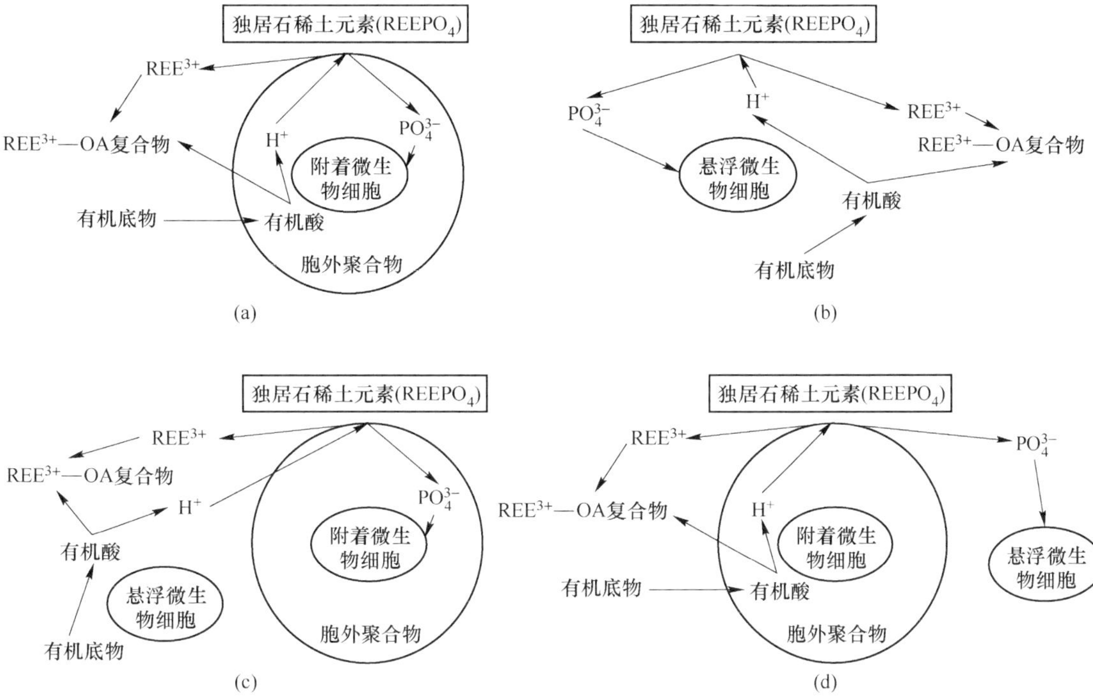

图 6-1 稀土元素的微生物浸出机制

（a）接触机制；（b）非接触机制；（c）合作机制Ⅰ；（d）合作机制Ⅱ

6.2.2 微生物富集稀土元素的作用原理

稀土元素离子可通过静电相互作用、离子交换、表面络合及沉淀等反应与细胞表面的羧基、磷酸基等基团进行结合，吸附溶于水中的稀土离子。微生物具有比表面积大、吸附速度快、选择性高等优点，因此吸附是一个较为快速的过程。微生物积累，又称微生物积聚，是指菌体需依靠细胞代谢作用产生的能量，通过单价或二价离子的离子转移系统把金属离子输送到细胞内部，使生存在重金属环境中的细胞能够通过亲脂渗透、离子通道细胞内吞等方式将金属离子由胞外运至胞内。

微生物富集稀土离子通常分为两个阶段：第一阶段为初始快速摄取，主要是稀土离子在细胞壁上的生物吸附（主要为被动吸收），不同微生物群体（即藻类、真菌、细菌）中细胞壁组成的差异导致与它们结合的稀土离子的类型和数量存在显著差异；第二阶段是由微生物介导的稀土离子转移到细胞质中（主动吸收）的过程，即生物积累，指依靠微生物自身的代谢作用从环境中吸收金属离子并逐渐积累在体内。基于微生物积累的生物学方法可作为金属回收和修复的替代方案。

革兰氏阳性细菌，如地衣芽孢杆菌、枯草芽孢杆菌、短杆菌和红色球菌，均有较高的稀土积累能力，且在较高的 pH 值和溶液浓度下，微生物对稀土元素的积累增加。与其他稀土元素相比，重稀土特别是 Tm（铥）、Yb（镱）和 Lu（镥）更易富集在枯草芽孢杆菌和大肠杆菌的细胞表面，细胞表面上存在至少两个稀土元素结合位点，即羧酸盐和磷酸盐基团，在低 pH 值下，REE 与磷酸盐基团的结合占优势；随着 pH 值的升高，REE 与羧酸盐基团的结合增加，一般吸附 pH 值在 5 左右。在 pH = 2.5 ~ 4.5 时多种稀土元素可在枯草芽孢杆菌（革兰氏阳性菌）和大肠杆菌（革兰氏阴性菌）的细胞壁上吸附，且细胞壁的脂磷壁酸有助于枯草芽孢杆菌对稀土元素的吸附。从含有高浓度重金属的环境样品中分离出的真菌 *Penidiella* 在酸性条件下可生长并积累 Dy(镝)，也可积累其他种类稀土元素，并可通过电子显微镜观察到细胞表面的 Dy 生物积累。栖热菌菌株能够在较高水平（高达 1 mmol/L）的 Eu(铕)中存活，比环境中的一般浓度高近一百倍，且较低浓度（0.01 ~ 0.1 mmol/L）的 Eu 可能会刺激菌株的生长。通过透射电子显微镜（TEM）和能量色散 X 射线（EDX）光谱分析发现细菌可以在细胞内和细胞外积累 Eu，傅里叶变换红外（FT-IR）分析结果证实羰基和羧基参与 Eu 的生物吸附，并且 Eu 可被生物矿化为 $Eu_2(CO_3)_3$。

6.2.3 微生物提取稀土元素的应用

6.2.3.1 中国白云鄂博矿床氟碳铈矿的微生物浸出

中国的白云鄂博和加利福尼亚的 Mountain Pass 矿床主要含有氟碳铈矿，其中白云鄂博矿床中氟碳铈矿和独居石共存。氟碳铈矿是一种稀土氟碳酸盐矿物，化学式为 $REE(CO_3)F$，其中稀土元素通常为 Ce、La 或 Y。从该稀土矿的岩石分离物和周围红壤中分离到四种革兰氏阳性放线菌菌株。用这四种放线菌从氟碳铈岩中浸出稀土元素（Y、La、Ce 和 Nd），采用营养丰富的生长培养基，微生物浸出的稀土元素总质量浓度范围为 56 ~ 342 μg/L；而链霉菌菌株在贫营养培养基中可从氟碳铈矿中浸出质量浓度高达 548 μg/L 的总稀土元素，且在相似的 pH 值条件下，微生物浸出的稀土元素浓度高于非微生物方法浸出的浓度。研究表明，独居石的稀土元素微生物浸出效率高于氟碳铈矿，可能是由于独居石是磷酸盐矿物质，而氟碳铈矿不属于。

6.2.3.2 澳大利亚 Mount Weld 矿床独居石的微生物浸出

澳大利亚 Mount Weld 矿床中的主要矿物为独居石，其微生物浸出率较高但存在形式会对浸出元素产生影响。青霉菌（*Penicillium* sp.）在质量浓度为 5 g/L 矿石和 30 g/L 葡萄糖的 PVK 培养基中培养 192 h 后，可从风化的独居石中优先浸出总质量浓度为 12.32 mg/L 的稀土元素（Ce、La、Nd 和 Pr）；在矿砂独居石中则是 Fe 和 Th（钍）优先浸出。用于浸出的菌株均可产生葡萄糖酸等低分子量有机酸，但菌株和所提供的独居石源不同，产生的有机酸种类也不同，表明微生物对独居石中稀土元素的浸出程度高度依赖于独居石的基质结构和元素组成。与无菌独居石相比，非无菌独居石的微生物浸出可溶解出更多的稀土元素，菌群之间的相互作用使浸出率高于单个菌株和原有菌群。青霉菌从非无菌独居石中浸出稀土元素的质量浓度为无菌独居石的两倍（23.7 mg/L）。产气肠杆菌（*Enterobacter aerogenes*）、成团泛菌（*Pantoea agglomerans*）和恶臭假单胞菌（*Pseudomonas putida*）也可产生类似效果。在独居石的微生物浸出过程中微生物种群组成变化明显，在非无菌独居石的稀土元素回收中，独居石上天然厚壁菌的存在极大地促进了浸出量的增加。另外，自养嗜酸氧化亚铁硫杆菌（*Acidithiobacillus ferrooxidans*）与异养产气肠杆菌（*Enterobacter aerogenes*）的共培养也可提高独居石中稀土元素的浸出效率，浸出液中 Ce、La、Nd、Pr 和 Y 的最终质量浓度达 40 mg/L，高于任一菌株单独培养的浸出效率，可能是由于生物有机酸间的协同相互作用。

6.2.3.3 二次资源中的稀土元素回收

为解决稀土元素供应紧缺的问题，提出了从二次资源和废物流中提取稀土元素的方法。稀土元素的低品位矿石、红泥（铝土矿残渣）、废电子电气设备等均为回收稀土元素的重要来源。现已研究表明多种菌株可从二级废弃物中对稀土元素进行微生物提取。红泥是铝采矿作业中铝土矿加工的废料，是一种含有钪、铀和钍氧化物的多金属原料，可用三色青霉进行处理。可采用不同的微生物浸出方法：一步微生物浸出（在灭菌红泥存在下的真菌生长）和两步微生物浸出（微生物预培养和生物量生产，然后添加灭菌红泥）。利用两步微生物浸出方法研究红泥中稀土元素的真菌浸出效率，随着红泥浓度的增加，柠檬酸和草酸的产量增加，表明这两种酸在红泥中稀土元素的微生物浸出中起主要作用，浸出率从36%到78%不等。利用微生物浸出工艺从废弃电气和电子设备粉碎产生的粉尘中回收金属，嗜酸性氧化亚铁硫杆菌和恶臭假单胞菌可在8 d内将浸出液的pH值从3.5降低到1.0，此期间Ce和Eu的浸出率超过99%，La和Y的浸出率超过80%。

6.3 铝土矿的微生物脱硅

目前铝土矿微生物脱硅还停留在实验室的探索当中，还没有运用到工业生产中去。根据文献报道，对此方面的研究是20世纪50年代在国外发展起来的，国内直到21世纪初才有研究。目前已经有部分报道称，针对我国的铝土矿资源特点，筛选得到了一些效果较好的菌种。

钮因健等人利用胶质芽孢杆菌对5种含有不同铝硅酸盐矿物的铝土矿进行了浸矿试验，在pH =7.2，温度30 ℃，搅拌速度200 r/min，矿浆浓度5%的培养条件下培养7 d，5种样品的铝硅比由原来的4.58、6.74、6.03、5.09、2.93提高到了5.88、8.45、8.55、6.79、13.54，表明该胶质芽孢杆菌对铝土矿具有良好的脱硅效果。孙德四利用驯化后的胶质芽孢杆菌，采用连续浸出工艺将铝土矿原矿中的铝硅比从3.73提高到11.73，当铝土矿中主要脉石矿物为高岭石或绿泥石的情况下，其铝硅比可从3.73提高到18左右，脱硅率最高可达到82%。钟婵娟等人利用环状芽孢杆菌对橄榄石、高岭石、石英、钾长石及河南铝土矿进行浸矿试验，7 d后其铝硅比分别从7.12、6.11、2.89、3.69、4.90提高到16.15、11.61、13.56、4.64和7.30。满李阳等人采用胶质芽孢杆菌、环状芽孢杆菌、节杆菌3株菌株进行了为期15 d的浸矿试验，结果表明，3株菌株能够去除铝土矿中71.3%、49.5%和39.2%的硅，铝硅比由之前的5.17分别提高到了13.51、10.2和8.76。

目前铝土矿微生物法脱硅存在的问题：

（1）硅酸盐菌剂质量不确定，硅酸盐细菌种类较多，不同种类的细菌种间差异较大，即使是同一种类的菌株，来源不同的也千差万别，用不同培养基所驯化出的菌株活性不同，特征不一，难以获得性能优良的纯菌株。

（2）浸出时间长，通常需要几周时间或者更长时间。

（3）硅酸盐细菌的生长条件温和，很容易受到其他杂菌的污染，影响其浸出效果。

（4）硅酸盐细菌是异养菌，生长繁殖需要糖类等有机养分，这在工业生产中会出现成本过高的问题。

（5）硅酸盐细菌容易发生变异，导致菌株退化，使得一些优良性状难以维持，必须定期检测菌株，或者更换新的菌株。

微生物浸出铝硅酸盐之后，可以采用浮选方法进行硅酸盐细菌和矿物颗粒分离。硅酸盐细菌浮选不需要加任何药剂，细菌分离浮选时间大概需要 10 min，10 min 后被富集到泡沫产品中，可富集到99%，洗涤过的固体渣即为最终铝精矿。

6.4　电子废弃物中贵金属的微生物方法再回收

电子废弃物（waste electrical and electronic equipment，WEEE），又称电子垃圾，是指废弃的电子电器产品。在当今时代，我国经济发展的速度不断加快，尤其是信息产业的飞速发展以及产品本身的寿命限制，导致了大量的电子产品进入到更新换代的阶段，电子垃圾的资源化处理已经成为人们关注的焦点。电子废弃物中含有大量的有价金属和稀贵金属，1 t 随意收集的电子板卡中约有 0.45 kg 黄金、9 kg 银、0.11 kg 钯、0.03 kg 铂、128.7 kg 铜，其中仅 0.45 kg 黄金就价值6000 美元，而 1 t 普通金矿石中若含有 2 g 黄金就已经具有非常大的开采价值了。因此，如何有效回收电子废弃物中的贵金属成为国家和社会关注的重点。传统的火法冶金工艺易引起二次污染，湿法冶金因浸出剂尤其是氰化物的大量使用而不断引起环境事故，这使得金属回收效率高、成本低、对环境更为友好的微生物技术得到了发展。

6.4.1　微生物方法回收贵金属的机理

微生物回收法是利用细菌或真菌浸取或吸附回收电子废弃物中贵金属的方法。其基本原理主要分为两种：一种是在微生物的作用下，利用三价铁离子的氧化作用，首先将电子废料中的贱金属氧化溶解，再通过其他方法回收裸露的贵金属；另一种是利用微生物体内含有的具有某种特性的配体，与金属离子之间发生离子交换、络合等作用，以吸附溶液中的贵金属离子，吸附完成后回收微生物细胞，提取其中的贵金属。在微生物回收贵金属的过程中，可能会同时存在一种或多种作用方式，而且最关键的作用方式与菌体以及外部环境和作用条件相关。

（1）氧化还原作用：某些微生物本身具有氧化还原能力，可以改变吸附在其表面的金属离子价态。

（2）离子交换作用：利用某些微生物将贵金属离子吸附到细胞表面或体内，根据电荷差异，离子间进行电荷交换，最终得到贵金属的原子状态。

（3）络合作用：微生物细胞可以合成多糖、蛋白质、核酸、氨基酸等，而多糖、蛋白质、核酸存在结合金属离子的潜在位点，可以与金属离子发生络合。微生物细胞壁上含有咪唑基、巯基、羟基、羧基等功能基团，贵金属可作为中心离子与此类功能基团反应生成配合物或者螯合物。

（4）静电吸附作用：一种物理吸附过程，微生物细胞表面的带电基团对贵金属离子产生静电引力，可使贵金属离子固定在细胞表面。

（5）联合作用：在浸出过程中，多种作用同时存在。众多研究表明，微生物法回收贵金属作用多以联合作用为主。

6.4.2 微生物浸出技术工艺的优化

微生物浸出技术工艺流程包括电子垃圾预处理、微生物培养和微生物浸出。目前，许多研究致力于在电子垃圾预处理、微生物培养和浸出方法改良三个方面优化微生物浸出工艺，提高微生物浸出回收电子垃圾中关键金属的效率。

6.4.2.1 电子垃圾的预处理

在微生物浸出过程中，电子垃圾的破碎粒度、非金属所占比例以及普通金属的含量都会影响关键金属的浸出效率。从这三个方面优化电子垃圾的预处理方法可显著提高关键金属的浸出效率。

电子垃圾的破碎粒度过大会减小颗粒的比表面积导致浸出效率降低，但是颗粒粒径过小会破坏微生物细胞的结构，导致生物量降低。利用物理法将电子垃圾破碎至合适的粒度才能达到理想的浸出效果。电子垃圾中非金属所占比例可利用物理法和化学法预处理改变。例如，振动台法、泡沫浮选法可降低电子垃圾中的非金属含量及其对微生物的毒害。另外，利用 NaOH 溶液可以去除废弃印刷电路板（waste printed circuit boards，WPCBs）的化学涂层，增强 Ti、Co、Au、Ag 等关键金属的浸出。在利用产氰微生物浸出贵金属的过程中，Cu 等普通金属会干扰氰金配合物的形成，因此需要对电子垃圾进行预处理以降低普通金属含量。研究者利用 *C. violaceum* 从电子垃圾中以氰金配合物的形式浸出 Au，使用硝酸对电子垃圾进行预处理，可有效去除 Cu 并明显提高 Au 的浸出率。

6.4.2.2 微生物培养

微生物对较高浓度的废料耐受性差、金属浸出效率低是微生物培养面临的主要问题。对于单一微生物，驯化菌株和改变微生物培养基成分、培养条件等是常用且有效的优化方法。POURHOSSEIN 等人通过连续增加物料浓度（5 ~ 20 g/L），可提高 *A. ferrooxidans* 的金属耐受性，驯化后的菌株可以产生更多的 H^+，增加 Fe^{2+} 的氧化率，较未驯化的菌株，Ga 的浸出率提高了 34%。由于真菌的代谢途径受培养基类型的影响，选择合适的营养来源是微生物浸出回收金属的必要考虑。KIM 等人研究发现，曲霉在麦芽提取物培养基和蔗糖培养基上分别会产生以柠檬酸和草酸为主的有机酸，其中，柠檬酸是从镍镉电池中浸出 Cd 和 Co 等关键金属的最佳浸出剂。

另外，单一微生物浸出金属存在浸出时间长、浸出效率低、易受环境影响等缺点，而混合菌种可以借助微生物的协同作用提高浸出效率，调整混合菌的初始接种比也能优化其生长速率和金属浸出效率。ARGUMEDO-DELIRA 等人通过比较 *A. niger* 和真菌混合菌种在葡萄糖为碳源且无搅拌的培养基（pH = 4.5）对 WPCBs 中 Au 的浸出能力，结果表明：与接种 *A. niger*（pH = 4.0）的 WPCBs 处理组相比，接种混合菌种的处理组 pH 值明显降低（pH = 2.8），Au 的浸出率高出 39%。HEYDARIAN 等人采用 *A. ferrooxidans* 和 *A. thiooxidans* 混合培养对废旧锂离子电池进行微生物浸出，结果表明：*A. ferrooxidans* 和 *A. thiooxidans* 的初始接种比为 3 : 2 时，Co 和 Li 的浸出率最大，分别达到 85% 和 82%。

6.4.2.3 微生物浸出方法

电子垃圾含有的有毒物质和重金属，会对微生物产生毒害作用，抑制其生长，影响金属浸出效率。为了降低电子垃圾对微生物生长的影响，研究者根据电子垃圾浸出过程中生物质暴露类型的不同，在一步法微生物浸出的基础上对微生物浸出方法进行优化，提出两步法、间接法和分步法。

（1）一步法和两步法浸出的区别在于投加废料的时间不同。一步法是在微生物生长的同时向培养液中加入电子废料浸出。两步法是在微生物生长至对数期后将电子废料加入培养液中浸出，可避免生长初期电子废料对微生物活性的抑制作用。研究发现 *A. thiooxidans* 在物料浓度为 30 g/L 的条件下不生长，采用两步法在最佳浸出条件下能够从废弃纽扣电池中浸出 99% 的 Li 和 60% 的 Co。

（2）间接法浸出是利用微生物生长后的极性培养基作为金属浸出剂，其优势在于微生物不直接接触电子废料，可通过连续培养或分批培养获得最大氰化物产量，可在较高的 pH 值和物料浓度下操作。用 *C. violaceum* 浸出电子垃圾中 Au 时，发现在所有物料浓度下，间接法的浸出率都高于两步法，证实了 *C. violaceum* 产生代谢产物（氰化物）对金的间接浸出是浸金的主要机理。另外，嗜酸菌和真菌也可产生无机酸和有机酸等次生代谢产物，并通过间接法浸出关键金属。用 *A. ferrooxidans* 浸出废弃发光二极管中的 Ga，使用一步法或两步法浸出，细菌吸附金属离子降低金属浸出率，并且抑制自身生长，细菌附着在物料表面减小了反应面积，影响浸出效果；而使用间接法可以在低成本和短时间内最大限度地浸出 Ga。用 *A. niger* 浸出废弃锂离子电池中的 Li 和 Co 等，*A. niger* 在自然状态下产生的主要有机酸是柠檬酸，柠檬酸可以与 Co 生成可溶性配合物，但是电池粉末的存在促使 *A. niger* 产生大量草酸，草酸钴是不溶性配合物，因此 Co 的间接法浸出率明显高于一步法和两步法。

（3）分步法浸出是先利用嗜酸菌浸出基本金属，再利用产氰微生物浸出稀贵金属以提高浸出效率。由于产氰微生物生成的 CN^- 有限，采用分步法浸出可避免 Cu、Al、Zn 等基本金属消耗 CN^-，影响稀贵金属的浸出。采用 *B. megaterium* 在最佳浸出条件下一步浸出 WPCBs 中的 Au，浸出率只有 13.26%。而采用分步法浸出，先用 *A. ferrooxidans* 浸出 Cu，再用 *B. megaterium* 浸出残留物中的 Au，浸出率可达 63.8%。

表 6-1 为不同微生物浸出方法在最佳浸出条件下的浸出效率比较。

表 6-1　不同微生物浸出方法在最佳浸出条件下的浸出效率比较

废弃物	微生物	浸出方法	最佳浸出条件				金属浸出率/%
			物料浓度/($g \cdot L^{-1}$)	转速/($r \cdot min^{-1}$)	温度/℃	时间/d	
纽扣电池	*A. thiooxidans*	两步法	30	140	30	16	Li 99，Co 60
锂离子电池	*L. ferrooxidans* 主导菌群	两步法	10	150	31 ± 3	8	Li 37.7，Co 99.4
	A. ferrooxidans + *A. thiooxidans*	两步法	40	160	32	16	Li 99.2，Co 50.4
	A. ferrooxidan	间接法	10	250	25	1/6	Li 60，Co 53.2
	A. niger	间接法	Co 10；Li 20	130	30	8	Li 100，Co 64
	A. niger	一步法	10	130	30	30	Li 100，Co 0
		两步法					Li 100，Co 1
		间接法					Li 95，Co 45

续表 6-1

废弃物	微生物	浸出方法	最佳浸出条件				金属浸出率/%
			物料浓度 /(g·L^{-1})	转速 /(r·min^{-1})	温度 /℃	时间 /d	
电子废弃物	*C. violaceum*	两步法	5	170	30	8	Au 11.3
		间接法					Au 30
发光二极管	*A. ferrooxidans*	一步法	20	140	29	15	Ga 27
		两步法					Ga 30
		间接法					Ga 84

6.5 微生物浮选

微生物浮选是通过微生物及其代谢产物的吸附、氧化还原作用，改变矿物表面的物理化学性质，使有用矿物与脉石矿物达到浮选分离的一种选矿方法。与传统浮选相比，微生物浮选具有以下突出优势：(1) 微生物种类多、繁殖快、来源广泛；(2) 无二次污染，避免因化学药剂残留（即捕收剂、起泡剂、抑制剂等）对环境造成污染；(3) 工艺较灵活，对矿物的特异性使得该方法可以适应给矿品位的波动，不会对浮选指标产生不利影响。

微生物可以调控矿物表面性质，这是由微生物与矿物相互作用的结果所致，主要受微生物/矿物表面性质，如原子/电子结构、荷电、酸碱性和润湿性等方面的影响。同时，微生物还通过能量传递、电子迁移和矿物转化对浮选体系多相复杂界面行为产生影响。此外，微生物产生的一些代谢产物，如多肽、蛋白质和多糖，也可以与矿物表面作用，实现对矿物表面改性。

6.5.1 微生物与矿物相互作用机理

微生物可以通过能量、电荷或物质在矿物-微生物界面传递，对矿物表面性质产生影响。概括来讲，微生物与矿物相互作用，主要有以下三种机制：微生物黏附在矿物表面；微生物催化矿物发生氧化还原反应；微生物细胞表面化学响应。

6.5.1.1 微生物与矿物的吸附

吸附是微生物与矿物发生作用的必要步骤，直接导致矿物表面性质的改变。一些研究表明，静电引力和疏水作用力在吸附过程扮演着重要角色。也有一些研究认为，微生物可通过范德华力和氢键作用等多种途径与矿物表面发生吸附。

利用多黏类芽孢杆菌选择性分离黄铁矿和方铅矿，发现在所有 pH 值范围内，细菌在黄铁矿表面的吸附量均高于方铅矿，并推测吸附主要通过静电引力发生。类似地，有研究者研究了多黏芽孢杆菌对不同种类氧化矿物表面性质的影响，结果表明，细菌可显著改变石英、高岭石、刚玉和赤铁矿等矿物的表面荷电情况（见图 6-2），提高石英、高岭石表面的等电点，但对刚玉和赤铁矿的作用则恰恰相反。

有文献对这几种氧化矿物表面细菌的附着能力进行了排序，由强到弱的顺序为：高岭石 > 刚玉 ≥ 赤铁矿 > 石英，但这与矿物等电点的改变规律并不一致。因此可以认为，多黏

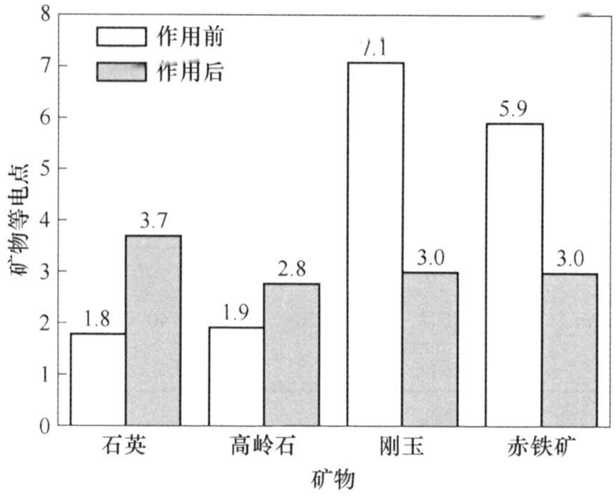

图 6-2　多黏芽孢杆菌对不同种类氧化矿物等电点的影响

芽孢杆菌在氧化矿物表面的吸附并不是由单一静电引力作用，还可能受其他物理化学作用的影响。研究表明，寡氧单胞菌可以捕收赤铁矿，这一过程主要受疏水作用、静电引力和化学键合作用的影响。其一，菌体表面含有的—CH_2 和—CH_3 使细胞表面疏水，在赤铁矿表面的吸附，增加了矿物表面的疏水性；其二，菌体具有较大电负性，在中性偏酸性 pH 值范围内，使矿物颗粒形成疏水絮团，提高赤铁矿颗粒的可浮性；此外，FT-IR 检测结果显示，还存在磷酸基与矿物表面的化学键合作用。

不同种类微生物对不同种类矿物表面改性效果差异显著，化学键合作用差异是主要原因之一，这一过程受细胞功能基团的影响，特别是与细胞壁有关的脂质和蛋白基团。如草分枝杆菌因细胞壁的脂肪酸组成而荷负电，从而诱导了细胞在煤和黄铁矿表面的吸附；混浊红球菌表面—OH、—NH 和—CH_3 基团可与方解石表面发生化学键合作用。

研究表明，细胞壁中蛋白质或代谢产生的蛋白质可以选择性地吸附在石英和高岭石上，从而增加石英和高岭石表面疏水性，而多糖化合物则可诱导赤铁矿、刚玉和方解石亲水。图 6-3 为芽孢杆菌代谢产物蛋白质和多糖在不同矿物表面的吸附结果。

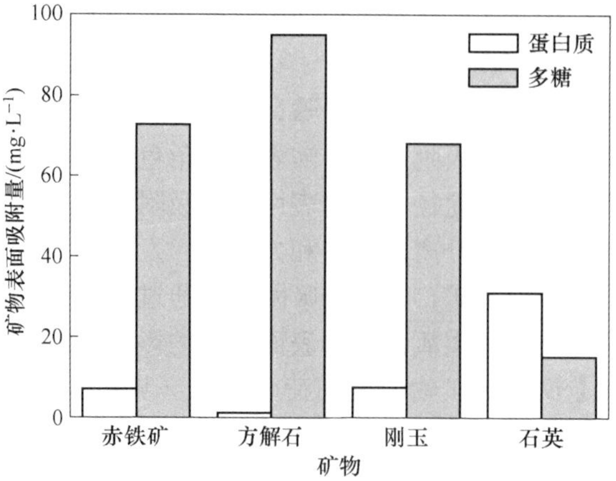

图 6-3　蛋白质和多糖在不同种类矿物表面的吸附

在浮选过程中，微生物浓度、作用时间，以及微生物在矿物表面覆盖度等因素都将影响矿物表面性质。通常来讲，许多微生物只有在高浓度时（10^9 个/mL）才能达到抑制硫化物矿物浮选的效果。相比于自养微生物，异养微生物细胞更易于覆盖在矿物表面，覆盖率更高，这可能是更多种类的异养微生物被用于微生物浮选的一个原因。

6.5.1.2 矿物表面化学反应

除吸附作用外，微生物还可直接/间接催化矿物表面的氧化/还原过程。以闪锌矿、方铅矿、黄铜矿等酸溶性金属硫化物为例，酸性硫杆菌属可以选择性地附着在这类矿物表面，以获得生长所需的能量；在此过程中，金属硫化矿物在酸性溶液中以多硫化物途径溶解，生成了多种硫产物，$MS \rightarrow S_2^{2-} \rightarrow S_2^{n-} \rightarrow S^0$，导致矿物表面覆盖疏水性的硫层。这种硫层在常温常压下是非常稳定的，但硫氧化细菌的存在可以催化其转化为硫酸，使矿物表面由疏水转变为亲水，进而达到调控浮选行为的目的。

在微生物的胁迫下，矿物的溶解同样可以影响矿物可浮性。如多黏芽孢杆菌不仅可以促进方解石、赤铁矿等矿物的溶解，细胞表面还可以负载溶出的金属离子，这是因为细胞表面富含的胞外聚合物可与矿物表面金属离子发生螯合作用。

硅酸盐细菌利用其生长代谢产生的有机酸类物质，将长石、云母、磷灰石等矿物中难溶性钾和磷溶解出来，进而改变矿物表面的可浮性。利用硅酸盐细菌预处理菱镁矿，然后反浮选脱硅，显著降低了精矿中 SiO_2 含量；Zeta 电位检测表明，细菌预处理使菱镁矿表面具有亲水性，SEM-EDX 证实了菱镁矿表面附着有硅酸盐细菌分泌的多糖。

此外，微生物与矿物表面能量/物质交换过程中易于形成生物膜，生物膜的形成有助于细菌在逆境条件下的生存，也会影响矿物表面性质。然而，微生物细胞与矿物的相互作用结果，是否足以引起浮选所需的表面化学变化，还需要具体问题具体分析。

6.5.1.3 微生物细胞表面化学

由于微生物浮选体系中微生物具有生命活性，所以在矿物界面行为调控过程中微生物的生化特性同样值得关注。这一过程包括菌体对细胞外矿物的感应、识别和反应的特殊机制、电荷转移的分子特异性途径，以及调控这些过程的表面化学因素。

微生物细胞表面化学也是影响其与矿物基质黏附的重要因素。微生物细胞表面通常由多糖类聚合物、多肽、蛋白质以及含酸性基团的物质等成分组成，这些特定的基团在细胞表面的排列，决定着细胞表面的电性和疏水性。

微生物生长环境也影响着微生物细胞表面性质和代谢产物特性。Namita 等人研究发现，以石英为基质培养所得的芽孢杆菌，细胞干重的35%可转化为有机物，但以方解石、赤铁矿、刚玉为基质时，仅5%~10%可转化为有机物，且前者较后者表现出更强的疏水性。Sarvamangala 等人考察了不同矿物基质下枯草杆菌分泌细胞外聚合物情况，并与仅在培养基中生长时进行对比，结果表明：石英基质下细菌细胞壁表面蛋白含量最高，而赤铁矿的存在减少了细菌代谢过程中蛋白质的分泌；与蛋白质不同，石英的存在并没有促进多糖的分泌。可见，通过驯化培养可以加强细菌对矿物的表面改性。

还有研究指出，微生物可以通过分子介导、胞外多糖、胞外聚合物的产生与矿物表面形成牢固的结合。如希瓦氏菌（*Shewanellaoneidensis*）作为异化金属还原菌，可以将细胞质内电子传递给金属矿物（氧化铁、氧化锰），进行异化呼吸，因为其细胞外色素 MtrC 和 OmcA 蛋白有亲和作用，这就增加了其在目标矿物表面的附着率。然而，也有学者认为微生物的生命活动与其调控矿物浮选行为无关，如王军等人指出氧化亚铁硫杆菌抑制硫化矿浮选时，细菌的代谢活性对抑制作用几乎没有影响。

6.5.2 微生物在浮选领域的应用

6.5.2.1 有色金属矿的微生物浮选

在微生物调控浮选体系中，Santhiya 等人发现，碱性条件下，无捕收剂和调整剂存在时，氧化硫硫杆菌可实现对方铅矿和闪锌矿的浮选分离；同时发现在闪锌矿体系中，氧化硫硫杆菌可以选择性地吸附在方铅矿表面，吸附规律符合朗格缪尔吸附模型，这一过程与溶液 pH 值无关。Vasanthakumar 等人指出，枯草芽孢杆菌经矿物驯化后，细胞蛋白质谱发生了变化，驯化细胞热解后增强了闪锌矿的选择性回收效果。

微生物作为抑制剂方面，Hosseini 等人认为氧化亚铁硫杆菌对不同种类硫化矿物的附着力存在较大差异，当细菌浓度在（$0.5 \sim 3.5$）$\times 10^7$ 个/mL 范围时，可选择性地附着在黄铁矿上，而对黄铜矿几乎没有吸附，在此条件下可以抑制黄铁矿。值得注意的是，王军等人指出，当氧化亚铁硫杆菌浓度高于 1×10^9 个/mL 时，预处理 2 min，即可对黄铜矿有强烈抑制作用，当氧化亚铁硫杆菌浓度高于 2×10^{10}个/mL 时，才对黄铁矿具有抑制作用，黄铁矿浮选回收率由 90% 下降至 18%，其抑制作用是由于细菌吸附，而非细菌的氧化作用。此外，还有研究指出，硫酸盐还原菌可用作铜钼浮选分离的抑制剂，这是因为该菌种产出的硫化氢、硫氢化物可以阻碍黄原酸盐在黄铜矿表面的吸附，但对辉钼矿影响不大。

微生物也可作为金属氧化矿的硫化剂，曹俊雅等人公开了一种利用硫酸盐还原菌硫化氧化铜矿的方法，在细菌浓度为 $10^7 \sim 10^9$ 个/mL 时，氧化铜矿中铜的浮选回收率达 70%。利用微生物代替传统硫化钠和还原性硫化物，可以有效避免因硫化物导致选矿废水难净化的现象，是一种经济、环保的思路。

6.5.2.2 铁矿石的微生物浮选

铁矿石的浮选是黑色金属矿选矿的一个重要课题。利用微生物抑制赤铁矿、反浮选硅酸盐矿物的方法，具有选择性高、无药剂污染的突出优点，对解决微细粒赤铁矿浮选过程中因无选择性絮团导致铁精矿中杂质含量偏高的问题具有明显优势。

Sarvamangala 等人对比了枯草芽孢杆菌与石英、方解石、刚玉和赤铁矿等矿物作用前后的浮选效果，如图 6-4 所示，结果表明：无捕收剂体系中，几种氧化矿物的浮选回收率均很低；添加捕收剂的体系中，4 种氧化矿物的浮选回收率均达到 95% 以上；捕收剂存在条件下，石英与细菌作用后，浮选回收率高达 91.5%，与添加捕收剂无菌时指标相近，但赤铁矿回收率下降至 4.8%。这说明，利用枯草芽孢杆菌替代常规抑制剂，可以达到抑制赤铁矿的效果。Natarajan 等人采用多黏芽孢杆菌对赤铁矿-石英混合矿进行浮选分离，得到了与之相一致的结果。值得注意的是，虽然芽孢杆菌属微生物对赤铁矿的抑制作用已得到证明，但由于微生物浮选过程的不确定因素很多，特别是同一菌种不同来源、不同生长环境的微生物的生化特性差异性较大，准确的浮选效果仍需由浮选试验来验证。

Misra 等人认为草分枝杆菌作为赤铁矿浮选捕收剂具有很好的应用前景，该菌具有较高的电负性和疏水性（接触角为 65° ~ 70°），其细胞壁成分里有大量非极性碳氢键，类似于脂肪酸类捕收剂。他们用草分枝杆菌分别对 20 ~ 52 μm 和 −20 μm 两种粒级的赤铁矿进

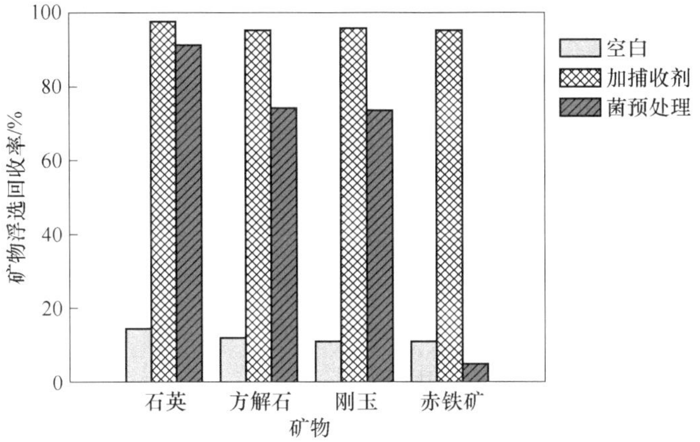

图 6-4 枯草芽孢杆菌对不同种类矿石浮选的影响

行浮选试验。研究表明，20～52 μm 粒级赤铁矿的浮选回收率随草分枝杆菌浓度增大而增大，而对于 -20 μm 粒级赤铁矿，草分枝杆菌浓度过大会导致形成过大的赤铁矿疏水絮团而降低浮选回收率。研究还发现，经草分枝杆菌浮选得到的赤铁矿精矿，沉降速度和过滤速度得到了极大的提高。杨慧分和张强等人研究对比了草分枝杆菌和另外两种常规捕收剂对微细粒赤铁矿的捕收能力，结果表明草分枝杆菌对微细粒赤铁矿的捕收能力明显强于常规捕收剂。

代淑娟等人对废啤酒酵母进行简单水洗预处理，以溶解相为抑制剂进行抑铁浮硅的试验。研究发现，碱性条件下，在赤铁矿与石英共存体系中，当废啤酒酵母溶解相用量为 1200 g/t，赤铁矿可以被完全抑制。FT-IR 分析结果显示，废啤酒酵母溶解相的主要成分为多糖，主要含有—OH、—NH_2、—OP、C ═O 等基团，这些极性基团既能通过氢键作用与水分子结合，又能在电负性强的赤铁矿表面吸附，从而使赤铁矿变得亲水而受到抑制。

6.5.2.3 煤炭中硫的脱除

微生物浮选在煤炭脱硫方面的应用在第 7 章进行详细阐述，这里不再讨论。

6.5.3 微生物浮选发展方向

微生物浮选的应用，已取得了一些令人鼓舞的实验室研究成果，为其今后在工业上的实际应用奠定了坚实的基础，但离大规模工业应用还有相当远的距离，目前仍有大量的基础研究和应用研究必须进行，主要如下：

（1）微生物表面化学性质研究，尤其是微生物表面电性和疏水性的研究。筛选微生物浮选药剂的依据之一就是微生物的表面化学性质。目前，这方面的研究比较薄弱，筛选所需微生物的难度较大，加强这方面的研究，能够促进微生物浮选药剂的应用。

（2）微生物药剂与矿物表面作用机理的研究。阐明微生物及其代谢产物的物质结构组成及其在矿物表面的吸附作用机理，以及由此产生的矿物表面性质的变化。

（3）微生物培养方法的研究。利用驯化培养等技术培养微生物，制备高效、特性微生物浮选药剂。

（4）降低微生物培养成本。利用制药、食品等工业有机肥料作为微生物培养基成分是降低微生物培养成本的切实可行的措施。

（5）加强微生物浮选药剂的工业应用研究，尤其要加强价廉、高效、适应性强、利于包装、便于使用的无毒害微生物浮选药剂的工业应用研究，是促进微生物浮选工业应用的重要前提。

思考题

6-1 简要叙述微生物浸出和富集稀土元素的作用机理。

6-2 简要谈谈微生物提取稀土元素的应用。

6-3 目前铝土矿生物法脱硅存在哪些问题？

6-4 电子废弃物中贵金属的微生物方法回收机理有哪些？

6-5 电子垃圾微生物浸出工艺流程包括哪些步骤？

6-6 目前电子垃圾微生物浸出工艺面临哪些困难，为了提高微生物浸出回收电子垃圾中贵金属的效率，还可以在哪些方面优化？

6-7 微生物浮选过程中微生物与矿物相互作用有哪些机制？

6-8 微生物浮选未来的发展方向有哪些？

7 煤炭微生物法脱硫

煤炭是世界上储量最为丰富的化石燃料之一。煤炭行业的发展对我国国民经济十分重要，是国民经济的基础和支柱。我国能源结构具有“富煤、贫油、少气”的特点，2021年煤炭在我国一次能源消费占比达56%以上，据预测，2030年仍将在55%左右。因此，在未来较长时期内，煤炭仍是我国能源结构中的主导资源。但煤炭含有硫等多种可造成大气污染的有害元素，煤炭中的硫是燃煤烟气中硫氧化物浓度高的重要因素，硫氧化物的排放造成酸雨，导致建筑物和绿色植被腐蚀，严重影响工农业生产，影响人类健康。因此，科学高效地利用高硫煤资源对环境保护和我国经济的可持续发展意义重大，发展清洁高效的煤炭脱硫技术十分迫切。

煤炭微生物脱硫技术是一种新型的煤炭脱硫的有效方法，与传统的物理法和化学法脱硫不同，微生物脱硫是在温和环境中进行的，不会产生有害副产物，可提高煤炭质量，增加煤炭热值，具有广阔的发展前景。

7.1 煤炭中硫的形态及形成

根据《煤炭质量分级　第2部分：硫分》(GB/T 15224.2—2021) 的规定，不同含硫量煤的具体划分如表7-1所示。我国现已探明的煤炭储量中，以低硫煤居多，平均含硫量为0.9%，仅有大约10%的煤含硫量大于2%。但其中低硫且低灰的优质煤储量较少，有相当一部分煤的灰分和硫分偏高。

表7-1　煤炭硫分分级

序号	级别名称	代号	干燥基全硫分范围/%
1	特低硫煤	SLS	≤0.50
2	低硫煤	LS	0.50~1.00
3	中硫煤	MS	1.00~2.00
4	中高硫煤	MHS	2.00~3.00
5	高硫煤	HS	>3.00

从煤质分析的统计结果来看，煤中硫的分布形态具有一定的规律性。对于全硫含量在0.5%以下的煤来说，多数以有机硫为主，主要来自原始植物中的蛋白质。对于全硫大于2%的高硫煤来说，其中硫的赋存形态绝大多数以无机硫，尤其是黄铁矿硫为主，仅有少数是以白铁矿硫的形态存在。只有极少数特殊情况，高硫煤中的硫是以有机硫为主。煤中硫酸盐硫的含量一般不超过0.1%。

7.1.1 煤炭中硫的形态和特性

煤炭中的有机硫是指与煤的有机结构相结合的硫；而无机硫则是以无机硫形态存在的硫，通常以晶粒状态夹杂在煤中。另外，有些煤中还有少量的单质硫。

7.1.1.1 煤炭中的有机硫

由于煤的有机质化学结构十分复杂，因此煤炭中有机硫的组成也极为复杂，至今对煤中有机硫的认识还不够充分，但大体上测定出煤中有机硫以硫醇（R—SH）、硫化物或醚类（R—S—R）、含噻吩环的芳香体系、硫醌类、二硫化合物 RSSR′或硫蒽类等形式存在。

含有上述结构的有机硫化合物从干馏煤所得到的焦油产品中都能检测到，但含量却有所不同。在这些含硫化合物中，噻吩类硫的结构是非常稳定的，即使在高温炭化时也能与有机质缩聚成高分子硫化物。另外，在噻吩类有机硫中，二苯并噻吩中的硫最难脱除，其次是噻吩、苯并噻吩、萘苯并噻吩等。

7.1.1.2 煤炭中的无机硫

煤炭中的无机硫主要以硫化物矿物的形式存在，少量以硫酸盐的形式存在，硫化物矿物以黄铁矿（FeS_2）为主，有时有少量的白铁矿（FeS_2）、砷黄铁矿（FeAsS）、黄铜矿（$CuFeS_2$）、方铅矿（PbS）和闪锌矿（ZnS）；硫酸盐矿物主要是石膏（$CaSO_4$）和绿矾（$FeSO_4 \cdot 7H_2O$）。

煤炭中的黄铁矿和白铁矿的化学成分都是 FeS_2，以结核或晶粒分散在煤块中或裂隙中。黄铁矿和白铁矿晶格结构不同，黄铁矿通常为等轴晶系，化学性质非常稳定，反应性比白铁矿的明显差。白铁矿通常为斜方晶系，化学稳定性明显比黄铁矿差，当加热到 450 ℃ 时，白铁矿就能缓慢地转变成黄铁矿，而且这种变化是不可逆转的。

煤炭中的硫酸盐通常以钙、铁、镁、钡盐的形式存在，尤其以 $CaSO_4$ 的形式居多，它们在煤炭中的比例与煤接触空气的时间有关。煤中硫酸盐含量常低于 0.1%，且热态性质稳定，炼焦过程中基本不发生变化，残留于焦炭中。

煤炭中的黄铁矿与空气接触后氧化产生单质硫，单质硫在煤炭中含量较少，常常不作为主要的研究对象。

7.1.1.3 煤炭中的全硫

煤炭中各种形态硫的总和叫作全硫，记为 S_t。也就是说，全硫通常就是煤中的硫酸盐硫（记为 S_s）、黄铁矿硫（记为 S_p）、单质硫（记为 S_{el}）和有机硫（记为 S_0）的总和，即 $S_t = S_s + S_p + S_{el} + S_0$。

在煤炭燃烧过程中，黄铁矿硫、单质硫和有机硫都能发生氧化反应，释放出 SO_2，所以又被称为可燃硫；而硫酸盐硫在煤炭燃烧过程中不发生变化，煤炭燃烧后仍残留在煤灰中，因此又被称为不可燃硫。

7.1.2 煤炭中硫的形成过程

煤是由植物形成的，而植物又是由纤维素、半纤维素、木质素、果胶质、树脂、蜡质、孢子、花粉、角膜质等组分组成（如莎草植物中含有 7%～10% 的蛋白质，一般的木本植物也含 1%～7% 的蛋白质），且蛋白质中硫的含量为 0.3%～2.4%，大多为 0.5%～

1%。所以对于全硫含量在0.5%以下的低硫煤来说，其中的硫分可认为都是来自成植物中的蛋白质。而对于硫含量在2%以上的中高硫煤来说，其中的硫分不仅仅来自植物，还和煤层形成之前的海浸有关。中高硫煤中硫的形成主要有以下几个过程。

（1）煤的有机质与硫酸盐接触。研究结果表明，凡是含硫高的煤层，绝大部分都与海水有关。硫酸盐含量平均为0.6%的海水侵入煤层后，因为海水中有大量的硫酸根离子，当海水退去时，就有相当数量的 SO_4^{2-} 残存在煤层中。因此，海水中的硫酸盐（主要是硫酸镁）是煤炭中硫酸盐硫的主要来源。

（2）硫酸铁的形成。在原始物质沉积和煤层形成的各个阶段，外来水源会带进含铁组分，但在许多情况下水流的侵入程度决定于煤层上面覆盖岩石的渗透性等自然状况。例如，外来水可以透过煤层顶部覆盖的石灰岩或砂岩顶板，把含铁溶液带进来，渗透流入煤层的含铁化合物与易溶的硫酸盐进行反应，生成硫酸铁。其化学反应方程式为：

$$Fe(OH)_2 + MgSO_4 \rightleftharpoons FeSO_4 + Mg(OH)_2 \tag{7-1}$$

$$2Fe(OH)_3 + 3MgSO_4 \rightleftharpoons Fe_2(SO_4)_3 + 3Mg(OH)_2 \tag{7-2}$$

同时，石灰岩又会增加介质的碱性，从而促使煤层中的硫酸铁向黄铁矿和有机硫转化。

（3）黄铁矿和有机硫的形成。当植物在泥炭沼泽中经历泥炭化过程时，常会释放出 CH_4 等还原性气体。这些气体能使硫酸盐还原成硫化氢；硫化氢再与硫酸铁反应生成黄铁矿及单质硫，其反应为：

$$2FeSO_4 + 5H_2S \rightleftharpoons 2FeS_2 + 2S + H_2SO_4 + 4H_2O \tag{7-3}$$

黄铁矿生成时所产生的单质硫，在泥炭沼泽的还原环境下，与泥炭的有机质反应生成C—S键而形成有机硫。例如，苯环中—C ═C—基能发生被硫原子取代的反应。煤干馏时，单质硫与煤有机质的反应也很明显。因此，在黄铁矿形成过程中产生的单质硫，对煤炭中有机硫的形成具有重要作用。

7.1.3 煤炭脱硫方法

燃煤脱硫方法主要有燃前脱硫技术、燃中脱硫技术和燃后脱硫技术。燃前脱硫技术主要包括在高硫煤中配入低硫煤的配煤技术和通过洗选减少硫分、灰分以降低 SO_2 排放的技术。目前配煤技术还有待于进一步完善。燃烧中脱硫技术主要指添加固硫剂的型煤技术和炉内喷入钙系脱硫剂的粉煤燃烧技术，这类方法可脱硫50%~60%，效率不高，并有易结渣、磨损和堵塞的问题。燃烧后脱硫技术又称烟气脱硫技术，发达国家研究比较多，效率较高，但成本也比较高。对于我国这样的发展中国家来说，煤的燃前脱硫，尤其是通过选煤来降低煤的硫含量具有非常重要的意义。选煤是洁净煤技术的源头，既能脱硫又能脱灰，同时还可以提高热能利用效率，并且选煤的费用又远远低于燃烧中脱硫和燃烧后脱硫的费用。煤炭的燃前脱硫方法有物理法、化学法和生物法。

（1）物理法主要采用磁选、重选、浮选等选煤技术对煤炭进行脱硫处理，流程简单、设备成本低，可有效去除部分黄铁矿等无机硫，但无法去除有机硫，且易造成可燃部分的损失。

（2）化学法是利用氧化剂在高温高压条件下氧化含硫化合物，使之转化为可从煤中分离的不同形态，实现脱硫，主要包括热碱液浸出法、氧化法等，一般可同时脱除有机硫和无机硫，但由于反应需在高温高压和强氧化还原条件下进行，运行成本高，且强酸强碱等化学药剂会破坏煤的分子结构，降低煤炭的性能，使煤炭发热量减少，限制其大规模应用。因此，研究人员试图通过生物法来提高煤炭的利用效率，尽可能减少燃煤的硫氧化物对环境的污染。

（3）生物法是利用微生物来氧化分解煤炭中的硫，不仅能脱除结构复杂粒度细的无机硫，还能脱除部分有机硫，与其他脱硫技术相比，生物法脱硫更简单经济、运行条件温和、低能耗，是对水、空气和土壤污染小的环境友好技术，受到国内外的广泛关注。

7.2　煤炭脱硫微生物的种类及其生理特征

用于脱除煤炭中硫的微生物从最开始研究的氧化亚铁硫杆菌到能够降解煤炭的白腐真菌，再到涉及地球化学领域的硅酸盐细菌，研究的范围在不断扩大，微生物的类型也在逐渐增多，主要包括：氧化铁铁杆菌（*Ferrobacillus ferrooxidans*）、氧化亚铁硫杆菌（*Acidithiobacillus ferrooxidans*）、氧化亚铁钩端螺旋菌（*Leptospirillum ferrooxidans*）、氧化硫硫杆菌（*Acidithiobacillus thiooxidans*）、嗜酸硫化杆菌（*Sulfobacillus acidophilus*）、金属硫化叶菌（*Sulfolobus metallicus*）、勤奋金属球菌（*Metallosphaera sedula*）、大肠杆菌（*Escherichia coli*）、球红假单胞菌（*Rhodopseudomonas sphaeroides*）、草分枝杆菌（*Mycobacterium phlei*）、硅酸盐细菌（*Silicate bacteria*）、白腐真菌（*White Rot fungi*）等。

7.2.1　用于脱除煤炭中无机硫的菌种

这一类微生物是在需氧条件下氧化无机硫的专性自养微生物，主要为硫杆菌属，一般采用间接作用或者直接作用将煤炭中的硫化物氧化为硫酸根离子，从而使环境变酸并放热，脱硫能力明显。这类微生物中氧化亚铁硫杆菌的应用最为广泛，可以从酸性矿井水中筛选获得。这一菌属已经被广泛应用于煤炭中金属硫化物的脱除研究。

匹兹堡能源研究中心利用氧化亚铁硫杆菌进行脱除煤炭中无机硫的试验结果表明，在实验室内，当 pH = 2.0 时，对 −0.074 mm 的煤粉，进行 14 d 的微生物脱硫处理，使其中的无机硫脱除了 80%；经过了 30 d 的处理，无机硫的脱除率达到 95%。

另外，还有一类嗜热微生物，包括硫化裂片菌属中的酸热硫化裂片菌，它能够以煤炭中的无机硫作为营养物质而大量繁殖，同时生产大量的菌体蛋白。这类微生物在 70 ℃高温下能够生存，所以其代谢速度较快，用 3 ~ 6 d 的时间，即可脱除煤炭中 75% 的黄铁矿硫。

7.2.2　用于脱除煤炭中有机硫的菌种

这一类微生物大都是异养微生物，主要包括假单胞菌属和红球菌属等，这类微生物大多通过 DBT 模型（二苯稠环噻吩，一种难降解的有机化合物，约占煤炭中有机硫的 70%）分离得来，一般从土壤、温泉、油田和煤矿等环境中较易分离，需要在中性、常温条件下生长。其脱硫过程可分为两种：该类微生物多数通过将煤炭中的 C—C 键断裂，使煤炭中含硫的外围芳环降解为小分子的硫化物，从而进行脱除；少数微生物可直接作用于煤中的 C—S 键，将其中的硫氧化为 SO_4^{2-} 从而实现脱硫。

Lsbister 等人用 DBT 分离到一株假单胞菌 CB1 菌株，可以使煤炭中有机硫的脱除率达到 18%～47%。后来 Lsbister 又用饰变法培育出一株代号为 CB2 的改良菌，并用 CB1/CB2 的混合菌获得更好的脱硫效果。

7.2.3 可同时脱除煤炭中无机硫和有机硫的菌种

这一类菌种多指一些嗜酸热的兼性自养微生物，这类微生物以嗜酸热硫杆菌和硫化裂片菌为代表，一般在高温、酸性环境生长，同时可以氧化无机硫和有机硫，所以对于此类菌种的研究已经成为新的热点。

7.2.4 煤炭脱硫微生物的生理特征

用于脱除煤炭中硫的微生物主要有三种基本类型：

（1）喜温微生物，它们大都是在室温或稍高些温度下生长的嗜酸微生物，例如某些硫杆菌类；

（2）喜热微生物，它们是在相当高的温度下生长的嗜酸微生物；

（3）变种的土壤细菌，它们在室温和接近中性条件下生长，例如美国大西洋研究公司开发的突变体种 CB1 等。

用于煤炭脱硫的喜温微生物在 18～40 ℃下生存，耐酸性，适宜生长的 pH 值范围为 1.0～5.0。最常见的是氧化亚铁硫杆菌，它可使黄铁矿氧化形成可溶性硫酸盐，尚未证明这类细菌可以除去煤炭中的有机硫。另一种是氧化硫硫杆菌，它可以催化黄铁矿的氧化溶解反应，但不如氧化亚铁硫杆菌的催化效果好。研究结果表明，这两种细菌的混合培养菌对黄铁矿氧化溶解的速度比任何单独一种的都要快得多。

能够用于煤炭脱硫的微生物的生理特性如表 7-2 所示。

表 7-2 煤炭脱硫微生物的生理特性

菌属	菌种	细胞形态	营养类型	能量来源	最适温度/℃	最适 pH 值
硫杆菌属	氧化亚铁硫杆菌	杆状	化能自养	Fe^{2+}、S^0、无机硫化物	28～35	2.5～2.8
硫杆菌属	氧化硫硫杆菌	杆状	化能自养	SO_4^{2-}、S^0、无机硫化物	28～30	2.5～3.5
硫螺菌属	硫螺菌	弯曲	严格自养	Fe^{2+}、FeS_2	2～40	1.0～5.0
假单胞菌属	恶臭假单胞菌	杆状	异养	有机硫化物	20～30	7.0～8.0
大肠杆菌属	大肠杆菌	杆状	异养	有机硫化物	30～40	7.0
芽孢杆菌属	芽孢杆菌	杆状	异养	有机硫化物	28	7.0～8.5
甲烷杆菌属	甲烷杆菌	杆状	兼性自养	Fe^{2+}、S^0、无机硫化物	50～80	1.0～4.0
硫化叶菌属	硫化叶菌	不规则叶状	兼性自养	Fe^{2+}、S^0、无机硫化物	40～90	1.0～5.8
红球菌属	紫红红球菌	球状	异养	噻吩类有机硫化物	30	7.0
钩端螺旋体菌属	氧化亚铁钩端螺旋菌	弧状、螺旋状	化能自养	Fe^{2+}、FeS_2	30	2.5～3.0
硫球菌属	嗜热耐酸硫球菌	球状	化能自养	S^0、FeS_2	70	2.5～3.0

7.3 煤炭微生物脱硫机理

7.3.1 煤炭中无机硫的脱除机理

煤炭中的无机硫以黄铁矿硫为主，通常以微生物对黄铁矿硫的氧化过程作为对煤炭中无机硫的脱除机理。

微生物氧化黄铁矿是一个比较复杂的过程，煤炭中的黄铁矿经数个阶段的作用最终转化为硫酸从而被脱除。一般在水和氧气存在的情况下，黄铁矿可被氧化为 SO_4^{2-} 和 Fe^{2+}，但反应速度很慢，而当脱硫微生物存在时，这一过程速度大大加快。微生物氧化黄铁矿的作用机理即微生物浸出硫化矿的机理，该部分内容已在第 3 章详细叙述，在这里就不作阐明。

7.3.2 煤炭中有机硫的脱除机理

煤炭中的有机硫通常处于煤炭的杂环结构中或桥键连接部位，以噻吩基（C_4H_2S—）、巯基（—SH）、硫醚（—S—）和多硫链（$—S—)_x$ 等形式存在于煤的大分子结构中，为分子水平分布，通过物理方法很难脱除。目前煤炭中有机硫脱除机理的研究取得了很多的成果，其过程主要分为氧化降解和还原降解两种模式。

一般在用微生物脱除煤炭中有机硫的试验研究中，以 DBT（二苯并噻吩）作为有机硫的模型化合物，其降解模式为氧化降解模式。研究发现：DBT 分解存在两种途径：(1) 通过断裂 C—C 键，以碳代谢为目的的 Kodama 途径，也可称为 C 的破坏性代谢，通过碳环的羟基化，使之开环，形成结构性的降解，通过形成含硫的水溶性噻吩衍生物脱除煤炭中的硫，但这种方法会使煤炭的热值产生损失；(2) 通过断裂 C—S 键，以硫代谢为中心的 4S 途径，这种途径中微生物直接作用于煤炭中的硫原子，将其氧化为水溶性脱除，同时由于碳环未被破坏，煤炭的热值损失较少，是比较理想的脱硫途径。在 4S 途径中，其中的硫经过 4 步氧化反应生成二苯并噻吩-亚砜、二苯并噻吩-砜、亚磺酸和硫酸盐。

还原降解模式主要是指还原性的 C—S 键断裂模式，其作用微生物主要为厌氧微生物。微生物在厌氧条件下对有机物中的硫进行还原，其原理与氧化模式的降解机理完全不同。这一领域的研究尚处于起步阶段，已经报道的微生物均与硫酸盐还原菌有关，相关的降解产物和生化机理并不十分清楚。

7.4 煤炭微生物脱硫方法及研究进展

7.4.1 微生物浸出法

将粉碎后的煤炭浸在含有微生物的溶液中，微生物的氧化作用使煤炭中黄铁矿转化成铁离子和硫酸根离子，在煤炭底部被收集后排出，实现煤炭的脱硫。常用的反应方式有堆浸法和浆态床流动法，堆浸法是将含有微生物的浸出剂喷淋在煤堆上，浸出剂浸透到煤间隙进行微生物脱硫；浆态床流动法是将煤炭与微生物及营养介质一同置于反应器中，如空气搅拌式反应器、水平转筒式反应器、管道式反应器等，在通气条件下进行微生物脱硫。这种方法装置和操作简单，脱硫效率高；脱硫技术相对成熟，但微生物反应速度慢，反应时间长，且处理脱硫过程中产生的硫酸废液需要成本，处理不当还可能会造成环境污染。

微生物浸出法技术成熟，较其他微生物脱硫方法操作更容易。葛玉凤等人从新疆维吾尔自治区石河子市采集到的南山高硫煤作为煤样，利用氧化亚铁硫杆菌对其进行浸出脱硫试验，研究发现煤样中无机脱硫效率达 67%，且煤炭中灰分降低，煤炭的热值增加，脱硫后煤炭的性能更好。张明旭等人将球红假单胞菌用于煤炭微生物浸出脱硫，试验结果表明，经过 48 h 浸滤，煤炭全硫脱除率最高约为 50%。Ye 等人利用从内蒙古乌海市采集的原煤中驯化出的本土微生物和从北京某污水处理厂的污泥中驯化出的外来微生物，分别对原煤进行浸出脱硫，煤炭中黄铁矿去除率分别为 77.68% 和 87.88%，2 种微生物均无法有效脱除有机硫。Etemadifar 等人选用 4 种红球菌对煤样进行微生物浸出脱硫，发现 4 种菌株均具有脱除煤炭中有机硫的能力，其中 *Rhodococcus erythropolis* PD1 菌株比其他菌株具有更强的脱硫能力，还可浸出煤炭中的铁和硅。Mishra 等人采用嗜铁钩端螺旋菌对土耳其褐煤进行微生物浸出脱硫试验，在培养基中含 Fe^{2+} 和较低剂量（0.05%）的表面活性剂 Span80 的情况下，褐煤样品的总硫脱除效率近 61%。Hu 等人提出了两步微生物浸出法，第一步采用红球菌作为有机硫脱硫菌，第二步采用氧化亚铁硫杆菌作为无机硫脱硫菌，两步浸出后，脱硫效率达 65.23%。Singh 等人对采集的印度拉贾斯坦邦褐煤使用伯克霍尔德氏菌进行浸出脱硫研究，得到的总硫脱除效率最高可达 50.69%，且灰分降低，固定碳含量增加，褐煤的性能及热值都得到改善。

7.4.2 微生物预处理-浮选法

7.4.2.1 表面处理-浮选法

此法将微生物表面处理与浮选结合，是利用微生物能在短时间内选择性地附着在黄铁矿表面，由于微生物细胞具有亲水性，黄铁矿表面的微生物吸附量增加，使黄铁矿表面由疏水性变为亲水性，如氧化亚铁硫杆菌等；也有微生物利用其代谢产物增加黄铁矿表面亲水性，如假棒形杆菌等，煤炭颗粒附着在由浮选柱产生的微细气泡上随之上浮，黄铁矿下沉从尾矿排出，从而实现煤炭脱硫。该方法反应时间短、不产生硫酸废液且能降低部分灰分，但煤炭回收率偏低。在浮选过程中，通常先用特定微生物对煤炭颗粒进行表面改性预处理，再结合浮选药剂进行浮选脱硫。张杰芳等人利用氧化亚铁硫杆菌对贵州 3 个高硫煤样先经过微生物表面改性预处理后浮选脱硫，结果表明，3 个煤样平均全硫脱除效率达 72.37%、85.94% 和 65.36%。吕跃东等人利用氧化亚铁硫杆菌进行微生物浮选脱硫研究，结果发现浮选中只加菌液和只加浮选药剂可获得大致相等的脱硫率，两者结合脱硫效果更好，脱硫率达 46.12%。周长春等人用红假单胞菌和氧化亚铁硫杆菌对高硫煤表面预处理后进行浮选试验，发现 2 种微生物在各自的最佳试验条件下，均对煤样有较好的脱硫效果。El-Midany 等人利用枯草芽孢杆菌对煤炭进行表面处理，并作为硫和灰分的抑制剂对煤炭进行浮选脱硫，脱硫效率为 72.12%。Ismi Handayani 等人采用多阶段微生物处理方法（包括表面处理和浮选），使用假棒形杆菌 *Pseudoclavibacter* sp. 及其代谢产物对印度尼西亚 Tondongkura 煤进行脱硫试验，得到总硫脱除效率达 48.29%。

7.4.2.2 微生物絮凝-浮选法

选择性絮凝是利用矿浆中不同矿物组分表面物理化学性质的差异，通过添加絮凝剂对某矿物组分表面进行优先吸附，利用絮凝剂的桥联作用，将该组分细粒物料絮凝成稳定絮团，其他组分仍留在矿浆中呈悬浮状态，从而实现絮团和悬浮颗粒的有效分离。絮凝剂是具有一定线性长度的高分子有机聚合物，包括天然高分子絮凝剂和人工合成高分子絮凝剂两大类。微生物絮凝剂是一种天然生物高分子絮凝剂，是利用微生物细胞、微生物细胞的代谢产物或微生物细胞壁成分对悬浮颗粒进行絮凝，其成分一般包括多糖、蛋白质、DNA、纤维素、糖蛋白、聚氨基酸等高分子物质。微生物絮凝剂具备传统有机絮凝剂和无机絮凝剂特点的同时，还具有高效、无毒、易降解等优势，近年来受到广泛关注。微生物絮凝剂在煤炭微生物脱硫中已有所应用。脱硫过程中，煤浆中疏水性的微生物絮凝剂会选择性地附着在煤炭颗粒表面，在絮凝作用下形成稳定絮团，并随浮选柱产生的微小气泡上浮，从而与表面亲水的黄铁矿分离。Abdel-Khalek 等人研究发现多黏类芽孢杆菌带有负电荷，通过物理吸附（主要为静电力）的方式吸附在煤炭颗粒上，浮选试验得到 66.67% 的脱硫率。张东晨等人研究草分枝杆菌的生物学特性及对煤炭的絮凝试验中得出，草分枝杆菌独特的生物表面特性可实现对煤炭颗粒的选择性絮凝，对煤炭中黄铁矿的脱除效率达 72.63%。Raichur 等人将草分枝杆菌作为浮选脱除伊利诺伊州 6 号煤和肯塔基州 9 号煤中杂质的微生物絮凝剂，黄铁矿去除率分别达 68% 和 64%。微生物絮凝剂应用于煤炭微生物脱硫的相关研究较少，目前发现的用于煤炭微生物絮凝-浮选法脱硫的微生物主要有多黏类芽孢杆菌和草分枝杆菌。

微生物浮选法脱硫虽然仅能脱除无机硫，但是此法脱硫效率高，且同时能去除灰分，因此适合于短时间进行大批量的煤炭的处理，还可与近年来正在开发的水煤浆技术相结合，如在煤炭产地进行水煤浆制造工序中增加微生物预处理浮选法脱硫、脱灰工艺，在提高水煤浆质量的同时，又可提高水煤浆的输送效率。微生物预处理-浮选法脱硫工艺流程如图 7-1 所示。

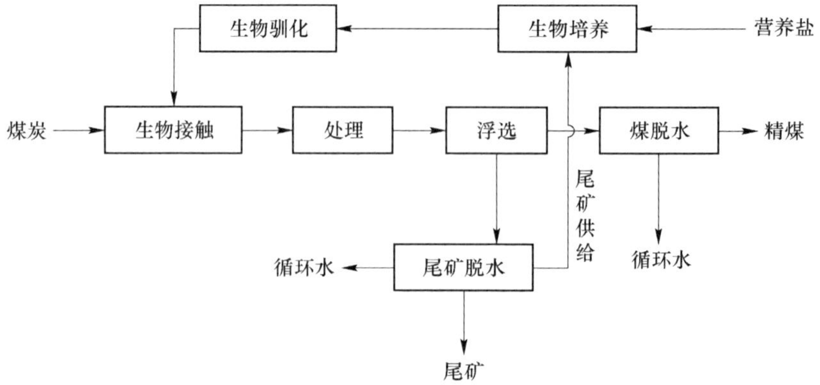

图 7-1 微生物预处理-浮选法脱硫工艺流程

7.5　煤炭脱硫效果的评定指标

常用的煤炭脱硫效果评定指标有脱硫率、降硫率、精煤中硫分布率以及精煤回收率（有时称净煤回收率）和精煤可燃体回收率等。有关指标的计算公式如下：

$$脱硫率=(S_y-\gamma_j S_j)/S_y \tag{7-4}$$

$$降硫率=(S_y-S_j)/S_y \tag{7-5}$$

$$精煤中硫分布率=\gamma_j S_j/S_y \tag{7-6}$$

式中，S_y 为原煤硫分；S_j 为精煤硫分；γ_j 为精煤回收率，其计算式为：

$$\gamma_j=\gamma_1 P_c/R_0 \tag{7-7}$$

式中，γ_1 为脱硫后回收的精煤样与脱硫前煤样的质量比；P_c 为脱硫后回收的煤样中纯煤的质量分数；R_0 为脱硫前煤样中纯煤的质量分数。

显然，脱硫率越高，脱硫效果越好，但式（7-4）在实际应用时，也有例外，即在原煤硫分一定的情况下，精煤回收率很低，从而得到高脱硫率，但技术经济指标并不好。式（7-5）则未考虑精煤回收率的影响，显然，太低的精煤产率，精煤硫分再低也没有意义。采用式（7-6）判断脱硫效果时，精煤中硫分布率越低，脱硫效果越好。然而，该公式中的问题也很明显，两种不同条件下，当原煤和精煤硫分相同时，精煤回收率低，精煤中硫分布率也低。

为了准确评价煤炭的脱硫效果，通常采用脱硫效率和精煤中硫分布率这两个指标，其共同特点是计算简单、使用方便。

脱硫效率是借鉴浮选完善度指标的概念提出的，其表达式为：

$$\eta=\gamma_j(S_y-S_j)/[S_y\cdot(1-A_y-S_y)] \tag{7-8}$$

式中，A_y 为原煤灰分；其他符号的意义与前面所述相同。

由式（7-8）可知，η 可在 0～100% 波动。比如，当 $\eta=0$ 时，也就是 $S_y=S_j$，即未起到脱硫作用。η 值较为明确地体现了脱硫效果随精煤硫分的降低以及精煤回收率的提高而提高，克服了其他脱硫效果评价指标的弊病。另外，式（7-8）还充分考虑了煤炭中灰分对脱硫效果的影响，避免了灰分的影响而导致不准确的脱硫效果。

思　考　题

7-1　煤炭中的硫有哪些形态，各有什么特性？

7-2　煤炭脱硫方法有哪些，每种方法各有什么优缺点？

7-3　列举几种煤炭脱硫的微生物，并简述其生理特征。

7-4　煤炭微生物脱硫机理是怎样的？

7-5　目前煤炭微生物脱硫的方法有哪些？

7-6　煤炭脱硫效果的评定指标有哪些？

8 微生物冶金研究方法

8.1 分子生物学方法

以 DNA 和 RNA 为基础的分子方法和信息技术的发展为研究微生物浸出的系统发育和功能提供了有力保障。依赖于聚合酶链式反应（PCR）的分子指纹技术经常用于表征微生物浸出菌株和群落。应用于分离菌株的指纹图谱方法包括随机扩增多态性 DNA（randomly amplified polymorphic DNA，RAPD）、任意引物 PCR（arbitrarily primed PCR，AP-PCR）和重复元件 PCR（rep-PCR）。应用于微生物群落的指纹图谱方法有变性梯度凝胶电泳（denaturing gradient gel electrophoresis，DGGE）、末端限制性片段长度多态性（terminal-restriction fragment length polymorphism，T-RFLP）和毛细管电泳单链构象多态性（capillary electrophoresis-single strand conformation polymorphism，CE-SSCP）。这些方法集中于宏基因组学中的随机靶向或特定基因（如核糖体-核糖核酸基因，即 rDNA）研究。利用电泳式气相色谱分析发现，基因组随机扩增及特定基因多态性，与微生物群落结构和功能的多样性相一致。指纹图谱技术仍然是微生物群落结构较单一的环境中解析菌种及群落结构动态变化的有效方法。

8.1.1 PCR 技术

8.1.1.1 常规 PCR 技术

A 常规 PCR 原理

PCR 技术类似于 DNA 体内复制过程，利用碱基互补配对原则以及半保留复制机理扩增 DNA，使 DNA 数量呈指数增长，在 25 ~ 30 个循环之后，DNA 的数量就可以扩增几百万倍。

B 常规 PCR 操作步骤

常规 PCR 操作步骤为：

（1）模板 DNA 变性。在 94 ℃下模板 DNA 的双链会解离成单链，为后续引物与模板 DNA 结合做准备，如图 8-1 所示。

（2）模板 DNA 与引物的退火（复性）。55 ℃左右，引物与模板 DNA 单链的互补序列配对结合，引物的特异性决定了 PCR 的特异性。

（3）引物的延伸。在 72 ℃下，DNA 模板-引物结合物在 TaqDNA 聚合酶的作用下，以 dNTP 为原料、单链 DNA 为模板，按照碱基互补配对原则和半保留复制机理合成一条新的 DNA 链，完成一个扩增循环，而这条新的 DNA 链又可成为下个循环的模板 DNA。

根据需要选择适合的循环次数就可以获得大量的目标 DNA。需要注意的是，细菌和古菌的 PCR 扩增需要各配制一个 PCR 体系，分别用来扩增细菌 DNA 和古菌 DNA。PCR 反应体系如表 8-1 所示。

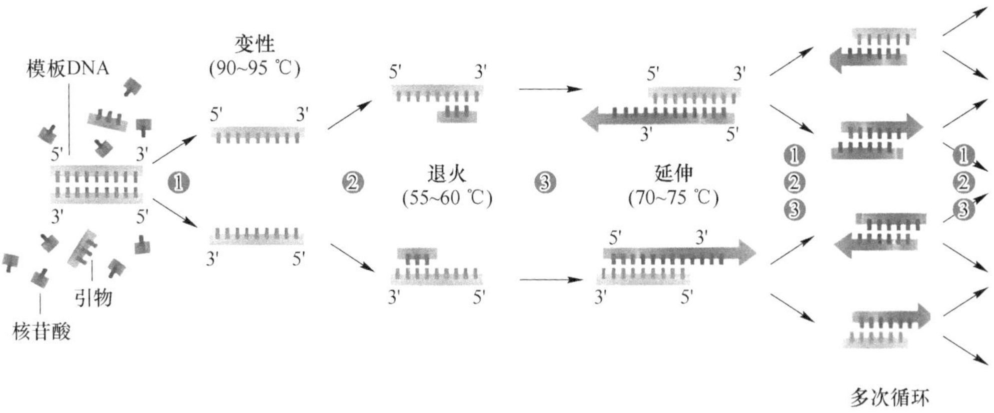

图 8-1 PCR 扩增过程示意图

表 8-1 PCR 反应体系组成

组　分	细菌体系/μL	古菌体系/μL
超纯水	9.5	9.5
1492R 引物	0.5	0
27F 引物	0.5	0
958R 引物	0	0.5
20F 引物	0	0.5
模板 DNA	2.0	2.0
总计	12.5	12.5

8.1.1.2 实时荧光定量 PCR 技术

A 实时荧光定量 PCR 技术原理

实时荧光定量 PCR 技术是在反应体系中加入荧光基团，随着 PCR 反应的进行，扩增产物不断积累，导致荧光信号不断积累，从而利用荧光信号的变化实时检测整个 PCR 进程，然后通过标准曲线对未知模板进行定量分析的方法。整个反应过程可分为荧光背景信号、荧光信号指数扩增和平台期三个阶段。在荧光背景信号阶段，PCR 扩增产生的荧光信号较弱，被荧光背景信号所覆盖，无法判断产物量的变化；到达平台期后，扩增信号达到稳定，不再增加；在荧光信号指数扩增阶段，PCR 扩增产物量的指数与 DNA 模板数呈线性关系。

为了便于比较分析，此处引入两个基本概念：荧光阈值（threshold）和阈值循环数（threshold cycle，Ct）。荧光阈值是在荧光扩增曲线上人为设定的一个值，缺省设置为 3 ~ 15 个循环的荧光信号标准差的 10 倍。Ct 值是指在 PCR 循环过程中，每个反应管内的荧光信号达到设定阈值时所经历的循环次数。Ct 值的意义在于，同一模板在不同扩增过程中终点处荧光值不恒定，可重复性较差，但 Ct 值却极具重现性。根据 PCR 定量原理公式可推导出，模板起始拷贝数的对数与阈值循环数呈线性关系，模板起始拷贝数越多，荧光信号达到阈值的循环数越少，即 Ct 值越小。利用已知起始拷贝数的标准样品绘制标准曲线，根据荧光基团发出的荧光强度与 PCR 扩增产物的数量呈对数关系，只要对荧光信号进行实时监测并得到未知样品的 Ct 值，即可通过标准曲线计算未知样品的起始拷贝数。

B　荧光标记 PCR 的标记跟踪方法

a　荧光标记的探针法

PCR 扩增时，加入一对引物的同时，再加入一个特异性的荧光探针。该探针为一直线型的寡核苷酸，两端分别标记一个荧光报告基团和荧光淬灭基团，探针完整时，荧光报告基团发射的荧光信号被荧光淬灭基团吸收，PCR 仪检测不到荧光信号；PCR 扩增时，Taq 酶的 5′→3′外切酶活性将探针酶切降解，使荧光报告基团和荧光淬灭基团分离，从而使荧光检测系统可接收到荧光信号，即每扩增一条 DNA 链，就有一个荧光分子形成，实现了荧光信号的累积与 PCR 产物的形成完全同步，实现定量分析，如图 8-2 所示。

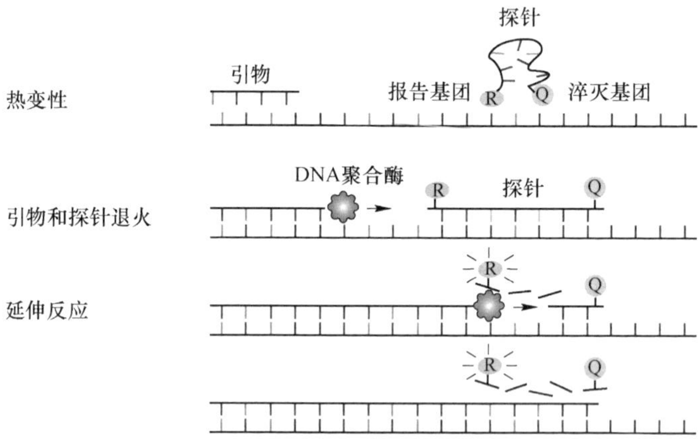

图 8-2　荧光标记的探针法示意图

理想的荧光物质需具备以下特点：(1) 本底低。(2) 单位荧光强度高。(3) 每轮 PCR 反应完成后都有荧光强度的增高，而且这种荧光强度的增高和每轮循环后 PCR 产物的量呈线性关系。(4) 没有 PCR 产物时，没有荧光。(5) 该荧光物质受激发后，其发射光的波长范围窄，各种荧光不会产生荧光的交叉干扰。

TaqMan 探针的特点及应用：(1) 特异性强，准确性高。探针本身具有序列特异性，保证了所检测目的基因的特异性；探针的结构特点保证了其所产生的荧光强度与 PCR 产物的量成正比关系，因此准确性极高。(2) 对引物及试剂要求不高，配套的普通引物就可以使用，普通的 Taq 酶就能满足实验的要求。(3) 常被用作基因含量的精确检测（精确度可达几十个拷贝）及基因表达变化的精确分析（精确度可达 0.1 倍的变化）。(4) 该探针为水解类探针，依赖于 Taq 酶 5′-3′聚合酶及外切酶的活性。

b　荧光染料法

在 PCR 反应体系中，加入过量的荧光染料，该染料只与双链 DNA 小沟结合，并不与单链 DNA 链结合，而且在游离状态不发出荧光，只有掺入 DNA 双链中才可以发光，因此，在 PCR 体系中，随着特异性 PCR 产物的指数扩增，每个循环的延伸阶段，染料掺入双链 DNA 中，其荧光信号强度与 PCR 产物的数量呈正相关关系。荧光染料法示意图如图 8-3 所示。

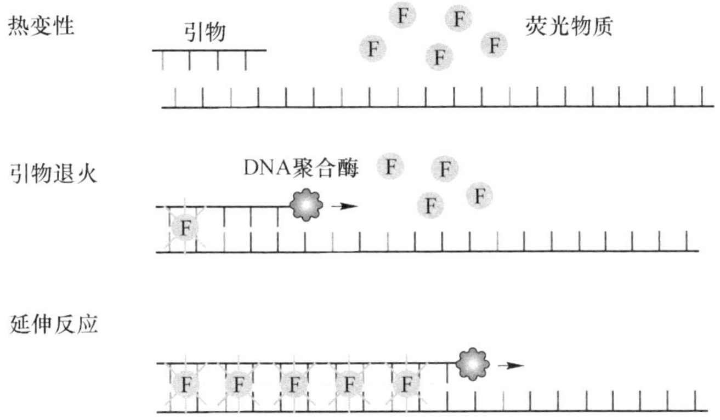

图 8-3 荧光染料法示意图

目前常用的荧光染料为 SYBR Green Ⅰ、SYBR Green Ⅱ、SYT09 等。其共同特征为：(1) 结合于双链核酸的小沟处；(2) 与双链 DNA 结合后受激发产生荧光；(3) 在变性条件下双链分开，荧光消失。荧光染料包括饱和荧光染料和非饱和荧光染料，现在最常用的 SYBR Green I 是非饱和荧光染料的典型代表，Eva Green、Solis Green 属于饱和荧光染料。非饱和荧光染料在浓度高的时候会对 PCR 过程产生抑制，所以在荧光定量实验时使用浓度稍低，染料不能占据 DNA 双链上的所有位置。在 PCR 过程中，随着温度上升，双链逐渐解链，染料会从已解开的单链上脱落，然后结合到邻近的尚未解链的双链中去继续发出荧光。虽然 DNA 双链的解链过程不同，但是这种染料重排会导致较小的温度变化范围内荧光值几乎不变，溶解曲线不能准确反映双链的解链情况。

荧光染料的特点及应用：(1) 能够与所有的核酸双链结合，受激后产生荧光，其荧光的强度与双链核酸的含量及长度成正比，因此本底较高；(2) 可做双链核酸的溶解曲线分析；(3) SYBR Green Ⅰ染料本身价格便宜，但是做荧光定量 PCR 时对引物设计的要求很高；对 Taq 酶要求较高，最好是 Hot Star Taq 酶，或者操作时要严格冷启动、冰上操作，否则引物二聚体及非特异性扩增会严重干扰结果的准确性，尤其是模板含量较低时；(4) 适合于基因含量及基因表达变化的粗略分析或初筛；(5) 当分析的基因种类很多，但是样品量很少时，尤其适用；(6) 荧光染料浓度较高时，会抑制 PCR 反应，降低 PCR 反应的效率。

c 实时荧光定量 PCR 方案选择

(1) 荧光染料法适合于基因含量及基因表达变化的粗略分析或初筛；在分析的基因种类较多，但是样品量较少时，尤其适用。

(2) 荧光标记的探针法适用于基因含量的准确检测（精确度可达几十个拷贝）及基因表达变化的精确分析（精确度可达 0.1 倍的变化）。

可根据实验的实际情况，如检测的精度要求、样品数量、基因数量、经费情况等来选择合适的实验方案。

C 实时荧光定量 PCR 步骤

荧光定量 PCR 是一项对操作要求很高，同时又是一项花费很高的实验，这就需要最大限度地减少误差或避免错误。要想达到这个目标，从样品的选取开始到上样检测，必须每一步都要规范操作。

（1）样品的选取及处理。科学地选取个体重复，以减少实验个体差异引起的误差，尽量选取代表性明显的个体作为实验对象；处理样品时，必须确保样品都得到了充分的处理；选取实验样品时，需保证选取的样品尽可能地纯，不要污染其他样品；样品选取好后，即可放入液氮或者超低温冰箱保存。

（2）核酸提取。加入液氮研磨要彻底，蛋白、多糖、多酚类物质要去除干净，确保得到高质量的核酸，分光光度计检测核酸质量，RNA OD260/280 = 2.0，DNA OD260/280 = 1.8，最好再做电泳检测；同一样品要提取 2 ~ 3 份 RNA，所剩余的样品不要丢弃，继续低温保存。

（3）得到的 RNA 立即反转录为 cDNA，RNA 样品最好不要存放，使用看家基因检测反转录所得的 cDNA。

（4）对于精度要求较高的定量 PCR，最好先在所有样品内做内参基因的稳定性分析，找出表达恒定基因作为内参。

（5）做定量 PCR 时，先把除模板外的所有试剂预混，然后分装到 PCR 管中，分装尽量采用排枪。

（6）体系中最好掺入 ROX 参比荧光，以消除光程偏差。

（7）重复操作。最有意义的重复是在提取样品 RNA 时就重复，同一个样品，分别提取 3 份 RNA，3 份 RNA 都做反转录，所得的 3 份 cDNA 都做定量 PCR 检测，这样的重复之所以最有意义是因为是把 RNA 提取、反转录、上机检测三步做了重复，这样得出的平均值要比只在上机检测时对同一 cDNA 样品做 3 个重复要有意义得多。同一个 cDNA 样品做 3 个重复定量检测求平均值主要是消除加样时的误差，排枪加样时误差很小，加样时的误差可以通过设几个重复检测来检查出。

（8）根据实验要求选取合适的实验方案，对于样品量大、精度要求高的实验，尽量选择探针法和双标准曲线法来操作，并且选用精度高的仪器设备和试剂耗材。

D 实时荧光定量 PCR 技术在微生物冶金中的应用

利用特异性引物进行定量 PCR 已在浸矿微生物领域获得成功，如检测喜温嗜酸硫杆菌（*A. caldus*）、嗜铁钩端螺旋菌（*L. ferriphilum*）、嗜热氧化硫化杆菌（*S. thermosulfidooxidans*）等。朱薇通过实时荧光定量 PCR 筛选了能表征嗜热古菌硫氧化活性的相关功能基因，经过试验发现四株嗜热古菌（*Acidianus brierleyi*、*Metallosphaera sedula*、*Acidianus manzaensis* 和 *Sulfolobus metallicus*）在单质硫中生长比在硫酸亚铁中生长的 soxB 基因表达量明显上升，它们在相同能源底物下生长的 soxB 基因表达量上也存在明显差异；该试验首次得出四株嗜热古菌中同时存在有 soxB 基因，soxB 基因可能为四株嗜热古菌中的组成型基因。通过试验对比分析发现，利用 soxB 基因的表达差异来表征硫氧化活性，能客观地体现浸矿微生物的硫氧化活性。这种基于硫氧化功能基因的表达差异来分析和表征不同硫氧化菌的硫氧化活性的方法在浸矿微生物中是首次提及。

8.1.2 微生物群落指纹图谱分析法

8.1.2.1 16S rRNA 基因序列分析技术

16S rRNA 基因序列分析技术就是从微生物样本中提取 16S rRNA 的基因片段，通过克隆、测序或酶切、探针杂交获得 16S rRNA 基因序列信息，再与 16S rRNA 数据库中的序列或其他数据进行比较，确定其在进化树中的位置，从而鉴定样本中可能存在的微生物种类。

16S rRNA 基因序列由于大小适中，约 1.5 kb，既能体现不同菌属之间的差异，又能利用 PCR 技术较容易得到其序列。通过对其序列的分析及同源性比较，可以计算、了解不同菌属和菌种在遗传进化方面的距离，判定不同菌属、菌种间遗传关系的远近，绘出进化树，达到细菌分类的目的。当前，许多疾病的致病因子均是通过 PCR 扩增 16S rRNA 基因，然后进行序列分析而被发现的。所有种类细菌中至少有 1 个 16S rRNA 基因拷贝，而且不受观察者主观意识影响，如果不同细菌中有 2 个 16S rRNA 基因序列不同，即可以认为它们属于不同菌种。因此，16S rRNA 基因序列分析技术在鉴别异常细菌引起的疾病上具有重要意义。

采用系统发育分析方法，如距离矩阵法、聚类分析法等，对 16S rRNA 基因测序结果进行分析，通过计算可了解该样本在进化树中的位置。常用的序列比对软件有 MicroScq、PAuP、BLAST 和 Phylip。值得注意的是，这些软件使用的计算方法不同，结果可能存在一定差异。

8.1.2.2 PCR-RFLP 技术

A PCR-RFLP 技术原理

RFLP（限制性片段长度多态性）起源于生物基因组 DNA 的自然变异。1974 年，Grodjicker 等人首次提出了作为第一代分子遗传标记的 RFLP 技术，大大地推动了人类基因多态性的研究。DNA 限制性内切酶能识别 DNA 链上特异性序列，并在特定位点切割 DNA，使得 DNA 裂解成几个特定长度的片段。不同基因型的个体，由于各种突变或变异，改变了限制性内切酶原本可识别的酶切位点，使得酶切后产生的限制性片段长度也发生变化。通过分子技术对这些限制性片段进行检测，可比较不同品种或个体 DNA 水平的差异。

B PCR-RFLP 技术操作步骤

DNA 提取→PCR 扩增→电泳检测扩增条带→切胶回收纯化 PCR 产物→测定 DNA 浓度→连接→转化→蓝白斑筛选→转板→破壁→菌落 PCR→双酶切 DNA 片段→基因组测序。

C PCR-RFLP 技术的应用

RFLP 分析适用于靶序列含量较高样品的分析，如 PCR 扩增产物，但制备探针和筛选限制性内切酶使得该操作相对比较烦琐。自 1983 年 Mullis 发明 PCR 技术以来，PCR 技术飞速发展，并与 RFLP 技术相结合，用 PCR 扩增目的 DNA，扩增产物再用特异性内切酶切割成不同大小的限制性片段，在凝胶电泳上跑出不同的条带，直接可以进行分辨。此项技术大大提高了目的 DNA 的含量和相对特异性，而且方法简便，因此 PCR-RFLP 技术已得到了广泛应用。

汤露等人利用 RFLP 技术研究了三种典型铁/硫代谢菌——嗜酸氧化亚铁硫杆菌、嗜酸氧化硫硫杆菌及嗜铁钩端螺旋菌的混合菌，在 30 ℃、起始 pH 1.8、矿浆浓度 4% 的条件下浸出黄铜矿过程中细菌对铁硫的氧化情况及黄铜矿的浸出情况。研究发现，浸出前期，反应体系中主要以嗜酸氧化亚铁硫杆菌为优势菌，细菌氧化 Fe^{2+} 产生的 Fe^{3+} 在黄铜矿的浸出过程中起主要作用。浸矿后期，嗜酸氧化硫硫杆菌丰度显著增加，其原因可能是大量 Fe^{3+} 沉降为黄钾铁矾等钝化层物质，从而使得嗜酸氧化亚铁硫杆菌、嗜铁钩端螺旋菌的铁氧化底物减少，最终影响其生长。同时也说明嗜酸氧化硫硫杆菌可能会抑制钝化层生成及消解钝化层，从而促进黄铜矿的进一步浸出。

8.1.2.3 PCR-DGGE 技术

A PCR-DGGE 技术原理

DGGE（变性梯度凝胶电泳）是根据 DNA 在不同浓度的变性剂中解链行为的不同而导致电泳迁移率发生变化，从而将片段大小相同而碱基组成不同的 DNA 片段分开。具体而言，就是将特定的双链 DNA 片段在含有从低到高的线性变性剂梯度的聚丙烯酰胺凝胶中电泳，随着电泳的进行，DNA 片段向高浓度变性剂方向迁移，当它到达变性要求的最低浓度变性剂处，双链 DNA 形成部分解链状态，这就导致其迁移速率变慢，由于这种变性具有序列特异性，因此 DGGE 能将同样大小的 DNA 片段很理想地分开，它是一种很有用的分子标记方法。现已广泛应用于生物多样性调查、亲缘关系鉴定、基因突变检测等领域。

B PCR-DGGE 技术操作步骤

DGGE 对微生态的分析一般包括以下步骤：核酸提取，16S rRNA 序列的 PCR 扩增以及 DGGE 指纹图谱分析。有些学者通过克隆、测序建立微生物区系的 16S rRNA/DNA 文库，通过系统发育分析建立进化树，从而获得微生物多样性信息，但这种方法相对于其他指纹图谱技术来说，费时费力，价格也相对昂贵。

C PCR-DGGE 技术的应用

高凤玲等人利用 DGGE 技术研究了混合细菌浸出三种硫化矿体系中的微生物群落变化。在黄铁矿浸出体系中有嗜酸氧化亚铁硫杆菌（*A. ferrooxidans*）、嗜酸氧化硫硫杆菌（*A. thiooxidans*）、喜温嗜酸硫杆菌（*A. caldus*）、氧化亚铁钩端螺旋菌（*L. ferrooxidans*）生长，其中浸出前期 *A. ferrooxidans* 和 *A. thiooxidans* 为主要菌群，后期则以 *A. ferrooxidans* 为优势菌株，同时有少量 *L. ferrooxidans*。在黄铜矿浸出体系中，仅检测到 *A. thiooxidans* 的存在。在铁闪锌矿浸出体系中，检测到了 *A. ferrooxidans*、*A. thiooxidans*、*A. caldus*、*S. thermosulfidooxidans* 的存在，浸出前期 *A. thiooxidans* 和 *A. caldus* 是主要菌群，中后期则 *A. ferrooxidans* 取代了 *A. thiooxidans*，与 *A. caldus* 一起成为优势菌群，后期还检测到少量 *S. thermosulfidooxidans* 的存在。混合菌浸出铁闪锌矿时，35 ℃时的浸出效果优于 30 ℃，铁氧化细菌和硫氧化细菌混合浸出效率高于单一菌株的浸出效率。

8.1.2.4 PCR-SSCP 技术

A PCR-SSCP 技术的原理

PCR-SSCP（单链构象多态性分析）是一种以 PCR 为基础，基于 DNA 构象差别而进行快速、灵敏、有效检测基因点突变的方法。其基本原理是经 PCR 扩增的 DNA 片段在变性剂或低离子浓度下，经高温处理使之解链并保持在单链状态下，DNA 单链可折叠成一定空间构象，在不含变性剂的中性聚丙烯酰胺凝胶中电泳时，相同长度 DNA 单链因为碱基序列不同，甚至单个碱基不同，导致形成的构象不同，而且单链 DNA 构象的变化很可能引起迁移率的改变，每条单链处于一定的位置，靶 DNA 中若发生碱基缺失、插入或单个碱基置换时，就会出现泳动变位，通过显色或显影后在凝胶上就会显示出带型的差别，即多态性。

B PCR-SSCP 技术操作步骤

PCR-SSCP 技术的操作流程为：PCR 扩增靶 DNA；将特异的 PCR 产物变性；而后迅速冰浴，使之成为具有一定空间结构的单链 DNA 分子；将适量的单链 DNA 进行非变性聚丙烯酰胺凝胶电泳；最后通过放射性自显影、银染或溴化乙啶显色分析结果。若发现单链 DNA 带迁移率与正常对照的相比发生改变，就可以判定该链构象发生改变，进而推断该 DNA 片段中有碱基突变。

C PCR-SSCP 技术在微生物冶金中的应用

Foucher 等人应用 SSCP 技术研究了含钴黄铁矿柱浸和搅拌罐浸出过程中的种群演化规律。在实验的第一阶段，浸出液中优势菌为 *A. caldus*，之后被 *L. ferrooxidans* 代替。吸附在矿石上的优势菌始终是 *L. ferrooxidans*。*S. thermosulfidooxidans* 不是很恒定，似乎在柱浸时生长更好。

8.1.2.5 荧光原位杂交

A 荧光原位杂交技术的原理

荧光原位杂交（fluorescence in situ hybridization，FISH）技术的基本原理为：将核糖体内长度集中且高度保守的 16S rRNA 序列作为基因分类靶序列，然后根据这个序列的保守性、特异性来设计寡核苷酸探针，根据碱基互补配对原则，将带有荧光物质的探针与目标 DNA 结合，形成核酸探针和靶 DNA 的杂交体。最后，在一定激发波长的荧光显微镜下观察，对被检测的 DNA 进行定位、定性和定量的分析。用这一方法，可以避免细菌的培养，清楚并方便地观察到样品中细菌的细胞数量和空间位置，而且可以利用不同的寡核苷酸探针，同时对不同类群的细菌在细胞水平上进行原位的定性定量分析和空间位置识别。

根据已知微生物不同分类级别上种群特异的 DNA 序列，利用荧光标记的特异寡聚核苷酸片段作为探针，与环境基因组中 DNA 分子杂交，检测该特异微生物种群的存在与丰度。FISH 的特点是，可以进行样品的原位杂交，应用于环境中特定微生物种群鉴定、种群数量分析及特异微生物跟踪检测，是微生物分子生态学领域应用比较广泛的方法之一。FISH 不需要对目标基因进行扩增，可以避免由于扩增产生的误差，但有时目标类群的目标基因序列并非完全相同，而是有亚类群之间的差异，结果所设计的探针 DNA 序列与某些亚类群的目标基因互补性较差，从而导致对该类群的估计过低。此外，FISH 只能用来检测事先估计到其存在、已知其目标基因序列，并已设计好引物的类群。

B 荧光原位杂交的操作步骤

FISH 的操作步骤包括：载玻片涂层处理、样品固定、脱水、杂交、冲洗、镜检。

C 荧光原位杂交技术在微生物冶金中的应用

FISH 技术应用在微生物冶金中的报道不多见。Bond 等人应用 FISH 技术研究了美国 Richmond 矿酸性矿坑水中的微生物群落，结果表明，在极低 pH 值和高离子强度的地方，铁质菌属（*Ferroplasma* spp.）为优势菌。在许多矿泥中检测到钩端螺菌属（*Leptospirillum* spp.），硫化杆菌属（*Sulfolobus* spp.）在温度较高的地方是优势菌。Edwards 等人利用 FISH 技术分析得出，酸性矿坑水环境中微生物数量随季节和环境条件的变化而变化。荧光原位杂交技术在基因水平上发展了检测菌株浸矿性能和定量分析浸矿微生物群落组成与功能的新方法，可以动态、实时监控生物浸出过程中细菌种群和数量的变化，从而为确定优势种群提供依据，能筛选高效浸矿菌株和优化调控种群组合，达到显著提高硫化矿微生物浸出速率和浸出率的目的。

8.1.3 基因芯片技术

8.1.3.1 基因芯片的原理

基因芯片（microarrays）是近年来兴起的一种强大基因技术，由编码各种在不同生物化学循环过程中发挥重要作用的关键酶，以及其他重要代谢功能的基因序列组成的基因芯片即称为功能基因芯片（FGAs）。功能基因芯片具有高通量、平行化、微量化、自动化、低成本的特征，它的出现给微生物湿法冶金的研究带来了极大突破。功能基因芯片对于检测微生物种群和群落的功能活动和生理状况发挥着重要作用。它通常建立在一组已知序列的催化生化反应的关键酶基因上，这些基因有的与研究对象有确定关系，有的与研究对象的关系有待考证。用于环境微生物中的功能基因芯片包含了地球生物化学过程，如 C、N、P、S 等元素循环，有机污染物降解，金属的还原、氧化及抗性相关的关键基因。由于芯片涉及的过程大都是地球化学过程，所以功能基因芯片又称为 Geo Chip。目前它有 4 个版本，分别为 Geo Chip 2.0、Geo Chip 3.0、Geo Chip 4.0、Geo Chip 5.0。

基因芯片是基于核酸互补杂交原理研制的。在固相基质上高度集成成千上万个呈网络状密集排列的基因探针，形成微矩阵，待测样品通过与芯片中已知碱基顺序的片段互补杂交，从而确定样品中是否含有与该探针互补的片段，利用基因芯片可以对基因的表达量及其特性进行分析。

8.1.3.2 基因芯片技术的操作步骤

基因芯片技术的操作步骤为：

（1）芯片制备。目前制备芯片主要以玻璃片或硅片为载体，采用原位合成和微矩阵的方法将寡核苷酸片段或 cDNA 片段作为探针按已知顺序排列到载体上。

（2）样品制备。生物样品往往是比较复杂的生物分子混合体，有时样品量很少，因此，样品必须进行提取、纯化和扩增，之后用荧光标记扩增后的产物。

（3）杂交反应。杂交反应利用荧光标记的样品与芯片上的探针在一定杂交温度下进行一定时间的互补杂交。选择合适的反应条件能使生物分子间反应处于最佳状况，减少生物分子之间的错配率。

（4）信号检测和结果分析。杂交反应后的芯片上各个反应点的荧光位置、荧光强度经过芯片扫描仪可以获得杂交的图像信息，然后通过相关软件分析，可以将图像信息转化为数据，可通过各种统计分析方法对所获得的数据进行分析。

基因芯片技术由于同时将大量探针固定于支持物上，所以可以一次性对样品的大量序列进行检测和分析，从而弥补了传统核酸印迹杂交等技术操作复杂、自动化程度低、操作序列数量少、检测效率低等不足。利用基因芯片技术研究环境基因组，可以了解环境样品中微生物群落结构及其基因表达图谱和新的代谢途径，快捷地探测未知基因的功能，进而追踪一些能够高效表达或控制微生物群落重要功能的关键基因。目前基因芯片技术已经广泛地应用于未知群落分析与基因筛选领域中。

8.1.3.3 基因芯片技术在微生物冶金中的应用

美国橡树岭实验室 Gao H 等人采用 WCRA 技术将 RNA 扩增，是利用功能基因芯片技术检测自然环境中微生物群落活性的首次报道。刘毅等人采用功能基因芯片检测含低品位硫化铜新鲜培养基连续流加对 AMD 中微生物群落的影响，结果表明：存在于嗜铁钩端螺旋菌（*L. ferriphilum*）、喜温嗜酸硫杆菌（*A. caldus*）、硫化杆菌属（*Sulfobacillus* sp.）、嗜酸菌属（*Acidiphilum* sp.）和硫化叶菌属（*Sulfolobus* sp.）的功能基因表达量增加，而嗜酸氧化亚铁硫杆菌（*A. ferrooxidans*）、嗜热硫硫化杆菌（*S. thermosulfidooxidans*）和脂环酸芽孢杆菌属（*Alicyclobacillus* sp.）的功能基因表达量减少，从而证实了嗜铁钩端螺旋菌（*L. ferriphilum*）、喜温嗜酸硫杆菌（*A. caldus*）、硫化杆菌属（*Sulfobacillus* sp.）、嗜酸菌属（*Acidiphilum* sp.）和硫化叶菌属（*Sulfolobus* sp.）能同时氧化铁和硫的结论，同时说明了流加培养基不适于嗜酸氧化亚铁硫杆菌（*A. ferrooxidans*）、嗜热硫硫化杆菌（*S. thermosulfidooxidans*）和脂环酸芽孢杆菌属（*Alicyclobacillus* sp.）的生长。谢建平采用功能基因芯片分析了德兴、银山和永平 3 座铜矿的 5 个 AMD 样品的基因多样性、结构和代谢潜力。研究发现，这些微牛物群落功能基因组成差异较大。通过 Mantel 检验表明，AMD 中的微生物群落功能基因组成，可能在很大程度上受周围环境地球化学参量而不是空间距离的影响。S、Mg、Cu、Ni、Co、B 和 La 与微生物群落功能基因组成显著相关。功能基因和几个关键功能过程（如甲烷生成、氨化、反硝化、硫酸盐还原和有机物降解）与地球化学参量显著相关。以上研究结果表明，DNA 芯片技术在微生物全基因组的基因表达谱研究以及某特定代谢途径上特殊基因的研究等方面具有很大的潜力。

微生物学研究的难点是常常无法准确定性和直接定量地检测环境中可能存在的众多微生物种群。功能基因芯片的发展提供了更大的检测样本容量和更高灵敏度的技术平台，使研究者能够对微生物的许多遗传学特征进行检测。

8.1.4 高通量测序技术

8.1.4.1 高通量测序技术简介

高通量测序技术（high-throughput sequencing），又称第二代测序技术（next generation sequencing，NGS），是相对于传统的桑格测序（sanger sequencing）而言的。该测序方法具有通量高、数据量大、测序周期短、准确率高以及成本低等优点，在微生物生态学的研究中具有明显的优越性。

高通量测序技术的一般过程是将 DNA（或 cDNA）随机片段化，加上接头序列，制备用于上机测序的文库，通过对文库中数以万计的克隆（colony）进行延伸反应，检测对应的信号以获取序列信息，最终通过数据分析来挖掘序列汇总的科学问题。

目前高通量测序的主要平台代表有罗氏公司的 454 测序仪（Roch GS FLX sequencer）、Illumina 公司的 Solexa 基因组分析仪（Illumina genome analyzer）、ABI 的 SOLiD 测序仪（ABI SOLiD sequencer）和 Thermo Fisher Scientific 的 Ion Torrent 平台。

8.1.4.2　高通量测序技术在微生物冶金中的应用

Liu 和 Kuang 等人首次应用高通量测序技术分别对尾矿堆和 AMD 环境中微生物的群落结构进行了分析，探讨了微生物多样性与生物环境中地球化学参数之间的相关性。应用高通量测序技术对微生物物种和结构多样性研究，可以准确获得更多的信息，使研究者深入探明样品中微生物群落结构的多样性。

郝晓东等人采用高通量测序技术研究了温度对微生物浸出赞比亚低品位铜矿的效率和群落结构的影响。结果表明：在 30 ℃ 和 45 ℃ 浸出条件下，铜浸出率分别为 64.2% 和 69.4%，45 ℃条件下获得了较高铜浸出率。采用高通量 Illumina MiSeq 测序技术分析 30 ℃ 和 45 ℃浸出条件下微生物群落结构及其动态变化，当浸出温度为 30 ℃时，喜温嗜酸硫杆菌（*A. caldus*）和嗜酸菌属（*Acidiphilum* sp.）是主要浸矿菌；当浸出温度为 45 ℃时，硫化杆菌属（*Sulfobacillus* sp.）和喜温嗜酸硫杆菌（*A. caldus*）是优势种群。

虽然 NGS 有其优势，但是其本身存在一定的技术缺陷，例如只能读取几十个到几百个碱基长度的序列，这意味着需要更严格更复杂的序列拼接。测序结束后可以获得海量的数据量，但是其质量有待提高（有报道称 NGS 在序列拼接过程中错误率为 0.1%~15%）。除此之外，第二代测序建库过程中存在打断长片段 DNA 环节，建库涉及 PCR 扩增，会出现系统偏好性等问题。

8.2　光谱学分析测试方法

8.2.1　X 射线衍射

X 射线衍射（XRD）可以定性和定量地分析样品中的物相组成，是材料研究中常用的检测方法。值得注意的是，矿物浸出渣的组成复杂，而且有些产物的结晶不好或是无定形结构，因此采用 XRD 分析浸渣的组成时不易检测出这些产物，另外该方法灵敏度低，不能准确定量矿物表面生成的含量较少的中间产物和结晶不好的产物。

XRD 原理：当一束单色 X 射线照射到晶体上时，晶体中原子周围的电子受 X 射线周期变化的电场作用而振动，从而使每个电子都变为发射球面电磁波的次生波源。所发射球面波的频率与入射的 X 射线相一致。基于晶体结构的周期性，晶体中各个原子（原子上的电子）的散射波可相互干涉而叠加，称之为相干散射或衍射。X 射线在晶体中的衍射现象，实质上是大量原子散射波相互干涉的结果。每种晶体产生的衍射花样都反映出晶体内部的原子分布规律。

根据上述原理，某晶体的衍射花样最主要的特征有两个：一是衍射线在空间的分布规律；二是衍射线强度。其中，衍射线的分布规律由晶胞大小、形状和位向决定，衍射线强度则取决于原子种类和它们在晶胞中的位置。因此，不同晶体具备不同的衍射图谱。

8.2.2　X 射线光电子能谱

X 射线光电子能谱（XPS）是重要的表面分析技术，它由 X 射线源、样品台、电子能量分析器、电子探测和倍增器，数据处理与控制、真空系统组成。它不仅能检测表面的化学组成，而且可以确定各元素的化学状态。因此，它在化学、材料科学及表面科学中得以广泛应用。X 射线光电子能谱是瑞典 Uppsala 大学 K Siegbahn 及其同事经过近 20 年的潜心研究而建立的一种分析方法。他们发现了内层电子结合能的位移现象，解决了电子能量分析等技术问题，测定了元素周期表中各元素轨道结合能，并成功应用于许多实际的化学体系，K Siegbahn 因此获得了 1981 年诺贝尔奖。

XPS 检测原理：XPS 分析是一种研究物质表层元素组成与离子状态的表面分析技术，其基本原理是用单色射线照射样品，使样品中原子或分子的电子受激发射，然后测量这些电子的能量分布。通过与已知元素的原子或离子的不同壳层电子的能量比较，就可以确定未知样品表层中原子或离子的组成和状态。

由于样品在制备过程中外界条件不可能完全均匀一致，因而对于同一元素可能存在不同的化学态，而各化学态产生的峰又有可能相互重叠，这样就对定性、定量分析带来了不便，因而在进行数据分析时需要对可能存在重叠的峰进行分峰处理，目前有很多数据处理软件可以进行分峰计算，其原理都是利用高斯-洛伦兹函数。目前可用于 XPS 数据分峰处理计算的软件有 XPS Peak、Avantage、Multipak、CASA XPS 等。

除了 XRD 和 XPS，拉曼光谱和傅里叶变换红外光谱（FTIR）也偶尔用于微生物浸出过程中产物的分析。

8.3 同步辐射技术

所谓同步辐射，是带电粒子在磁场作用下以接近光速的速度做曲线运动时沿轨道的切线方向产生的电磁辐射。由于这种电磁辐射第一次被观测到是在电子同步加速器上，所以人们将其称为同步辐射。随着同步辐射技术的发展，越来越多同步辐射技术延伸出来了表征方法，比如：同步辐射 XPS、同步辐射 XRD 和 X 射线近边吸收精细结构谱等，它们已广泛应用于湿法冶金过程中动力学和相变机制研究，并且取得了显著成就。

8.3.1 同步辐射光源的发展

迄今为止，同步辐射光源的建造已历经三代，并逐步向第四代发展。

第一代同步辐射光源，为兼用光。其电子储存环的设计主要是为了高能物理实验研究，从弯转磁铁引出同步辐射光为电子储存环的附加作用。

第二代同步辐射光源，为专用光。其电子储存环的设计专门是用于同步辐射光。

第三代同步辐射光源，其电子储存环优化了电子束发射度和插件的大量使用。第三代同步辐射光的亮度相比第二代同步辐射光源有大幅度的提高，采用波荡器等插件也可以获得亮度强、部分相干的准单色光。

近年来，自由电子激光技术在电子储存环中的应用推动了第四代同步辐射光源的发展。第四代同步辐射光源具有以下特征：亮度高，比第三代同步辐射光源高至少两个数量级；相干性好，空间全相干性，时间上也有一定的相干性；光脉冲长度可达到 fs 量级（1 s 的千万亿分之一）；稳定性强，可满足多用户。

我国目前投入运行的同步辐射光源装置为北京同步辐射装置（BSRF，Beijing synchrotron radiation facility，中国科学院高能物理研究所）、上海光源（SSRF，Shanghai synchrotron radiation facility，中国科学院上海应用物理研究所）、合肥同步辐射装置

（HLS，Hefei light source，中国科学技术大学）、兰州重离子研究装置（HIRFL，heavy ion research facility of Lanzhou，中国科学院近代物理研究所），主要应用的方法包括 X 射线发射、X 射线吸收、X 射线衍射、软 X 射线成像。同步辐射光源装置如图 8-4 所示。

(a) (b)

图 8-4 同步辐射光源装置
（a）北京同步辐射装置；（b）上海光源

8.3.2 同步辐射光源的优良特性

与常规光源相比，同步辐射光源具有以下优良特性：

（1）高亮度。同步辐射光源的高强度主要表现在其具有极高的亮度。同步辐射光源高亮度的特征物理量是光子通量，光子/（s·mrad·mm^2·0.1% bw）。第二代同步辐射光源的光通量数量级达 10^{15} ~ 10^{16}，第三代的光通量数量级可达 10^{17} ~ 10^{20}，第四代的光通量数量级高于 10^{22}。

（2）频谱分布广阔连续。同步辐射光源的频谱区域囊括了从红外、可见、紫外、真空紫外、软 X 射线到硬 X 射线的波长范围，几乎涵盖了全部的测试和科学研究所采用的光源。

（3）高度偏振。同步辐射光源在电子运动方向的瞬间轨道平面具有 100% 偏振的电场矢量，涉及所有角度和波长积分约 75% 的偏振。

（4）高准直性。同步辐射光束具有与激光相似的平行性。同步辐射光随能量的提高会表现出更好的平行性。

（5）高相干性。从同步辐射的波荡器插件获得的同步辐射光与自由电子激光的相干性较好。

正是因为同步辐射光源具有以上这些其他光源无法比拟的优良特性，所以应用同步辐射技术可以进行其他光源无法进行的科学研究。

8.3.3 同步辐射 XRD

X 射线衍射技术是研究晶体结构的最重要手段之一。电磁波入射到晶体中时，晶体中原子会对其散射，每个原子发出的散射波可以看成球面波，原子中心可看成球面波的球心。因为晶体中每一个原子都具有周期性排列的特征，所以这些散射球面波之间的相位关系是固定的，从而使得某些散射球面波相互加强，而在某些方向上相互抵消，最终出现衍射现象。每种晶体内部的原子排列方式是独一无二的，因此对应的衍射花样也是独一无二的，因此可以进行物相分析。其中，晶胞形状、尺寸以及位置决定衍射峰分布，原子的种类及其在晶胞中的位置决定衍射峰强度。

与常规 XRD 相比，同步辐射 XRD（S-XRD）具有如下优势：

（1）具有较高的衍射强度和较快的数据收集速度。同步辐射 XRD 强度比传统 X 射线衍射强度高 $10^4 \sim 10^{12}$ 倍，计数速率比其快 10^6 倍，可以满足原位在线 X 射线衍射试验数据收集的要求，因此在化学反应、结构动力学以及相变的原位在线研究中有很大的应用潜力。

（2）分辨率高、波长选择性好。与常规 XRD 相比，同步辐射 XRD 图谱衍射峰窄，分辨率和信噪比高，因此可用于分析微量物相。

（3）谱图完整。

（4）具有反射和透射两种模式。

同步辐射 XRD，作为一种极具前景的研究手段，可以让我们对矿物的溶解机制有一个更深层次的理解，有助于提高我们对湿法冶金过程的认识。Majuste 等人总结了近年来同步辐射原位 XRD 在湿法冶金研究中的应用进展，同时采用同步辐射时间分辨 XRD 对黄铜矿在低温和高温条件下的溶解过程进行了研究，结果表明：25 ℃（流动模式），黄铜矿相变未检测到，证实了黄铜矿的难溶特性；100 ~ 200 ℃（非流动模式），黄铜矿表面有 CuS、单质 S 和硫酸盐生成。另外，将同步辐射 XRD 和其他表面检测手段相结合，可以解释一些矿物溶解过程中采用常规检测手段无法解释的问题，从而有助于更加全面深刻地理解矿物的溶解机制。

同步辐射线站的 X 射线光束能量通常与普通 XRD 不同，因此需要在得到数据后根据能量进行 θ 的换算，才可在 Jade 等分析软件中进行谱图分析。

8.3.4 X 射线吸收近边结构谱

X 射线吸收近边结构（X-ray absorption near edge structure，XANES），又称近边 X 射线吸收精细结构（near-edge X-ray absorption fine structure，NEXAFS）。在 X 射线吸收谱中阈值之上 50 eV 以内低能区的谱出现强的吸收特性，称为吸收近边结构。XANES 的产生是由于激发的光电子受到周围环境的多次散射。XANES 只决定于短程有序的作用，通过 XANES 分析，不仅可以获得围绕吸收原子周围的局域原子团的原子几何配置信息，还能得到 Fermi 能级以上低位的电子态结构。

XANES 和扩展精细结构（extended X-ray absorption fine structure，EXAFS）共同组成了 X 射线吸收精细结构（X-ray absorption fine structure，XAFS）。在硬 X 射线波段，由价电子引起的吸收较小，主要是内壳层电子引起的吸收。内壳层吸收谱在吸收边附近存在尖锐的吸收峰近边结构；在高能量侧便显出较弱的扩展精细结构。而对于软 X 射线与中能波段，由于能量较低不足以引起外层电子的激发，只存在内壳层吸收谱。XAFS 谱图能量划分如图 8-5 所示。

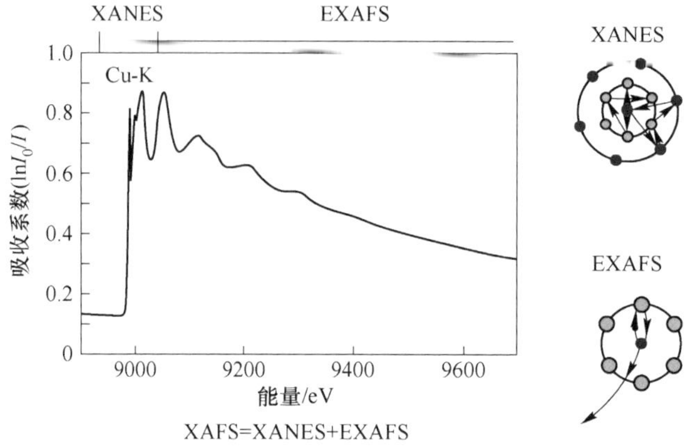

图 8-5 XAFS 谱图能量划分

中南大学夏金兰老师课题组开展了大量基于同步辐射技术的微生物冶金方面的研究，首次在国内综合采用硫、铜和铁元素的 XANES 分析了黄铁矿和黄铜矿等硫化矿微生物浸出过程中间产物的形态变化，并通过基于同步辐射的 X 射线衍射谱证实了这些产物的存在，为阐明硫化矿的微生物浸出机理提供了部分基础数据。

8.3.5 扫描透射 X 射线显微镜

扫描透射 X 射线显微镜技术（STXM）将高空间分辨率（优于 30 nm）和吸收近边结构谱学的高化学态分辨能力相结合，可以在亚微米尺度上研究固体、液体、软物质（如水凝胶）等多种形态物质的特性。因此，STXM 技术与其他技术相比具有独特的优越性，其应用研究已渗透到材料、环境、生物、有机地球化学、陨星等众多学科领域。

STXM 对样品制备有一定要求，它的测量信号与样品厚度、密度和结构密切相关。样品的厚度要求在几微米。(1) 如果是粉末样品，粉末样品的颗粒粒径要尽量小于 5 μm，且粒径均匀；粉末样品可撒在氮化硅窗（厚度 100 nm）上或者铜网上，将带有样品的氮化硅窗或铜网粘在样品支架上。(2) 如果是细胞、组织等的切片，要求样品厚度小于 2 μm，厚度均匀，可用树脂或石蜡包埋后切片或者冷冻后切片；样品切片可置于铜网上，铜网孔径要大于所要观察的细胞或组织结构的尺寸。将带有样品铜网粘到样品支架上。(3) 准备好和所测元素价态相同的标准样品，作为参考。(4) 如果是液体样品，取 1 ~ 3 μL 液体滴加到氮化硅窗上，迅速将另一个氮化硅窗盖到液体的上面，用真空胶（固化时间 1.5 h）或真空脂封好。制备好后，必须通过光学显微镜进行观察，合格样品可以看到干涉条纹。

在实际分析过程中，由于实验线站的能量范围与元素灵敏度的限制，需要将待测元素通过化学方法进行选择性标记和转化，再对标记和转化后的元素进行测定。如图 8-6 所示，夏金兰等人利用 STXM 成像技术对典型浸矿菌胞外蛋白质巯基原位显微表征时，因为硫不适于在软 X 射线能量段进行检测，所以利用钙离子对细胞样品表面的巯基进行选择性特异标记，通过对特异性标记的钙元素进行双能衬度成像，确定细胞样品上钙元素的面密度与分布，以间接反映细胞表面巯基的分布情况。

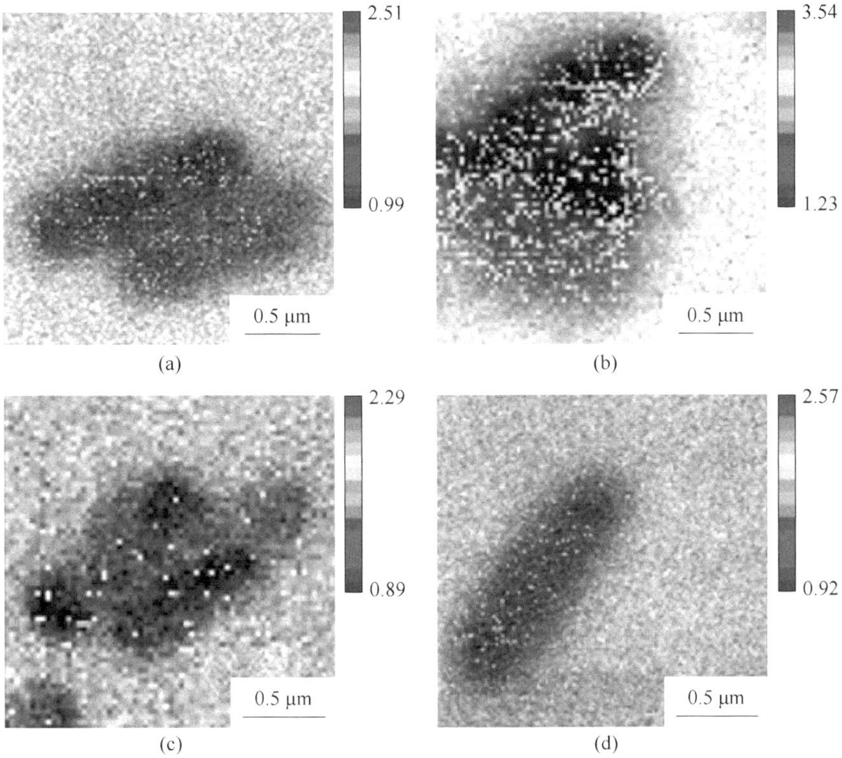

图 8-6 *A. ferrooxidans* 分别在 S^0(a)(b)和 Fe^{2+}(c)(d)中生长时细胞经过钙离子特异性标记前后钙元素的 STXM 图

(a)(c) 未做 Ca 标记的 Fe 和 S 培养的菌样品对照；(b)(d) 经过 Ca 标记的 Fe 和 S 培养的菌样品

8.3.6 基于同步辐射的 X 射线荧光技术

X 射线是物质吸收光以后，在释放其能量的过程中，外壳层的电子跃迁到被激发产生的内壳层电子空穴时产生的特征 X 射线，具有各元素特有的能量。由于同步辐射光源的高亮度和高分辨率，有利于针对微生物-矿物相互作用过程中，矿物或者细胞表面的微区微量元素进行定性、定量和分布分析。试验样品可以是粉末、薄膜或晶体。将样品黏附固定在载玻片后，将载玻片放在样品台上，测试选定区域（$(41\times41)\ \mu m^2$）元素的荧光强度，结合微区扫描（光斑面积为 $(1\times1)\ \mu m^2$，光斑步移为 1 μm，每个点停留时间为 2 s）可对样品进行较大区域的元素 mapping 分析，将采集的荧光强度采用入射光 I_0 和采集时间进行归一化处理。采集的数据用 Igor Pro 软件（WaveMetrics，USA）进行分析和格式转化后，再用 SPSS 软件进行统计学分析。基于同步辐射的 X 射线荧光技术（μ-XRF）可作为 STXM 的辅助手段，对细胞表面元素和分布情况进行定量分析。例如，在通过 STXM 对单细胞样品表面特异性钙分布分析的基础上，在硬 X 射线微束线站利用 μ-XRF 对大量细胞表面标记的钙的含量进行分析，能够有效比较分析 Fe^{2+}/S^0 培养的细胞样品的巯基含量差异，如图 8-7 所示。

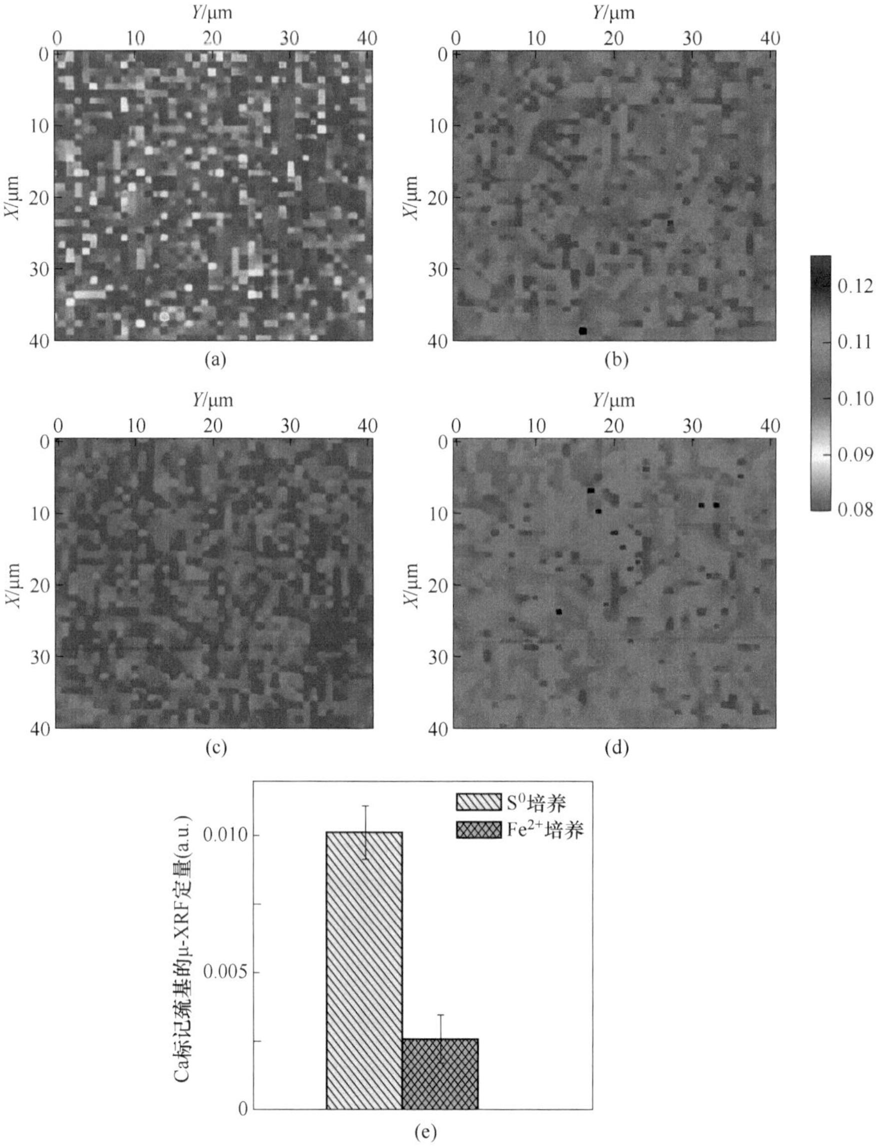

图 8-7 基于 μ-XRF 的 S^0(a)(b)和 Fe^{2+}(c)(d)培养的 *A. ferrooxidans* 细胞表面巯基含量差异性分析
(a)(c) 未做 Ca 标记的 Fe 和 S 培养的菌样品对照；(b)(d) 经过 Ca 标记的 Fe 和 S 培养的菌样品；
(e) 巯基含量的统计学分析

8.4 其他辅助分析方法

8.4.1 显微镜检方法

8.4.1.1 SEM/SEM-EDS

扫描电子显微镜（scanning electron microscope，SEM）是 1965 年发明的细胞生物学研

究工具，主要是利用二次电子信号成像来观察表面形貌，即用极狭窄的电子束去扫描样品，通过电子束与样品的相互作用产生各种效应，其中主要是样品的二次电子发射。二次电子能够产生样品表面放大的形貌像，这个像是在样品被扫描时按时序建立起来的，即使用逐点成像的方法获得放大像。它也是介于透射电镜和光学显微镜之间的一种微观形貌观察手段，可直接利用样品表面材料的物质性能进行微观成像。扫描电子显微镜的优点有三个方面。（1）有较高的放大倍数，20～20 万倍连续可调；（2）有很大的景深，视野大，成像富有立体感，可直接观察各种试样凹凸不平表面的细微结构；（3）试样制备简单。

目前的扫描电子显微镜都配有 X 射线能谱仪装置，这样可以同时进行显微组织形貌的观察和微区成分分析，因此它是当今十分有用的科学研究仪器。在研究微生物-矿物相互作用过程中，它常常与能谱仪（energy dispersive spectrometer，EDS）联用观察微生物与矿物的形貌以及微生物在矿物表面的吸附行为，分析矿物微区成分元素种类与含量。

8.4.1.2 TEM/TEM-EDS

透射电子显微镜（transmission electron microscope，TEM）是分析亚显微结构或者超微结构的重要手段。通常 TEM 的分辨率可达 0.2 nm，广泛应用于材料科学、生物学研究。由于电子易散射或被物体吸收，穿透力低，样品的密度、厚度等都会影响最后的成像质量，需要将待测样品制备成 50～100 nm 的超薄切片。常用的方法有：超薄切片法、冷冻超薄切片法、冷冻蚀刻法、冷冻断裂法等。对于液体样品，通常是挂在预处理过的铜网上进行观察。

用 TEM 观察常见的流程分为三步。（1）收集细胞。培养液用滤纸（孔径 10 μm）过滤除掉悬浮颗粒。滤液中细胞通过离心 20 min 收集，转速 10000 r/min，然后利用 CS_2 冲洗菌泥三次，尽量除掉细胞可能吸附的颗粒，然后采用 10000 r/min 离心 20 min 收集细菌。（2）细胞固定。获取细胞样品用灭菌的基本盐培养基悬浮后加入 25% 戊二醛固定细胞。（3）切片、染色、挂网及测定。按照透射电子显微镜样品制备基本流程对样品用 OsO_4 固定，脱水，包埋，切片，然后用柠檬酸铅和乙酸铀染色，最后捞铜网，将样品沉积在包裹有机碳膜的铜网上进行测试。在研究微生物-矿物相互作用时，可以利用 TEM 观察细胞亚显微结构，结合 EDS 分析胞内物质元素组成分布。

8.4.1.3 荧光显微镜

荧光显微镜（fluorescent microscope）以紫外光为光源，用以照射被检物体，使之发出荧光，然后在显微镜下观察物体的形状及其所在位置。荧光显微镜用于研究细胞内物质的吸收、运输、化学物质的分布及定位等。细胞中有些物质，如叶绿素等，受紫外光照射后可发出荧光；另有一些物质本身虽不能发荧光，但如果用荧光染料或荧光抗体染色后，经紫外光照射亦可发荧光，可用来观察微生物在矿物表面的吸附行为。例如，研究微生物在矿片的吸附分布时，将进行吸附实验后的矿片在三个装有 9K 培养基的烧杯中轻蘸后再放入去离子水中轻蘸 5 s 取出，以去除矿片表面未吸附的细菌，再进行微生物细胞的荧光标记，即将微生物吸附后的矿片首先用磷酸盐缓冲液（PBS）浸没，再滴入一定量的 DAPI（4,6-二脒基-2-苯基吲哚）荧光染料，摇匀后置于暗处反应 10 min，之后将液体吸出，重复操作一次，最后用 PBS 再浸泡 10 min 洗去多余染料。避光保存后进行荧光显微镜分析。

8.4.1.4　原子力显微镜

原子力显微镜（atomic force microscopy，AFM）自1986年发明。由于其具有独特的高分辨成像能力，观察样品不受样品导电性限制，可在大气、真空及液体环境下进行成像观察等优点，在生物医学、高分子材料、导电和绝缘表面的原子级分辨、操作分子及原子等领域发展迅速。原子力显微镜不仅可给出样品表面微观形貌的直观的三维结构信息，还可探测样品表面或界面在纳米尺度上表现出来的物理、化学性质，如样品的表面硬度、黏弹性（黏附力）、摩擦学性质、磁畴分布及表面电荷等。原子力显微镜还可直接记录溶液体系中液-固界面上的一些生物或化学反应的动态变化过程，研究测定各种相互作用力，如胶体颗粒间DLVO作用力、蛋白质膜及生物细胞的黏附力、蛋白质分子间及分子内作用力，如配体-受体相互作用以及免疫抗原-抗体间相互作用等、化学基团间的专属作用力、细菌表面电荷及静电力作用等。AFM系统通常由探针、信号检测系统、反馈控制系统、扫描系统和信息采集与处理系统五个主要部分构成。

A　AFM测定原理

（1）形貌测定：将一个对微弱力极敏感的微悬臂一端固定，另一端有一微小的针尖，针尖与样品表面轻轻接触，由于针尖尖端原子与样品表面原子间存在极微弱的排斥力，在扫描时控制这种力的恒定，带有针尖的微悬臂将对应于针尖与样品表面原子间作用力的等位面，在垂直于样品表面的方向上起伏运动。利用光学检测法或隧道电流检测法，可测得微悬臂对应于扫描各点的位置变化，从而可以获得样品表面的形貌信息。

（2）力学测定：AFM力学测量的基础是获得探针和样品相互作用过程中的力曲线。力曲线记录了探针和样品在完成一次相互作用过程中的作用力大小的变化。具体来说，AFM测量时，针尖相对于样品在垂直方向往复运动，系统记录下在探针靠近样品表面和从样品表面回退过程中探针微悬臂的弯曲方向和弯曲程度的变化量，再根据胡克定律将这一变化转化为力值（力F的大小等于探针的弹性常数k与悬臂弯曲变化量d的乘积，$F=-kd$）随距离变化的曲线，就得到测量过程中的力曲线。

B　AFM在微生物冶金中的应用

李芊等人借助AFM与扩展DLVO理论，研究了三种中温浸矿菌即*A. ferrooxidans*、*A. thiooxidans*、*L. ferrooxidans*浸出黄铜矿时，三株细菌EPS缺损前后与黄铜矿间的相互作用力的差异，揭示了浸矿菌对黄铜矿表面的最初吸附力取决于细菌的表面性质，即细菌表面的疏水性、电性电量以及菌体表面的粗糙程度；而浸矿菌EPS缺失后，细菌对矿物的吸附力大为减小，说明EPS在介导细菌吸附过程中起着至关重要的作用。而且，三种浸矿菌在黄铜矿表面2 h内的最初吸附数量与细菌对黄铜矿的最初吸附力呈正相关关系；浸矿菌在黄铜矿表面的不可逆吸附数量与细菌对黄铜矿的浸出效率也呈正相关关系。

8.4.2　Zeta电位测定方法

颗粒表面由于晶格缺陷往往微区带电离子裸露，使颗粒表面带有电荷，并吸附周围带有相反电性的离子，这些被吸附的反电性离子就在两相界面呈扩散状分布并形成扩散双电层。接近粒子表面的离子将会被牢固吸附，较远的则结合较为松散，形成扩散层。当颗粒在液体中运动时，会带动扩散层边界的离子一起运动，扩散层外的离子停留在原处，并与运动离子因距离而产生电位，此电位即 Zeta 电位。当微生物在不同矿物表面接触吸附并形成生物膜后，导致细胞表面带电性质发生差异变化，这种变化可以通过分析矿物-生物膜表面 Zeta 电位进行研究。不同能源培养的高温菌 *A. manaensis* 菌和中温菌 *L. ferriphilum* 菌、*A. thiooxidans* 菌的 Zeta 电位与 pH 值的关系如图 8-8 所示。由图 8-8 可知，Fe^{2+} 离子培养的 *L. ferriphilum* 菌的等电点大约在 2.0，黄铜矿驯化的 *L. ferriphilum* 菌及硫培养的 *A. manaensis* 菌和 *A. thiooxidans* 的等电点均在 3.5 左右。细菌的 Zeta 电位与培养的能源物质有密切关系。在适合细菌生长的酸性 pH 值范围内，Fe^{2+} 离子中生长的 *L. ferriphilum* 菌表面荷负电，其余几种在固体能源物质中培养的细菌表面均荷正电。

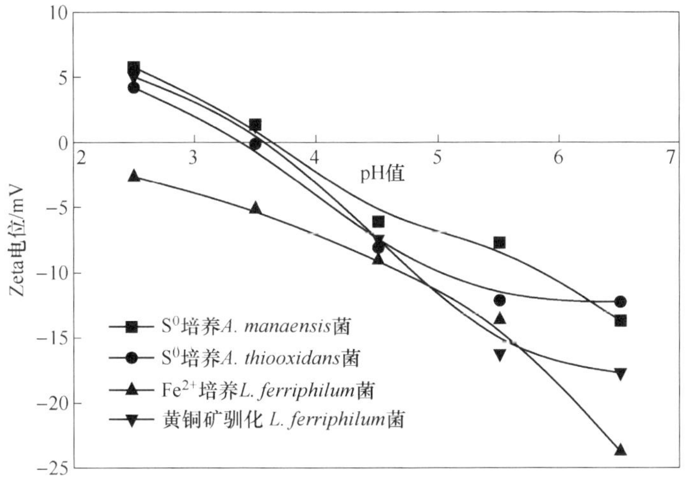

图 8-8 *A. manaensis* 菌、*L. ferriphilum* 菌与 *A. thiooxidans* 菌的 Zeta 电位

8.4.3 电化学分析方法

大多数硫化矿都具有半导体性质。在矿物的成矿过程中，由于矿物晶格缺陷，或者发生离子取代现象，矿物的导电能力增强。在硫化矿微生物浸出过程中，矿物表面会形成许多微小的原电池，发生一系列电化学反应，因此，可利用电化学分析技术研究微生物-矿物表界面行为，揭示微生物-矿物作用过程的机理。主要的电化学分析技术包括循环伏安法（cyclic voltammetry，CV）、塔菲尔（Tafel）曲线法、电化学阻抗法（electrochemical impedance spectroscopy，EIS）等。

在电化学分析前，需要对矿物样品预处理并制作成工作电极：研磨成粉末，与石墨粉、石蜡等混合均匀压制成矿片，制备成工作电极，或者将矿物切割成片并抛光处理后制作成工作电极。然后将工作电极与参比电极和辅助电极组成三电极电化学反应体系，其中参比电极通常为饱和甘汞电极（saturated calomel electrode，SCE）或者银-氯化银电极（Ag/AgCl），并通过盐桥装置与电解液隔离，以防止参比电极泄漏造成的污染；辅助电极通常为铂片或者石墨棒。电化学反应池的外部常配有水浴夹套用于控制温度（化学反应速率受温度影响很大），以及进气管和出气管用于特殊用途（氮气环境，排除气体等）。

8.4.3.1 循环伏安曲线

循环伏安曲线是常用的电化学测试方法，通过对工作电极与辅助电极施加循环变化的电压，并检测工作电极上电流信号的变化，得到工作电极上电流与电压的关系变化曲线，即循环伏安曲线。硫化矿的化学和生物氧化溶解过程是一个复杂、多步的化学反应，涉及一系列中间产物的生成和转化。通过循环伏安曲线可以反馈微生物与矿物相互作用过程中发生的氧化和还原反应，从而揭示矿物溶解过程中间反应的发生及中间产物的生成。

以黄铜矿溶解过程的循环伏安法研究为例，它的一般策略为：(1) 较大范围内改变工作电极电压，观察工作电极上的电流变化来原位表征不同电位下矿片表面发生的氧化还原反应；(2) 利用相关物质的 E-pH 值图对结果进行分析，初步确认电极表面物质的组成及中间产物的种类；(3) 结合浸出过程及表面产物分析，进一步揭示黄铜矿的浸出机理。

胡可婷研究了不同温度下黄铜矿电极的循环伏安曲线，结果如图 8-9 所示。由图 8-9 可知，在 30 ℃、40 ℃和 65 ℃三种不同温度下，正向扫描中黄铜矿的氧化曲线均出现了 7 个阳极峰：A1，A2，A3，A4，A5，A6 和 A7，同时还原曲线出现了 4 个还原峰：C1，C2，C3 和 C4；反向扫描的循环伏安曲线中均出现了 C2，C3 和 C4 3 个还原峰，A1′，A2′，A3，A4，A5，A6 和 A7 7 个氧化峰。可见不同温度下，黄铜矿的循环伏安曲线形状相似，黄铜矿在不同温度下的溶解机理没有改变。但是反应峰的位置和大小存在差异，反应进行的难易和快慢不同。

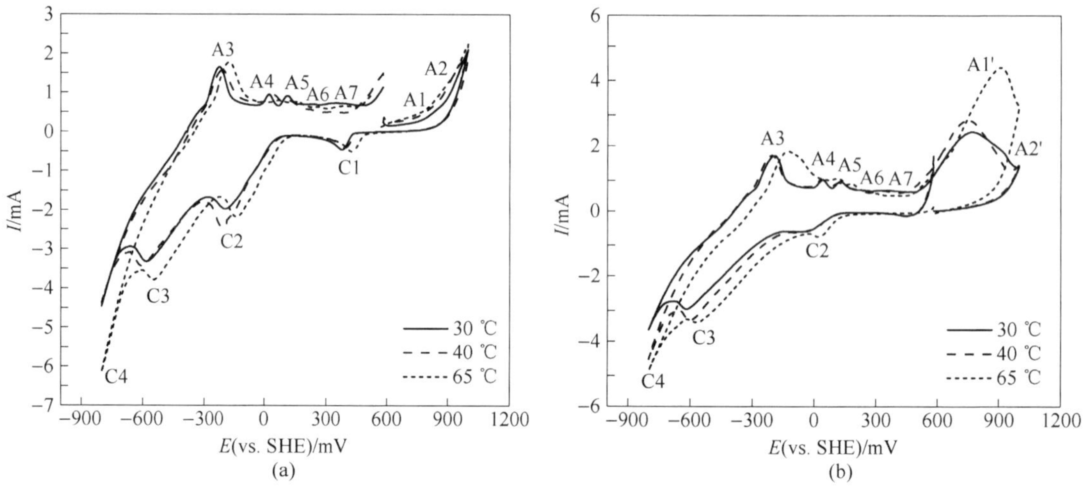

图 8-9 不同温度下黄铜矿的循环伏安曲线

(a) OCP→1000 mV→－800 mV→OCP；(b) OCP→－800 mV→1000 mV→OCP

8.4.3.2 Tafel 曲线

Tafel 曲线法，即极化曲线法，是根据稳态极化曲线对电极的反应动力学参数进行测定的一种方法。这种方法通过对测试体系施加一定范围的电压，获得电流与电压之间的变化关系。在进行极化曲线测试时，需要控制扫描速度足够慢，使工作电极的表面处于稳定状态，从而获得电流随电压的响应为稳态极化曲线。由于极化曲线和循环伏安曲线的电流响应是不同的，两者在电化学测试中有着不同的应用。

电极的极化区一般分为强极化区和弱极化区。与弱极化区相比，强极化区具有更大的实际意义，强极化区称为 Tafel 区，其中极化电压和极化电流之间的关系符合 Tafel 关系。通过拟合阴极和阳极去 Tafel 区的 Tafel 曲线，可在短时间内绘出极化曲线并得到腐蚀电流密度（i_{corr}）、自腐蚀电位（E_{corr}）和极化电阻（R_p），即作两条阴极和阳极 Tafel 曲线的切线，其交点的横坐标为 $\lg i_{corr}$，纵坐标为 E_{corr}，如图 8-10 所示。E_{corr}可以反映工作电极的热力学状态和表面状态，i_{corr}与反应速率成正比。

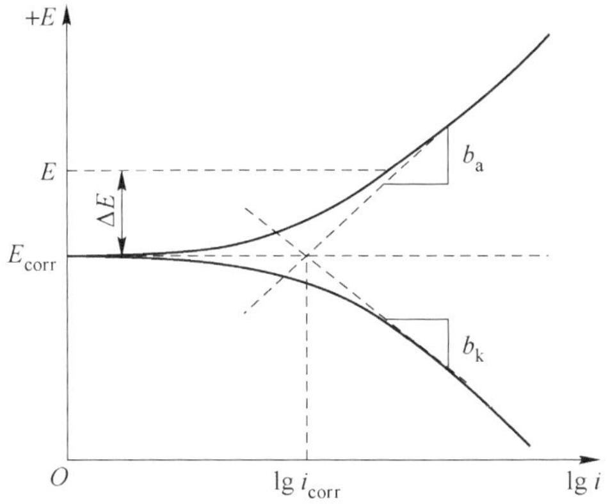

图 8-10 Tafel 曲线拟合求 E_{corr}和 i_{corr}的示意图

Tafel 曲线法可对不同条件下矿物表面发生腐蚀的氧化反应速率进行监测，在研究微生物-矿物相互作用过程中矿物表面的氧化特性及腐蚀动力学等方面具有非常重要的意义。图 8-11 是黄铜矿电极在无菌、*L. ferriphilum* 菌和 *A. manaensis* 菌溶液中的 Tafel 极化曲线，对应极化参数如表 8-2 所示。结合图表可知，无菌条件下，黄铜矿分解的腐蚀电流仅仅为 1.047 μA，而添加 *L. ferriphilum* 菌和 *A. manaensis* 菌后的溶液中，极化电流达到 23.92 μA 和 28.21 μA。可见微生物的加入明显促进了黄铜矿的分解，加速了浸出。另外，添加细

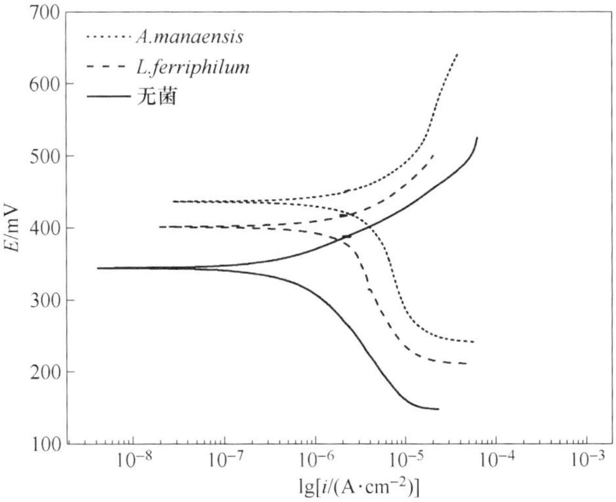

图 8-11 无菌、*L. ferriphilum* 菌和 *A. manaensis* 菌体系下黄铜矿电极的塔菲尔极化曲线

菌后，电极的腐蚀电位也明显增大，这是由于细菌的添加促进了矿物表面的反应，反应产生的 Fe^{3+} 离子等吸附在电极表面所导致的。

表 8-2 无菌、*L. ferriphilum* 菌和 *A. manaensis* 菌体系下黄铜矿电极塔菲尔极化参数

细菌种类	E_{corr}/mV	i_{corr}/($\mu A \cdot cm^{-2}$)
无菌	348.7	1.047
L. ferriphilum	404.5	23.92
A. manaensis	438.1	28.21

8.4.3.3 电化学阻抗法

电化学阻抗又称交流阻抗，通过控制电化学系统在电极上施加小振幅的电压（或电流）正弦波扰动信号，原位测量相应体系电流（或电势）随时间的变化，即可得到电化学阻抗谱，进一步计算相关参数可以获得丰富的电极-溶液界面电化学反应的相关信息，揭示相关体系的反应机理。当以小幅的电信号扰动体系时，所施加的扰动与体系的响应呈近似的线性关系。以电阻 R 和电容 C 构成电化学等效电路表示所研究的电极过程，交流阻抗技术通过研究阻抗和电容在交流电作用下的变化规律反映实验体系中发生的相关变化。

通过交流阻抗谱可以获取不同实验体系中矿物表面的界面结构信息和反应动力学相关信息等，可以用于分析黄铜矿微生物浸出过程中的钝化行为。郭玉武利用电化学阻抗技术研究了不同因素对黄铜矿浸出过程的影响，发现在无菌体系下，pH 值从 1.5 增大到 2.0 时，容抗弧半径有所增大，表明 pH = 1.5 比 pH = 2.0 时更有利于电极表面电子传递，电化学反应在低 pH 值条件下更易进行，且容抗弧形状基本相近，也说明 pH 值适当降低后，黄铜矿表面氧化机理未发生较大变化。当 pH 值增大到 3.0 时，容抗弧半径的急剧增大，表明该条件下黄铜矿表面电化学反应受到明显抑制。Fe^{3+} 的加入后，容抗弧半径显著减小，阻抗减小，表明 Fe^{3+} 可以促进电极表面电化学反应的发生，如图 8-12 所示。

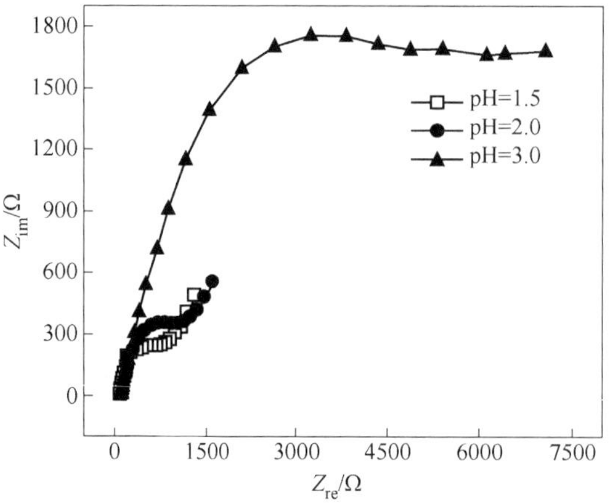

(a)

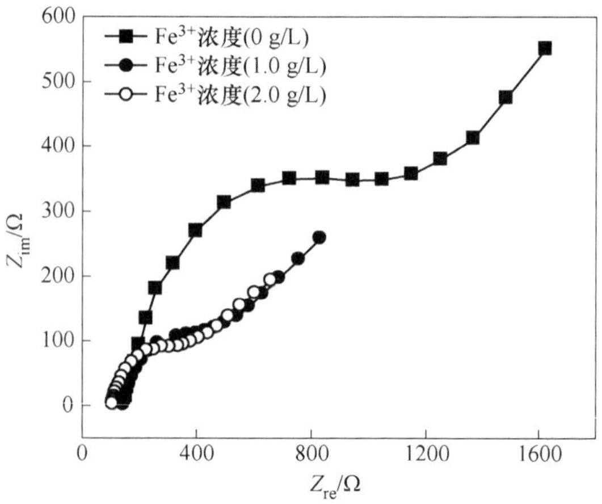

(b)

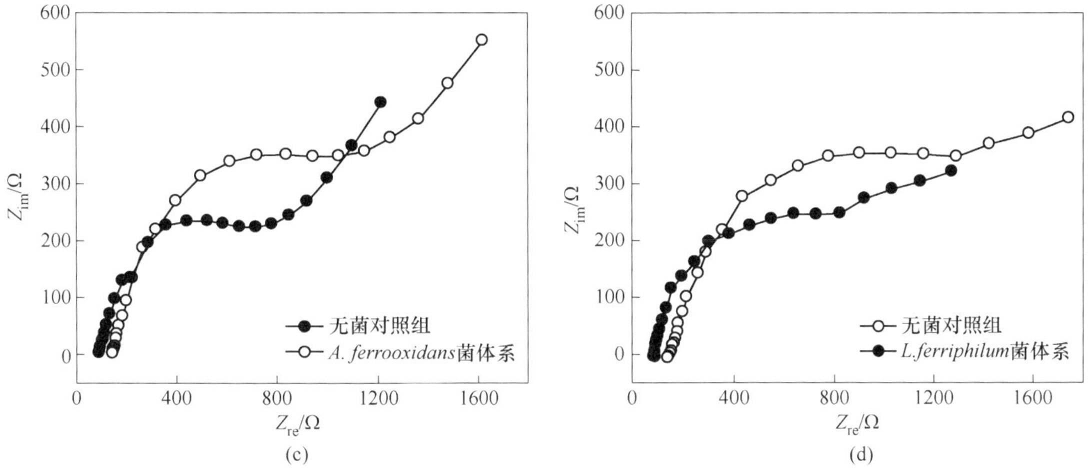

图 8-12 不同条件下黄铜矿的电化学阻抗谱

（a）无菌酸浸体系下不同 pH 值；（b）无菌酸浸体系下不同 Fe^{3+} 浓度；

（c）*A. ferrooxidans* 菌浸出体系；（d）*L. ferriphilum* 菌浸出体系

Z_{re}—总阻抗的实部阻抗；Z_{im}—总阻抗的虚部阻抗

在有 *A. ferrooxidans* 菌和 *L. ferriphilum* 菌的浸出体系中，黄铜矿的电化学阻抗谱与无菌酸浸体系相似，但前者的容抗弧半径都有减小，表明细菌的加入降低了反应阻抗。进一步比较两种菌浸出黄铜矿的交流阻抗谱，发现两者的反应控制步骤相似，但 *L. ferriphilum* 菌体系下的容抗弧半径要大于 *A. ferrooxidans* 菌体系，表明 *L. ferriphilum* 菌体系的阻抗比 *A. ferrooxidans* 菌体系大，主要原因可能是 *A. ferrooxidans* 菌为铁硫氧化微生物，而 *L. ferriphilum* 菌为铁氧化微生物，后者不能氧化硫，因此硫的沉积可能是 *L. ferriphilum* 菌体系中电化学反应的主要控制步骤。

思 考 题

8-1 常规的 PCR 技术有哪些操作步骤？

8-2 基因芯片技术有哪些操作步骤，具有哪些优点？

8-3 简要叙述 XRD、XPS、AFM、SEM、TEM 及荧光显微镜在微生物冶金研究中的用途。

8-4 与常规光源相比，同步辐射光源具有哪些优良特性？

8-5 简要叙述 X 射线近边吸收谱在微生物冶金研究中的应用。

8-6 扫描透射 X 射线显微镜对样品制备有哪些要求？

8-7 电化学分析有哪些方法，各有什么用途？

参考文献

[1] 乐毅全，王士芬. 环境微生物学［M］. 2版. 北京：化学工业出版社，2011.

[2] 林海，李天昕，周北海，等. 环境工程微生物学［M］. 北京：冶金工业出版社，2014.

[3] 杨洪英，杨立. 细菌冶金学［M］. 北京：化学工业出版社，2006.

[4] 王国华，谢水波，霍强. 铜金铀矿的生物冶金理论与技术［M］. 长沙：中南大学出版社，2021.

[5] 魏德洲，朱一民，李晓安. 生物技术在矿物加工中的应用［M］. 北京：冶金工业出版社，2008.

[6] 夏金兰，刘红昌，聂珍媛，等. 微生物-矿物相互作用表征及分子模拟［M］. 北京：龙门书局，2020.

[7] 韩晗. 微生物资源开发学［M］. 成都：西南交通大学出版社，2018.

[8] 孙小俊. 黄铁矿微生物浸出及其电化学研究［D］. 长沙：中南大学，2009.

[9] 葛忠英. 荧光假单胞菌从废弃线路板中浸金的实验研究［D］. 青岛：青岛科技大学，2017.

[10] 刘仁杰. 微生物法浸提废弃线路板中金的实验研究［D］. 青岛：青岛科技大学，2016.

[11] 胡凯建. 复杂氧化铜矿碱性浸矿菌种的选育及浸出规律研究［D］. 北京：北京科技大学，2017.

[12] 王洪江，熊有为，吴爱祥，等. 产氨细菌浸出碱性氧化铜矿［J］. 北京：北京科技大学学报，2013，35（9）：1126-1130.

[13] 尹升华，谢芳芳，陈勋. 碱性氧化铜矿产氨菌浸出特性［J］. 工程科学学报，2017，39（3）：354-359.

[14] 单宇. 铝土矿高效脱硅细菌的筛选及脱硅性能研究［D］. 南京：南京农业大学，2016.

[15] 张贤珍. 硅酸盐细菌在铝土矿生物脱硅中的应用与机理研究［D］. 北京：北京科技大学，2015.

[16] 彭阳，严国俊. 微生物浸矿菌群的选育及培养［J］. 广东化工，2013，40（1）：65-66.

[17] 阮仁满. 紫金山铜矿生物堆浸工业案例分析——相关动力学研究与多因素匹配［D］. 长沙：中南大学，2011.

[18] 韩晓光，郭普金，具滋范. 生物氧化提金技术工业生产实践［J］. 黄金，2006，27（11）：38-41.

[19] 樊保团，蔡春晖，刘建，等. 抚州铀矿石细菌渗滤浸出扩大试验［J］. 铀矿冶，2006，25（3）：127-132.

[20] 樊保团，孟运生，刘建，等. 赣州铀矿草桃背分矿细菌堆浸工业试验［J］. 铀矿冶，2002，21（2）：67-73.

[21] 孙建之. 高pH值体系下高镁型硫化镍矿生物浸出研究［D］. 北京：北京有色金属研究总院，2019.

[22] 王金庆，严群，梁长利，等. 硫化镍矿生物浸出研究进展［J］. 金属矿山，2015（8）：85-91.

[23] 班进荣. 铁闪锌矿微生物浸出及电化学研究［D］. 长沙：中南大学，2012.

[24] 黄明清，王贻明，杨保华，等. 辉钼矿生物浸出研究进展［J］. 中国钼业，2011，35（4）：14-17.

[25] 刘晓璐，赵子希，桂子郁，等. 微生物技术在稀土资源利用中的研究进展［J］. 工程科学学报，2020，42（1）：60-69.

[26] Rasoulnia P，Barthen R，Lakaniemi A. A critical review of bioleaching of rare earth elements：The mechanisms and effect of process parameters［J］. Critical Reviews in Environmental Science and Technology，2021，51（4）：378-427.

[27] 肖春桥. 中低品位磷矿微生物溶解基础研究［D］. 长沙：中南大学，2009.

[28] 费彦肖，白建峰，邓明强，等. 微生物法回收电子废弃物中贵金属的研究进展［J］. 上海第二工业大学学报，2014（4）：289-294.

[29] 孟春瑜，荆乾坤，马骏，等. 微生物技术在稀有金属资源利用中的研究概况［J］. 稀有金属，2015，39（4）：371-378.

[30] 谭晓桐，王芷晴，任秀君，等. 生物浸出电子垃圾中关键金属的研究进展［J］. 金属矿山，2020

(11): 71-78.

[31] 毛宇宇，窦培谦，张瑞洋，等. 微生物在矿物浮选中的应用及作用机理研究进展 [J]. 金属矿山，2020 (5): 171-177.

[32] 赵文娟，刘殿文，宋凯伟，等. 微生物浮选技术进展 [J]. 中国矿业，2012，21 (4): 68-71.

[33] Yaashikaa P R, Priyanka B, Senthil Kumar P, et al. A review on recent advancements in recovery of valuable and toxic metals from e-waste using bioleaching approach [J]. Chemosphere, 2022, 287 (2): 132230.

[34] Kaksonen A H, Lakaniemi A, Tuovinen O H. Acid and ferric sulfate bioleaching of uranium ores: A review [J]. Journal of Cleaner Production, 2020, 264: 121586.

[35] Núñez Ramírez D M, Medina-Torres L, Calderas F, et al. Bioleaching process for silver recovery: Structural and rheological studies [J]. Minerals Engineering, 2018, 121: 122-128.

[36] Pathak A, Kothari R, Vinoba M, et al. Fungal bioleaching of metals from refinery spent catalysts: A critical review of current research, challenges, and future directions [J]. Journal of Environmental Management, 2021, 280: 111789.

[37] Moazzam P, Boroumand Y, Rabiei P, et al. Lithium bioleaching: An emerging approach for the recovery of Li from spent lithium ion batteries [J]. Chemosphere, 2021, 277: 130196.

[38] Yin S, Chen W, Fan X, et al. Review and prospects of bioleaching in the Chinese mining industry [J]. International Journal of Minerals Metallurgy and Materials, 2021, 28 (9): 1397-1412.

[39] Fathollahzadeh H, Eksteen J J, Kaksonen A H, et al. Role of microorganisms in bioleaching of rare earth elements from primary and secondary resources [J]. Applied Microbiology and Biotechnology, 2019, 103 (3): 1043-1057.

[40] Zhao H, Zhang Y, Zhang X, et al. The dissolution and passivation mechanism of chalcopyrite in bioleaching: An overview [J]. Minerals Engineering, 2019, 136: 140-154.

[41] 吴炜进. 金属离子胁迫对电子废弃物生物浸出过程的影响机制研究 [D]. 上海：华东理工大学，2020.

[42] 田立国，杨洪英，杨超，等. 生物氧化预处理工艺在卡林型金矿的应用实践 [J]. 黄金，2018，39 (2): 49-53.

[43] 曾盛佳. 含磷矿石细菌浸出工艺研究 [D]. 武汉：武汉理工大学，2008.

[44] 江浪，王海塔，贺江明. 渗滤浸出在抚州铀矿的生产应用 [J]. 铀矿冶，2006，25 (4): 182-185.

[45] 钟平汝，李铁球，毛拥军，等. 渗滤浸出法处理抚州铀矿矿石 [J]. 铀矿冶，2004，23 (1): 13-18.

[46] 樊保团，孟运生，刘建，等. 铀矿石细菌堆浸新工艺及其在赣州铀矿的工业化应用 [J]. 中国核科技报告，2006 (1): 164-179.

[47] 王清良，王振军，胡凯光，等. 细菌在赣州铀矿原地爆破浸出中的应用 [J]. 铀矿冶，2001，20 (3): 172-178.

[48] 葛玉波. 黄铁矿强化低硫铀矿生物浸出工艺及机理研究 [D]. 上海：东华理工大学，2021.

[49] 余志波. 嗜酸铁/硫氧化菌在生物浸铀过程中的协同作用研究 [D]. 上海：东华理工大学，2016.

[50] Yang Y, Liu W, Chen M. A copper and iron K-edge XANES study on chalcopyrite leached by mesophiles and moderate thermophiles [J]. Minerals Engineering, 2013, 48: 31-35.

[51] Zhao H, Wang J, Yang C, et al. Effect of redox potential on bioleaching of chalcopyrite by moderately thermophilic bacteria: An emphasis on solution compositions [J]. Hydrometallurgy, 2015, 151: 141-150.

[52] Córdoba E M, Muñoz J A, Blázquez M L, et al. Leaching of chalcopyrite with ferric ion. Part Ⅱ: Effect of redox potential [J]. Hydrometallurgy, 2008, 93 (3/4): 88-96.

[53] Yang Y, Harmer S, Chen M. Synchrotron-based XPS and NEXAFS study of surface chemical species

during electrochemical oxidation of chalcopyrite [J]. Hydrometallurgy, 2015, 156: 89-98.

[54] Liu H, Nie Z, Xia J, et al. Investigation of copper, iron and sulfur speciation during bioleaching of chalcopyrite by moderate thermophile *Sulfobacillus thermosulfidooxidans* [J]. International Journal of Mineral Processing, 2015, 137: 1-8.

[55] Xia J, Yang Y, He H, et al. Investigation of the sulfur speciation during chalcopyrite leaching by moderate thermophile *Sulfobacillus thermosulfidooxidans* [J]. International Journal of Mineral Processing, 2010, 94 (1): 52-57.

[56] Liu H, Xia J, Nie Z. Relatedness of Cu and Fe speciation to chalcopyrite bioleaching by *Acidithiobacillus ferrooxidans* [J]. Hydrometallurgy, 2015, 156: 40-46.

[57] He H, Xia J, Yang Y, et al. Sulfur speciation on the surface of chalcopyrite leached by *Acidianus manzaensis* [J]. Hydrometallurgy, 2009, 99 (1): 45-50.

[58] 彭安安，汤露，夏金兰，等. 3 种典型能量代谢菌浸出黄铜矿及其硫形态的转化 [J]. 中国有色金属学报，2012，22 (10)：2930-2937.

[59] 吴迪，姚雷，陈新波，等. 我国煤炭脱硫技术研究进展 [J]. 选煤技术，2023，51 (3)：9-15.

[60] 臧静坤，程伟. 煤炭微生物脱硫研究进展 [J]. 洁净煤技术，2020，26 (S1)：26-34.

[61] 王润沛. 诱变育种用于煤炭微生物脱硫的实验研究 [D]. 徐州：中国矿业大学，2014.

[62] 郭玉武. 黄铜矿微生物浸出及电化学研究 [D]. 长沙：中南大学，2010.

[63] 胡可婷. 黄铜矿浸矿体系微生物对其表面性质的影响及分步溶解机制 [D]. 长沙：中南大学，2014.

[64] Sharma P K, Rao K H. Analysis of different approaches for evaluation of surface energy of microbial cells by contact angle goniometry [J]. Adv Colloid Interface Sci, 2002, 98 (3): 341-463.

[65] Heydarian A, Mousavi S M, Vakilchap F, et al. Application of a mixed culture of adapted acidophilic bacteria in two-step bioleaching of spent lithium-ion laptop batteries [J]. Journal of Power Sources, 2018, 378: 19-30.

[66] Hosseini T R, Kolahdoozan M, Tabatabaei Y S M, et al. Bioflotation of Sarcheshmeh copper ore using *Thiobacillus ferrooxidans* bacteria [J]. Minerals Engineering, 2005, 18 (3): 371-374.

[67] Horeh N B, Mousavi S M, Shojaosadati S A. Bioleaching of valuable metals from spent lithium-ion mobile phone batteries using *Aspergillus niger* [J]. Journal of Power Sources, 2016, 320: 257-266.

[68] Khatri B R, Tipre D R, Dave S R. Comparison of hydro-and biohydrometallurgical extraction of metals from waste Li-ion batteries of cell phone [J]. Journal of Sustainable Metallurgy, 2019, 5 (2): 250-261.

[69] Yang Z, Feng Y, Li H, et al. Effect of biological pretreatment on flotation recovery of pyrolusite [J]. Transactions of Nonferrous Metals Society of China, 2014, 24 (5): 1571-1577.

[70] Hacha R R, Leonardotorem M, Gutiérrez Merma A, et al. Electroflotation of fine hematite particles with *Rhodococcus opacus* as a biocollector in a modified Partridge-Smith cell [J]. Minerals Engineering, 2018, 126: 105-115.

[71] Bahaloo-Horeh N, Mousavi S M. Enhanced recovery of valuable metals from spent lithium-ion batteries through optimization of organic acids produced by *Aspergillus niger* [J]. Waste Management, 2017, 60: 666-679.

[72] Arshadi M, Mousavi S M. Enhancement of simultaneous gold and copper extraction from computer printed circuit boards using *Bacillus megaterium* [J]. Bioresource Technology, 2015, 175: 315-324.

[73] Natarajan G, Ting Y. Gold biorecovery from e-waste: An improved strategy through spent medium leaching with pH modification [J]. Chemosphere, 2015, 136: 232-238.

[74] Sarvamangala H, Natarajan K A. Microbially induced flotation of alumina, silica/calcite from haematite

[J]. International Journal of Mineral Processing, 2011, 99 (1): 70-77.

[75] Merma A G, Torem M L, Morán J J V, et al. On the fundamental aspects of apatite and quartz flotation using a Gram positive strain as a bioreagent [J]. Minerals Engineering, 2013, 48: 61-67.

[76] Shashikala A R, Raichur A M. Role of interfacial phenomena in determining adsorption of *Bacillus polymyxa* onto hematite and quartz [J]. Colloids and Surfaces B: Biointerfaces, 2002, 24 (1): 11-20.

[77] Vasanthakumar B, Ravishankar H, Subramanian S. Selective bio-flotation of sphalerite from galena using mineral-adapted strains of *Bacillus subtilis* [J]. Minerals Engineering, 2017, 110: 179-184.

[78] Santhiya D, Subramanian S, Natarajan K A. Surface chemical studies on galena and sphalerite in the presence of *Thiobacillus thiooxidans* with reference to mineral beneficiation [J]. Minerals Engineering, 2000, 13 (7): 747-763.

[79] Patra P, Natarajan K A. Surface chemical studies on selective separation of pyrite and galena in the presence of bacterial cells and metabolic products of *Paenibacillus polymyxa* [J]. Journal of Colloid and Interface Science, 2006, 298 (2): 720-729.

[80] Botero A E C, Torem M L, de Mesquita L M S. Surface chemistry fundamentals of biosorption of *Rhodococcus opacus* and its effect in calcite and magnesite flotation [J]. Minerals Engineering, 2008, 21 (1): 83-92.

[81] 张瑞洋. 表面活性剂对氧化亚铁硫杆菌浸出黄铜矿的影响及其机制研究 [D]. 沈阳: 东北大学, 2016.

[82] 代淑娟, 魏德洲, 丁亚卓, 等. 废啤酒酵母溶解相对赤铁矿的抑制作用 [J]. 金属矿山, 2008 (6): 41-44.

[83] 杨慧芬, 李甜, 唐琼瑶, 等. 浮选难选赤铁矿的微生物捕收剂的筛选及性能评价 [J]. 中南大学学报 (自然科学版), 2013, 44 (11): 4371-4378.

[84] 贾春云. 微生物在硫化物矿物表面的选择性吸附 [D]. 沈阳: 东北大学, 2008.

[85] 王军, 钟康年. 细菌对硫化矿可浮性影响的研究 [J]. 国外金属矿选矿, 1996 (5): 4-10.

[86] 杨慧芬, 李甜, 唐琼瑶, 等. 一种沙雷氏菌属菌对细粒赤铁矿的浮选作用 [J]. 金属矿山, 2012 (10): 61-64.

[87] He H, Xia J, Hong F, et al. Analysis of sulfur speciation on chalcopyrite surface bioleached with *Acidithiobacillus ferrooxidans* [J]. Minerals Engineering, 2012, 27/28: 60-64.

[88] 曹俊雅, 张广积, 李媛媛, 等. 生物硫化剂硫化改性低品位氧化铜矿的工艺: 中国, CN102719669A [P]. 2012-10-10.

[89] Raichur A M, Misra M, Bukka K, et al. Flocculation and flotation of coal by adhesion of hydrophobic Mycobacterium phlei [J]. Colloids and Surfaces B: Biointerfaces, 1996, 8 (1/2): 13-24.

[90] Abdel-Khalek M A, El-Midany A A. Adsorption of *Paenibacillus polymyxa* and its impact on coal cleaning [J]. Fuel Processing Technology, 2013, 113: 52-56.

[91] Handayani I, Paisal Y, Soepriyanto S, et al. Biodesulfurization of organic sulfur in Tondongkura coal from Indonesia by multi-stage bioprocess treatments [J]. Hydrometallurgy, 2017, 168: 84-93.

[92] Singh A K, Kumar A, Singh P K, et al. Bacterial desulphurization of low-rank coal: A case study of Eocene Lignite of Western Rajasthan, India [J]. Energy Sources. Part a, Recovery, Utilization, and Environmental Effects, 2018, 40 (10): 1199-1208.

[93] El-Midany A A, Abdel-Khalek M A. Influence of bacteria-coal electrostatic interaction on coal cleaning [J]. International Journal of Mineral Processing, 2014, 126: 30-34.

[94] 周桂英, 张强, 曲景奎. 利用微生物絮凝剂处理煤泥水的试验研究 [J]. 能源环境保护, 2004, 18 (5): 36-38, 41.

[95] 沙杰，谢广元，李晓英，等. 细粒煤选择性絮凝分选试验研究［J］. 煤炭科学技术，2012，40（3）：118-121.

[96] 周长春，陶秀祥，刘炯天. 煤的微生物浮选脱硫影响因素研究［J］. 煤炭学报，2006，31（4）：497-500.

[97] 吕跃东，于晓朦，徐君，等. 微生物浮选法脱除煤中硫的研究［J］. 辽宁科技大学学报，2016，39（1）：57-59.

[98] 张杰芳，桑树勋，王文峰. 贵州高硫煤的微生物浮选脱硫实验研究［J］. 科学技术与工程，2015，15（14）：16-23.

[99] Hu T，Yang Y，Zhang M，et al. Biodesulfurization of coal using *Rhodococcus erythropolis* SX-12 and *Acidithiobacillus ferrooxidans* GF：A two-step approach［J］. Energy Science & Engineering，2019，7（1）：162-169.

[100] Mishra S，Akcil A，Panda S，et al. Biodesulphurization of Turkish lignite by *Leptospirillum ferriphilum*：Effect of ferrous iron，Span-80 and ultrasonication［J］. Hydrometallurgy，2018，176：166-175.

[101] 杨俊彦，叶雪均，秦华伟，等. 煤炭微生物浸出脱硫技术的研究进展［J］. 矿山机械，2013，41（5）：5-8.

[102] 周志付，魏德洲，崔振扬，等. 燃煤微生物预处理浮选脱硫的研究［J］. 矿冶工程，2002（2）：55-56.

[103] Etemadifar Z，Etemadzadeh S S，Emtiazi G. A novel approach for bioleaching of sulfur，iron，and silica impurities from coal by growing and resting cells of *Rhodococcus* spp［J］. Geomicrobiology Journal，2019，36（2）：123-129.

[104] Ye J，Zhang P，Zhang G，et al. Biodesulfurization of high sulfur fat coal with indigenous and exotic microorganisms［J］. Journal of Cleaner Production，2018，197：562-570.

[105] 张明旭，孙剑峰. 球红假单胞菌用于煤炭生物浸出脱硫的研究［J］. 选煤技术，2009（4）：6-11.

[106] 张东晨，张明旭，陈清如，等. 草分枝杆菌选择性絮凝脱除煤中黄铁矿硫的研究［J］. 煤炭学报，2004（5）：585-589.

[107] 徐宏祥，陈宣辰. 煤炭生物脱硫技术的研究及其应用［J］. 煤炭技术，2009，28（7）：159-160.

[108] 康淑云. 微生物脱硫技术进展［J］. 中国煤炭，1999（5）：35-39.

[109] 张东晨. 煤炭微生物脱硫技术的研究与发展［J］. 洁净煤技术，2005（2）：50-54.

[110] 张东民，解庆林，张萍，等. 煤炭脱硫的研究现状［J］. 广西轻工业，2007（5）：84-85.

[111] Liu C，Liao B，Nie S，et al. Enhanced bioleaching of granite-type uranium ore pretreated by microwave：process optimisation and kinetics［J］. Journal of Radioanalytical and Nuclear Chemistry，2021，329（2）：1045-1060.

[112] Jalali F，Fakhar J，Zolfaghari A. On using a new strain of *Acidithiobacillus ferridurans* for bioleaching of low-grade uranium［J］. Separation Science and Technology，2020，55（5）：994-1004.

[113] Liu H，Wang X，Long J，et al. Enhanced bioleaching of granite-type uranium ore using an applied electric field［J］. Journal of Cleaner Production，2023，415：137811.

[114] 汪模辉，袁源，陈文，等. 低品位黄铜矿的磁场强化细菌浸出［J］. 成都理工大学学报（自然科学版），2010，37（2）：211-215.

[115] Zhao C，Yang B，Liao R，et al. Combined effect and mechanism of visible light and Ag^+ on chalcopyrite bioleaching［J］. Minerals Engineering，2022，175：107283.

[116] Zhao C，Yang B，Wang X，et al. Catalytic effect of visible light and Cd^{2+} on chalcopyrite bioleaching［J］. Transactions of Nonferrous Metals Society of China，2020，30（4）：1078-1090.

[117] 王贻明，吴爱祥，艾纯明. 低品位硫化铜矿超声强化浸出实验与机理分析［J］. 中国有色金属学

报, 2013 (7): 2019-2025.

[118] Zhang J, Wu A, Wang Y, et al. Experimental research in leaching of copper-bearing tailings enhanced by ultrasonic treatment [J]. Journal of China University of Mining and Technology, 2008, 18 (1): 98-102.

[119] 宫磊, 徐晓军. 物理诱变氧化亚铁硫杆菌及浸出低品位黄铜矿的研究 [J]. 金属矿山, 2005 (8): 39-41.

[120] 康文亮. 嗜酸氧化亚铁硫杆菌浸出黄铜矿研究 [D]. 无锡: 江南大学, 2010.

[121] Pattanaik A, Sukla L B, Pradhan D, et al. Microbial mechanism of metal sulfide dissolution [J]. Materials Today: Proceedings, 2020, 30: 326-331.

[122] 宋哲名, 段东平, 周娥, 等. 添加纤维素对硫化铜矿细菌浸出过程的影响研究 [J]. 有色金属工程, 2017, 7 (2): 46-52.

[123] 张瑞洋, 魏德洲, 刘文刚, 等. 聚乙二醇对氧化亚铁硫杆菌浸出黄铜矿的影响 [J]. 中国有色金属学报, 2015, 25 (7): 2015-2021.

[124] 李洪枚, 柯家骏. Mg^{2+}对氧化亚铁硫杆菌生长活性的影响 [J]. 中国有色金属学报, 2000 (4): 576-578.

[125] 胡岳华, 张在海, 邱冠周, 等. Ag^{+}在细菌浸出中的催化作用研究 [J]. 矿冶工程, 2001 (1): 24-28.

[126] 童雄, 孙永贵. 微生物浸出难浸黄铜矿的研究 [J]. 矿产综合利用, 1999 (4): 7-11.

[127] 田祖源, 李浩东, 魏茜, 等. Cu^{2+}、Fe^{2+}和Fe^{3+}对中等嗜热混合菌浸出黄铜矿的影响 [J]. 中国有色金属学报, 2021, 31 (1): 171-180.

[128] 杨聪仁, 焦芬, 覃文庆. 黄铜矿浸出: 强调铜离子和铁离子的作用 [J]. 中南大学学报(英文版), 2018, 25 (10): 2380-2386.

[129] 孟春瑜, 刘文彦, 刘兴宇, 等. 生物浸出中黄铜矿与铁离子间的相互影响 [J]. 中南大学学报(自然科学版), 2015, 46 (9): 3176-3182.

[130] Hiroyoshi N, Kuroiwa S, Miki H, et al. Synergistic effect of cupric and ferrous ions on active-passive behavior in anodic dissolution of chalcopyrite in sulfuric acid solutions [J]. Hydrometallurgy, 2004, 74 (1): 103-116.

[131] Hackl R P, Dreisinger D B, Peters E, et al. Passivation of chalcopyrite during oxidative leaching in sulfate media [J]. Hydrometallurgy, 1995, 39 (1): 25-48.

[132] 邓莎, 杨佳鑫, 龙涛, 等. 磁铁矿对氧化亚铁硫杆菌浸出黄铜矿的影响 [J]. 矿冶工程, 2023, 43 (5): 98-102.

[133] Deng S, Yang J, Wang Y, et al. Influence of magnetite on the leaching of chalcopyrite in sulfuric acid [J]. Arabian Journal of Chemistry, 2023, 16 (8): 104905.

[134] Deng S, Gu G, Long T, et al. Galvanic effect of magnetite on electrochemical oxidation of arsenopyrite in acidic culture medium [J]. Transactions of Nonferrous Metals Society of China, 2022, 32 (11): 3744-3752.

[135] 莫晓兰, 林海, 傅开彬, 等. 黄铁矿促进黄铜矿微生物浸出影响因素 [J]. 北京科技大学学报, 2012, 34 (7): 761-768.

[136] 方芳, 钟宏, 江放明, 等. 黄铁矿对砷黄铁矿生物浸出的影响 [J]. 中国有色金属学报, 2013 (10): 2970-2976.

[137] 李宏煦, 刘晓荣. 黄铁矿和镍黄铁矿混合细菌浸出过程的原电池效应 [J]. 有色金属, 2002, 54 (4): 47-50, 55.

[138] 刘庆友, 李和平, 周丽. 硫化矿原电池效应研究现状 [J]. 矿物岩石地球化学通报, 2007, 26

(3): 284-289.

[139] 张旭, 赵志强, 王雅静, 等. 软锰矿辅助含砷难处理金矿生物预氧化工艺过程分析 [J]. 有色金属工程, 2018, 8 (3): 73-77.

[140] Ahmadi A, Ranjbar M, Schaffie M. Catalytic effect of pyrite on the leaching of chalcopyrite concentrates in chemical, biological and electrobiochemical systems [J]. Minerals Engineering, 2012, 34: 11-18.

[141] Petersen J, Dixon D G. Competitive bioleaching of pyrite and chalcopyrite [J]. Hydrometallurgy, 2006, 83 (1/2/3/4): 40-49.

[142] Nazari G, Dixon D G, Dreisinger D B. Enhancing the kinetics of chalcopyrite leaching in the Galvanox™ process [J]. Hydrometallurgy, 2011, 105 (3): 251-258.

[143] 李宏煦, 邱冠周, 胡岳华, 等. 原电池效应对混合硫化矿细菌浸出的影响 [J]. 中国有色金属学报, 2003, 13 (5): 1283-1287.

[144] Yang B, Luo W, Liao Q, et al. Photogenerated-hole scavenger for enhancing photocatalytic chalcopyrite bioleaching [J]. Transactions of Nonferrous Metals Society of China, 2020, 30 (1): 200-211.

[145] Lu A, Li Y, Jin S, et al. Growth of non-phototrophic microorganisms using solar energy through mineral photocatalysis [J]. Nature Communications, 2012, 3: 768.

[146] Lu A, Li Y, Jin S. Interactions between semiconducting minerals and bacteria under light [J]. Elements, 2012, 8 (2): 125-130.

[147] 李伟洁. 光及原电池反应对闪锌矿微生物氧化作用的影响 [D]. 南京: 南京大学, 2020.

[148] 杨宝军, 罗雯, 廖骐, 等. 利用光生空穴清除剂强化光催化黄铜矿生物浸出 [J]. 中国有色金属学报 (英文版), 2020, 30 (1): 200-211.

[149] 赵伟旭. 废旧印刷线路板铜生物浸提及 $CuFe_2O_4$ 光催化性能研究 [D]. 烟台: 烟台大学, 2022.

[150] 朱敬磊. 木质素磺酸钙促进光催化细菌浸出黄铜矿及其机制的研究 [D]. 长沙: 中南大学, 2022.

[151] Yang B, Gan M, Luo W, et al. Synergistic catalytic effects of visible light and graphene on bioleaching of chalcopyrite [J]. RSC Advances, 2017, 7 (79): 49838-49848.

[152] Zhou S, Gan M, Zhu J, et al. Catalytic effect of light illumination on bioleaching of chalcopyrite [J]. Bioresource Technology, 2015, 182: 345-352.

[153] 文旭祥, 孙占学, 周义朋, 等. 微生物浸铀研究进展 [J]. 中国有色金属学报, 2020, 30 (2): 411-420.

[154] 刘建, 樊保团, 孟运生, 等. 我国铀矿石微生物浸出的实践与展望 [J]. 铀矿冶, 2008 (3): 118-123.